Preparation and Photocatalysis of Polyoxometalate Composites

杂多酸复合材料制备及光催化研究

于海辉　著

化学工业出版社
·北京·

内容简介

将杂多酸材料应用于光催化降解有机污染物和分解水等领域的研究，其相关的反应规律、催化机理、复合材料的结构与催化性能的关系仍是当前研究的热点之一。本书主要介绍了不同构型的杂多酸与贵金属、半导体等构筑的复合材料的制备、表征等，并详细介绍了杂多酸复合材料在光催化领域的研究现状以及作者课题组的研究工作，初步探讨了相关的催化机理。

本书可供从事无机材料、光催化材料及环境治理专业的研究生、科研人员及产品开发人员参考。

图书在版编目（CIP）数据

杂多酸复合材料制备及光催化研究 / 于海辉著. —北京：化学工业出版社，2022.11（2023.6重印）

ISBN 978-7-122-42533-1

Ⅰ.①杂… Ⅱ.①于… Ⅲ.①杂多酸-复合材料-材料制备②杂多酸-复合材料-光催化-研究 Ⅳ.①O641.4

中国版本图书馆CIP数据核字（2022）第219785号

责任编辑：李晓红　　装帧设计：王晓宇
责任校对：王鹏飞

出版发行：化学工业出版社（北京市东城区青年湖南街13号　邮政编码100011）
印　　装：北京科印技术咨询服务有限公司数码印刷分部
710mm×1000mm　1/16　印张12　字数195千字　2023年6月北京第1版第2次印刷

购书咨询：010-64518888　　售后服务：010-64518899
网　　址：http://www.cip.com.cn
凡购买本书，如有缺损质量问题，本社销售中心负责调换。

定　　价：98.00元

PREFACE

光催化技术在清洁能源生产、环境污染物处理等领域的研究日益成为科研工作者研究的热点，而杂多酸作为一种新型的高效光催化剂同样备受关注。

杂多酸应用于光催化领域的优势主要体现在以下几个方面：一、杂多酸具有丰富的结构类型，有利于通过分子设计对其功能性进行调控；二、杂多酸具有稳定的骨架结构，作为光催化剂可以保持相对高效、稳定的催化性能；三、杂多酸是一类绿色环保型多功能催化剂；四、杂多酸可以与多种载体相复合，改善催化活性。

本书以杂多酸为切入点，在概括介绍杂多酸领域的一般概念、研究手段和研究现状的基础上，详细总结了我们课题组近年来在光催化领域的研究成果，阐述了杂多酸光催化相关研究进展。本书注意跟踪世界最新科学研究成果，总结学科新知识，反映学科前沿新成就，适合配位化学、杂多酸、光催化等专业领域的研究人员、教师和研究生使用，也可供其他学科人员参考。在此我希望能够抛砖引玉，期望引起更多研究者的关注，以寻找光催化性能更高、稳定性更好的杂多酸复合材料，总结与探索其合成、催化规律。

本书能够顺利出版，首先要感谢东北电力大学的鼎力支持；其次感谢所有在我从事科研道路上给予过指导和帮助的老师、同学与我的研究生们；最后还要感谢东北电力大学的各位领导和同事，是你们的帮助和鼓励促使我完成这本书。

本书的出版若能对我国杂多酸领域以及配位化合物功能材料的研究工作有一定促进作用，我将为此感到欣慰。由于作者水平有限，疏漏之处在所难免，敬请读者批评指正。

于海辉

2022 年 10 月

CONTENTS

第 1 章

概论

1.1 杂多酸光催化研究现状

近年来，杂多酸（又称多金属氧酸盐）作为光催化剂的应用受到广泛关注，尤其是在光催化降解废水中的有机污染物，以及光催化分解水析氢、产氧、二氧化碳还原等研究领域。杂多酸应用于光催化方面具有以下突出的优势：

（1）具有丰富的结构类型。由于杂多酸的结构可调性强，有利于在分子或原子水平上实现对杂多酸的结构设计与选择，进而对杂多酸的功能性进行系统调控，实现新型催化剂的可控合成。

（2）具有稳定的骨架结构。进行光催化反应时，由于杂多酸具有稳定的化学结构，保证了其反应过程中结构不发生改变，始终保持相对高效、稳定的催化性能。

（3）杂多酸光催化环保无污染，是一类绿色环保型多功能催化剂。

（4）协同作用强。杂多酸可以与多种载体（如贵金属纳米材料、半导体、碳基材料等）相复合，通过协同作用抑制光生电子和空穴的复合，提高复合材料的催化活性。

尽管杂多酸具备独特的结构特征、氧化还原性以及假液相特征等使其具有高化学活性，但是在杂多酸单独作为光催化剂时仍会有很多不足，一是光吸收主要集中在紫外光区（太阳光中含有 7%的紫外光线、50%可见光线和43%红外光线），二是杂多酸水溶性较高，回收和再循环利用困难。

李克斌等[1]以大红降解试验为光催化模型反应，研究了 $H_3PW_{12}O_{40}$ 的光催化活性，结果表明 $H_3PW_{12}O_{40}$ 可以高效地将染料进行降解，表现出较高的光催化活性。Troupis 等[2]采用多种杂多酸化合物（PW_{12}、SiW_{12}）作为光催化剂降解偶氮染料，研究结果表明染料可以被迅速降解。但目前已有研究的杂多酸作为光催化剂时，其光吸收通常局限于紫外光区，对太阳光的利用率相对较低，从而使催化效果不能达到预期的目标。因此，越来越多的研究者开始关注杂多酸基复合光催化剂的研究，希望扩大催化剂的光响应范围，提高光催化效率。

杂多酸的禁带宽度为 3.0～4.6 eV，并且光谱吸收波长范围为 200～400 nm（紫外光区和近可见光区）。目前，杂多酸作为光催化剂降解有机污染物的机理仍在进行探究。有学者认为，杂多酸的光催化性能与催化反应过程中产生的羟基自由基有关，羟基自由基具有的强氧化性进一步将有机污染物氧化，该催化反应的机理称为羟基自由基机理。该机理光催化过程如图 1-1 所示：首先，光致激发杂多酸。杂多酸被能量大小为 $h\nu$ 的光子照射后会被激发，产生具有强氧化还原能力的激发态杂多酸 POM^*，该过程伴随产生光生电子（e^-）和空穴（h^+）。其次，电子空穴跃迁到杂多酸分子表面发生反应。光生电子吸收杂多酸分子表面的电子受体 O_2，并将其还原生成 $O_2^{-\bullet}$，同时光生空穴 h^+吸收杂多酸分子表面的电子给体 H_2O 反应生成$^\bullet OH$。反应生成的 $O_2^{-\bullet}$和$^\bullet OH$ 两种自由基氧化能力强，并直接将有机物氧化。有机物被氧化过程中失去的电子会再次转移到 POM^*，还原 POM^*为混合态杂多蓝 POM_{red}，然而 POM_{red} 不具有光化学活性，因此为了光催化反应的持续进行，需要将 POM_{red} 再次转化成 POM^*。最后，加入氧化剂（Org）如加入 H^+或者通入氧气等，将 POM_{red} 再次转化成 POM^*，重新转化生成的 POM^*继续进行光催化过程。

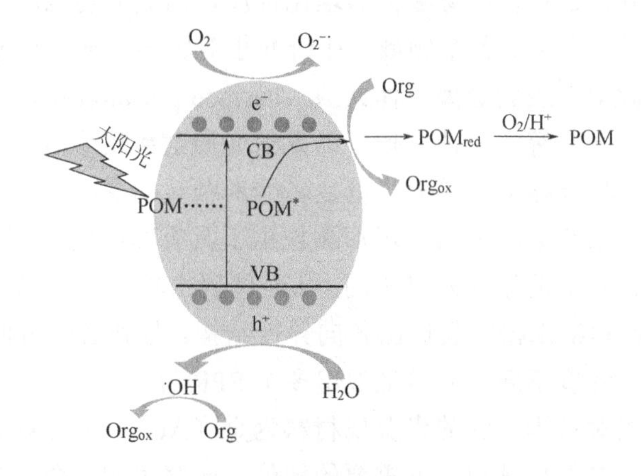

图 1-1　杂多酸光催化氧化有机物及再生过程示意图

根据图 1-1，可以得到该机理反应式[2]：

$$POM \xrightarrow{h\nu} POM^* + POM\,(h^+ + e^-) \tag{1-1}$$

$$POM(h^+ + e^-) + H_2O \longrightarrow POM\,(e^-) + {}^\bullet OH + H^+ \tag{1-2}$$

$${}^\bullet OH + Org \longrightarrow Org_{ox}\text{（氧化产物）} \tag{1-3}$$

$$POM\,(e^-) + O_2 \longrightarrow POM + O_2^{-\bullet} \tag{1-4}$$

$$O_2^{-\bullet} + Org \longrightarrow Org_{ox}\text{（氧化产物）} \tag{1-5}$$

除羟基自由基机理之外，也有学者认为杂多酸光催化活性主要与光激发其表面产生的活性物种（比如h^+和$O_2^{-\cdot}$等）有关，羟基自由基在催化过程中产生轻微作用。反应式如下：

$$POM \xrightarrow{h\upsilon} POM\,(h^+ + e^-) \tag{1-6}$$

$$POM\,(h^+ + e^-) + Org \longrightarrow POM\,(e^-) + Org_{ox} \tag{1-7}$$

$$POM\,(e^-) + O_2 \longrightarrow POM + O_2^{-\cdot} \tag{1-8}$$

$$O_2^{-\cdot} + Org \longrightarrow Org_{ox} \tag{1-9}$$

1.2 杂多酸/贵金属纳米复合材料光催化

贵金属纳米材料作为纳米材料中的一个重要组成部分，除了具有纳米材料的特殊性能外，还具备自身独特的理化性质，已被成功应用到催化、电子器件、生物医学、光学等各个领域。在研究相对较多的光学性质方面，其优异的光学性质源于其表面等离子体共振（surface plasmon resonance，SPR）现象。贵金属的表面等离子体共振，即入射光照射到贵金属表面产生电场，价电子在电场中集体振动的结果。贵金属纳米颗粒的形状、尺寸不同，都会使其SPR效应的振动频率产生。球形颗粒由于具有高度对称性，因此等离子体共振在各个方向上的振动效果相同，从而体现出单一的SPR峰。与球颗粒相比，纳米片状和纳米棒状表现出各向异性结构，导致各个方向的电子在颗粒表面上的极化程度不同，通常呈现出多个SPR峰。

目前研究相对较为广泛的贵金属材料为金（Au）、银（Ag）、铂（Pt），这几种金属材料在催化领域占据重要的地位。研究表明，金、银、铂具有相似的等离子体共振模式，以银纳米粒子为例，在球形纳米颗粒时，其表面等离子在各个方向上的振动性质相同，只有一个SPR吸收峰，在410～420 nm处。银纳米颗粒尺寸大小不同，对应的吸收峰位也随之发生变化，一般纳米颗粒尺寸变小吸收光谱将发生蓝移，反之，纳米颗粒尺寸增大则发生红移。但纳米Ag片和纳米球、Ag棒的等离子振动方向各异，导致各个方向的电子在颗粒表面上的极化程度不同，将出现四极子、八极子共振模式，在光谱学上表现出多个SPR吸收峰，且可延伸到可见光区和近红外光区，同样，这些吸收峰仍随着颗粒的形貌和大小变化而变化。

由于贵金属纳米材料的性能受到诸多因素影响，如尺寸大小、颗粒形貌等，目前，具有不同形貌、尺寸的贵金属纳米材料，如0D球形颗粒、1D纳米棒和纳米线、2D纳米片以及3D立方体棱柱状纳米材料等被大量报道。如Yu等[3]成功制备得到前所未有的窄尺寸分布准球形Cu_2ZnSnS_4纳米粒子，并将它们作为种子制备得到Cu_2ZnSnS_4-Pt和Cu_2ZnSnS_4-Au异质结构纳米颗粒，进一步研究异质结构纳米颗粒的光催化性能。结果表明Cu_2ZnSnS_4-Pt和Cu_2ZnSnS_4-Au异质结构纳米颗粒在光催化降解染料罗丹明B和分解水析氢领域具有优异的性能。Zhang等[4]以种子生长和模板合成两种方法为基础手段，通过调控各种因素制备得到两种新型的Au-Pd双金属核壳（Pd@Au NCs）和合金（Au-Pd alloy NCs）结构的纳米晶体材料（如图1-2所示），并进一步研究了其催化性能和光学性能。

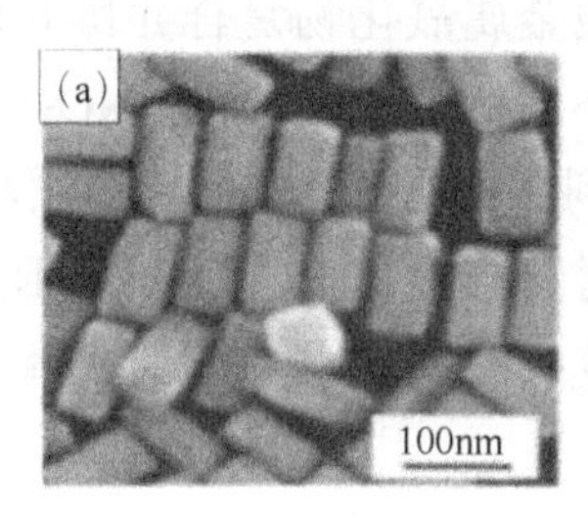

图1-2 Au-Pd双金属结构SEM图[4]

（a）、（b）为Pd@Au NCs；（c）为Au-Pd alloy NCs

Xia等[5]采用不同的方法成功制备得到银纳米棒和银纳米管［图1-3（a）～（d）］。Mirkin等[6]以硝酸银为银源，采用中心波长为550 nm，禁带宽度约为40 nm的可见光对硝酸银进行照射，加入柠檬酸钠还原剂和硫化苯基苯基膦二水钾盐（BSPP）稳定剂，最终得到多种尺寸的三角棱柱形银纳米片［图1-3（e）］，并且银纳米片的光吸收波长随着其尺寸不同也相应地发生变化。An等[7]通过对银纳米颗粒进行紫外光照射的方法成功制备了银纳米六角片［图1-3（f）］。Xia等[8]在高温油浴条件下，加入$AgNO_3$和PVP的EG混合溶液进行反应，最终成功制得界限清晰的银纳米立方体［图1-3（g）］。Zhu等[9]采用PVP定向多元醇合成法制备得到银纳米立方体［图1-3（h）］，并在合成过程中通过调控PVP/$AgNO_3$比例和反应温度控制形貌变化。随着银纳米材料发展越来越迅速，形貌的多样性也会使其性能越来越广泛，尤其是在催化领域备受研究者关注。

图 1-3　不同形貌银纳米SEM图[5-9]

（a）、（b）纳米管；（c）、（d）纳米棒；（e）三角棱柱；（f）六角片；（g）、（h）立方体

随着研究的不断深入，贵金属纳米材料与其他金属氧化物复合并协同增强光催化性能的研究越来越多。如 Deng 等[10]以不同比例用量的 $Cu(NO_3)_2 \cdot 3H_2O$ 和 $AgNO_3$ 为原料，采用一步水热法制备得到 Ag/Cu_2O 纳米复合材料，在合成过程中考察了不同的 $AgNO_3$ 含量对复合材料形貌（如图 1-4 所示）及其光催化活性的影响，结果表明 Ag/Cu_2O 纳米复合材料具有良好的光催化性能。

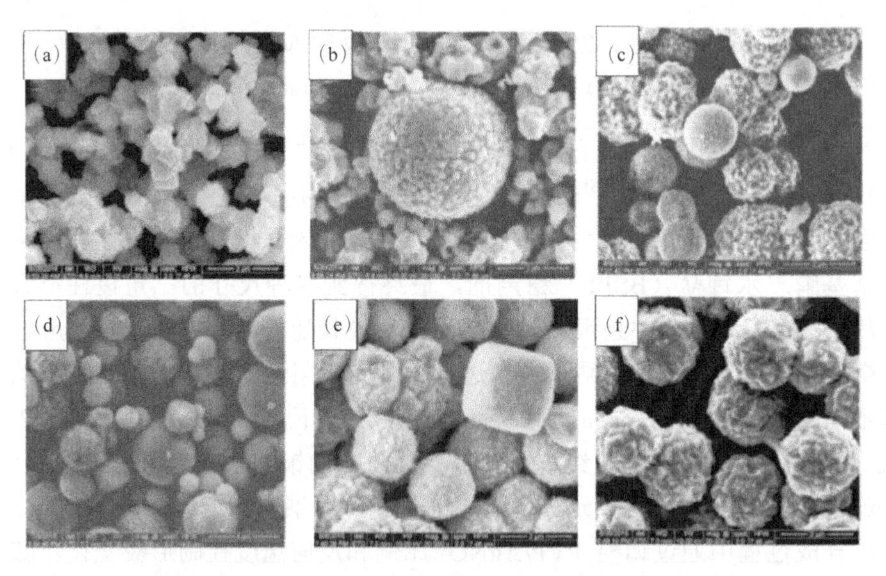

图 1-4　不同 $AgNO_3$ 含量对复合材料生成过程的影响[10]

（a）、（b）CA-0；（c）CA-0.2；（d）CA-0.5；（e）CA-1；（f）CA-2

为提高光催化活性，Liu 等[11]通过使用贵金属银纳米材料对 TiO_2 进行改性。他们采用简便的浸渍法并结合高温煅烧，同时利用沉积和掺杂的方法制备 Ag/Ag^+-TiO_2 复合光催化剂，并且以甲基橙和苯酚降解实验为模型反应进行光催化降解，结果表明复合光催化剂在紫外光和可见光区催化性能明显增强。

值得注意的是，虽然目前对贵金属纳米复合材料的合成方法、光学性质、催化性能等研究逐渐深入，但是寻求制备得到各方面都达到理想效果的贵金属纳米材料还是一项艰巨的任务。因此，尝试合适的贵金属银纳米材料与杂多酸进行复合，最大限度地利用太阳光并提高复合材料的光催化性能，制备得到环保、可循环使用的高效绿色复合光催化剂逐渐成为研究热点。

目前已有诸多报道关于杂多酸与贵金属纳米材料复合并对复合材料进行光催化性能研究。Shi 等[12]通过简便的固相反应途径和原位光沉积方法制备得到 $Ag/AgHPMo_{12}$ 纳米棒，复合材料的沉积过程如图 1-5 所示。进一步，他们将该复合材料所得在可见光（λ>420nm）照射下对甲基橙和 Cr^{VI} 进行光催化降解实验，结果表明 $Ag/AgHPMo_{12}$ 纳米棒具有高效的光催化性能，光催化反应的机理如图 1-6 所示。

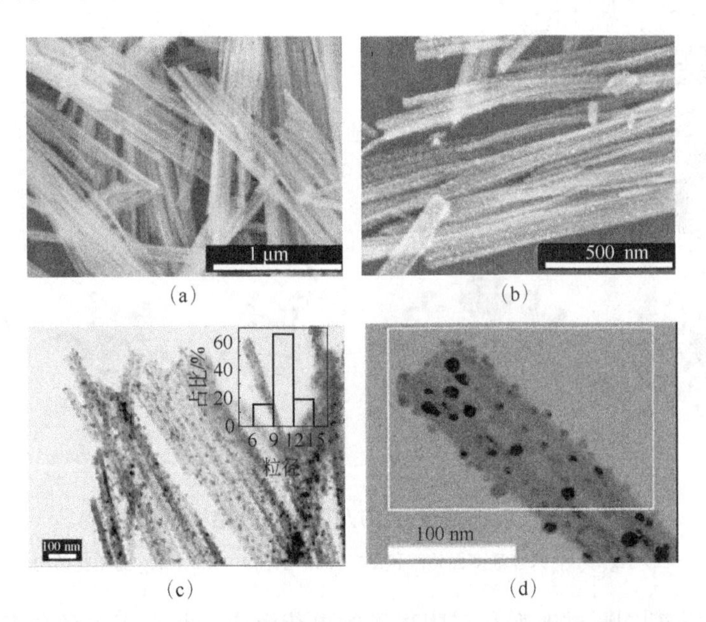

图 1-5　$Ag/AgHPMo_{12}$ 纳米棒复合材料沉积过程电镜图[12]

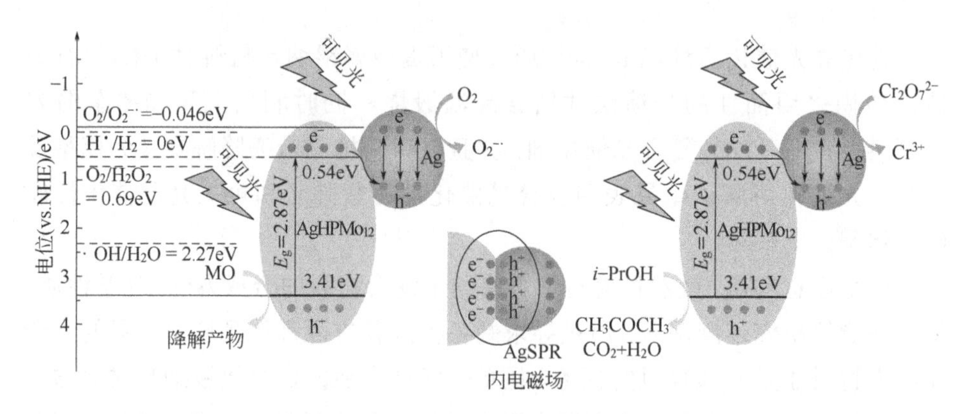

图 1-6　Ag/AgHPMo12 纳米复合材料光催化反应机理示意图[12]

Wang 等[13]以 $H_3PW_{12}O_{40}$ 为模板剂，在水热条件下与多齿配体和 Ag^+反应生成十三核氧簇——杂多酸$\{Ag_{13}L_{12}\}\{PW_{12}O_{40}\}_4 \cdot 30H_2O$。X 射线单晶衍射测试结果表明该复合物为风车形多核纳米 Ag 簇，具有特别有趣的 $Ag@Ag_{12}$ 立方八面体拓扑结构，如图 1-7 所示。进一步将该纳米簇对罗丹明 B 染料进行光催化降解实验，结果表明其具有优异的光催化活性。

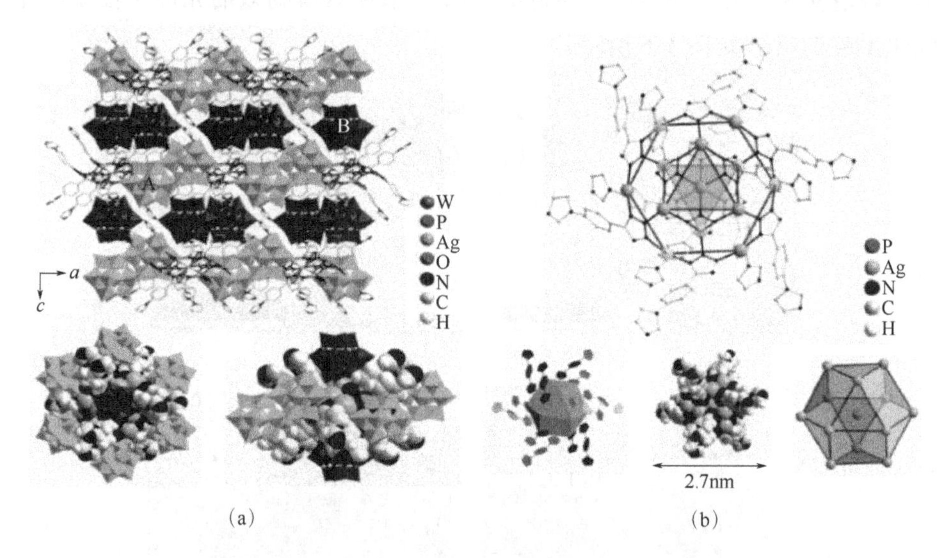

图 1-7　Ag@Ag12 立方八面体拓扑结构示意图[13]

（a）Ag@Ag12 杂多酸多面体堆积图；（b）化合物中 13 个 Ag 的拓扑结构

周文喆等[14]通过改变杂多阴离子的电荷组成，制备了多种杂多酸并分别与银纳米粒子进行复合，最终得到 $Ag_x/Ag_{3-x}[PW_{12}O_{40}]$、$Ag_x/Ag_{4-x}[SiW_{12}O_{40}]$、

$Ag_x/Ag_{5-x}[BW_{12}O_{40}]$、$Ag_x/Ag_{10-x}[P_2W_{17}O_{61}]$和 $Ag_x/Ag_{12-x}[P_2W_{15}O_{56}]$五种杂化材料，并对它们进行光催化降解甲基橙染料实验，以此来考察光催化活性。结果表明，在模拟可见光条件下，所制备的五种杂化材料中 $Ag_x/Ag_{5-x}[BW_{12}O_{40}]$的光催化性能最佳。

Xing 等[15]将杂多酸作为基础载体，与金纳米粒子进行包覆，最后将包覆材料与硫化镉量子点自组装得到 CdS QDs-POM-Au NPs 纳米复合材料，制备组装过程如图 1-8 所示。杂多酸与金纳米材料之间可以发挥协同作用，抑制光生电子和空穴的重组。同时，通过与量子点结合，可以增强该复合材料在可见光照射下的光催化效率。Andrew 等[16]用 Keggin 型多酸化合物复合 TiO_2，再加入一系列纳米贵金属 Au、Ag、Pt 离子，形成杂多酸复合材料光催化剂，并在紫外线、可见光和太阳光的条件下对光催化性能进行研究。

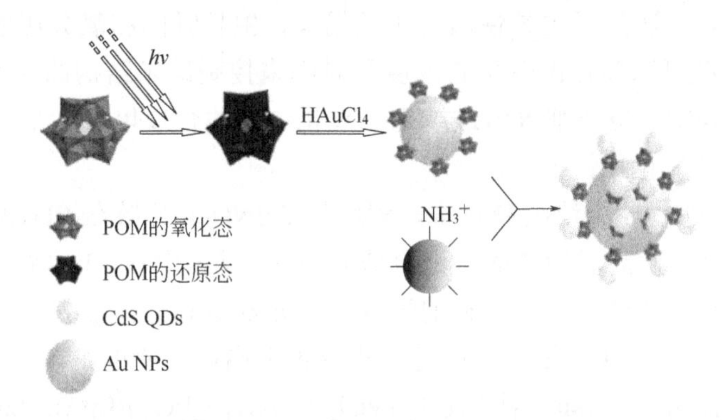

图 1-8　CdS QDs-POM-Au NPs 纳米复合材料模拟结构示意图[15]

综上所述，虽然已有诸多关于杂多酸基纳米光催化剂制备及其性能研究的报道，其中包括许多杂多酸/贵金属纳米复合光催化剂的研究，但仍然存在合成方法复杂、催化剂难回收以及对可见光利用率低等不足。因此寻求一种简单环保的方法制备杂多酸/贵金属纳米材料复合光催化剂迫在眉睫。

1.3　杂多酸/半导体复合材料光催化

随着纳米科学技术的发展，金属半导体纳米材料也取得了巨大的进步。金属半导体纳米材料在催化、电子计算机、生物医学、环境科学及能源等众多领域都得到广泛关注。

首先，铁系半导体纳米材料作为一种重要的纳米材料，已被科研工作者广泛关注。其主要分为三氧化二铁、四氧化三铁和其他类型三大类，其中三氧化二铁又可分为多种构型。α-Fe_2O_3（赤铁矿）为刚玉型结构，是一种非常重要的 n 型半导体材料；β-Fe_2O_3 仅能通过人工合成的方法制备，稳定性较差；γ-Fe_2O_3 是自然界中第二种以矿物形式出现的三氧化二铁；已报道的 ε-Fe_2O_3 是斜方晶系，属 $Pna2_1$ 空间群，该结构源自四个氧层的紧密堆积。近年来，不同形貌的纳米 α-Fe_2O_3 被大量合成，研究发现其属窄带隙材料（E_g = 1.97～2.05 eV）[17]，由于其生产成本低、抗腐蚀能力强、对环境污染小等优势，已广泛应用于光催化剂、磁性涂料、抛光剂等。2007 年，Huang 等[18]通过低温溶液合成路线，合成了粒径 35 nm 的球形纳米颗粒，并系统地讨论了 PVP 在合成过程中的作用。2008 年，Hiralal 等[19]报道了 α-Fe_2O_3 纳米线的合成方法，并研究了生长性质与生长温度，生长时间和氧分压的关系。该形貌纳米材料可以通过改变生长温度和时间来控制纳米结构的尺寸、形态和密度。严纯华等[20]也详细报道过纳米三氧化二铁的合成以及纳米三氧化二铁转化为纳米四氧化三铁的方法。

Sarangi 等[21]使用溶胶凝胶法，利用将 $Fe(NO_3)_3$ 分散在 EDTA 作为封端剂的水溶液中，后高温煅烧的方法合成 α-Fe_2O_3 纳米颗粒。Jia 等[22]报道了系列的 α-Fe_2O_3 纳米球、纳米盘和纳米板，研究发现其具体形貌与前驱体的浓度有直接关系，并且水热合成法是合成各种金属氧化物的纳米棒/纳米线/纳米管的最常用方法。Jian 等[23]使用 $FeCl_3$ 与 $NH_4H_2PO_4$ 溶液在 220℃下连续加热 2～3 天制备出 α-Fe_2O_3 热液纳米管。2007 年，Huang 等[24]采用低温溶液的合成方法，合成处粒径约为 35 nm 的球形纳米 α-Fe_2O_3，并对 PVP 在对产物的调节方面进行了大量讨论。

虽然 Fe_2O_3 具有较宽的光响应范围，但是由于 Fe_2O_3 很难产生电子-空穴对，单独利用 Fe_2O_3 作为光催化材料并不理想，并且 Fe_2O_3 的光催化性能低于多金属氧酸盐，没有充足的光催化活性位点，在氧化还原方面，Fe_2O_3 也存在着较多缺陷。所以在光催化领域中，Fe_2O_3 纳米材料并不适合单独作为光催化材料使用。

Li 等[26]以自制的 Fe_2O_3/TiO_2 纳米粉为原料制备了 Fe_2O_3/TiO_2 复合陶瓷，作为光催化剂应用在实际水处理中。他们研究了烧结温度对其相变、物理性能和光催化性能的影响，并使用在 880℃下烧结的陶瓷对亚甲基蓝进行了光催化降解，该陶瓷在紫外线或可见光下，对亚甲基蓝都具有很高的光降解能力。Zhang 等[26]用水热法，通过在三维 α-Fe_2O_3 分层纳米结构上向外延生长 SnO_2，合成了三维 SnO_2/α-Fe_2O_3 半导体分层纳米复合材料，用于光催化。SnO_2/α-Fe_2O_3 复合材料具有优异的可见光降解亚甲基蓝的光催化能力。Sun 等[27]利用水热法将 α-Fe_2O_3 纳米颗粒负载在氧化石墨烯片的表面上。然后将制备的 α-Fe_2O_3@rGO 片材通过真空过滤沉积在聚丙烯腈纳米纤维垫上，以获得 α-Fe_2O_3@rGO/PAN 纳米膜。该纳米膜能有效降解多种有机染料，其中亚甲基蓝的降解率在 2h 内高达 98.5%。在 5 个循环后，降解率仍保持在较高水平，并且纳米膜保持完整，可重复使用。Song 等[28]通过阳极氧化法制备出多孔的 TiO_2-4% SiO_2-1% $TeO_2/Al_2O_3/TiO_2$ 复合材料，该材料在紫外光条件下能够有效降解乙醛气体，降解率为普通商用光催化剂的 6～10 倍。作者通过大量研究对比，对光催化性能的提高进行了阐述，证明多孔材料提供了更多的接触位点，从而提高了光催化效率。

现阶段，大量杂多酸被用于与纳米金属材料合成新型复合材料。根据能带理论，多金属氧酸盐的带隙宽度在 2.4 eV 及以上范围内，纳米材料的带隙宽度各有不同，TiO_2 的带隙宽度为 3.0 eV，ZnO 的带隙宽度为 3.25 eV，CuO 带隙宽度为 1.7 eV，CoO 的带隙宽度为 2.6 eV，α-Fe_2O_3 的带隙宽度为 2.1 eV。带隙宽度的大小直接决定光生电子与光生空穴的产生及复合猝灭的比例，带隙过宽，光生电子跨过带隙所需的能量较高，大量能量相对较低的电子无法成功到达导带，导致光生电子数量不足以进行后续实验。若带隙宽度过低，则跨过带隙的光生电子又极容易重新跨过禁带回到价带，与光生空穴发生复合而猝灭。因此，通过杂多酸与纳米材料进行复合进而抑制光生电子与空穴的猝灭，提高光催化性能是如今研究的重点。大量关于 TiO_2、ZnO 与杂多酸复合的实验被报道，但是基于禁带宽度为 2.1 eV 的 α-Fe_2O_3 的报道却并不多见，因此本书着重介绍杂多酸/α-Fe_2O_3 纳米复合材料的制备、表征及光催化性能研究。

1.4 杂多酸/分子筛纳米复合材料光催化研究现状

虽然杂多酸作为一种绿色催化剂在光催化方面有众多的优势，同时，杂多酸化合物也存在一定的缺陷，如杂多酸化合物由于其表面高负电荷的存在，使其易于团聚；杂多酸在单独作为催化剂时，在极性溶剂中易于溶解，反应后不易分离从而造成难以回收利用等问题这些因素均限制了杂多酸化合物作为催化剂的广泛应用。为了克服上述问题，人们尝试将杂多酸分散在合适的载体上，如与典型的载体——分子筛复合，制备得到负载型复合催化剂，利用分子筛纳米材料的高比表面积和高吸附能力，使得多酸复合催化剂催化性能显著提升，从而被广泛用于多相催化氧化反应中。

分子筛最早研究始于 1992 年，美国 Mobil 公司的 Beck 和 Kresge 等发表的新颖介孔分子筛 M41 系列，包括六方相的 MCM-41、立方相的 MCM-48 以及层状的 MCM-50。并因其大尺寸的孔径结构和孔径可调控性，分子筛在吸附材料、大分子催化材料、功能材料以及生物过程等方面都具有非常重要的应用价值。

利用分子筛较强的吸附性能和较大的比表面积对杂多酸进行有效的固载，可解决杂多酸易于溶解和团聚等问题，并相应地提高了杂多酸复合材料的催化性能。目前分子筛与杂多酸复合的固载方法有很多，分别有水热分散法、浸渍法、原位合成法、溶胶凝胶法等。较为典型的例子是 Sulikows 课题组首次采用原位合成的方法将磷钨酸封闭在 Y 型分子筛的超笼内，如图 1-9 所示，该复合催化剂对于二甲苯的选择性异构化和歧化反应表现出了很高的催化活性。

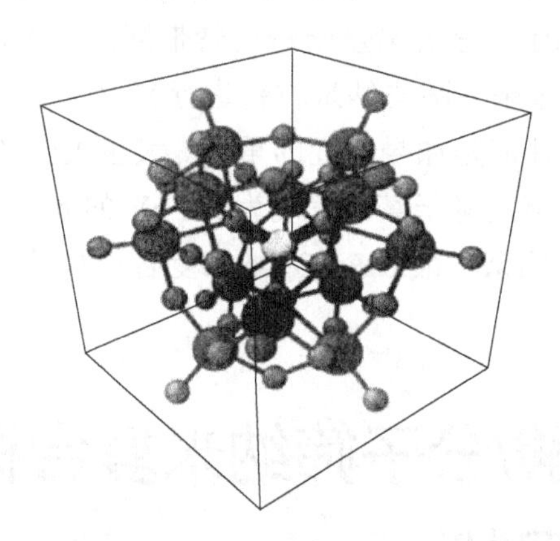

图 1-9　磷钨酸封闭在 Y 型分子筛超笼催化剂示意图

武立州等[29]采用浸渍法将夹心型 $Na_{12}[(Cu(H_2O))_3(SbW_9O_{33})_2]\cdot 46H_2O$ 与氨基化的分子筛 SBA-15 进行复合，制备出了杂多酸复合材料，并将其应用于苯甲醇的催化氧化反应中，该复合材料对苯甲醇的转化率高达 92%。Ioannis[30]等以 SBA-15 介孔分子筛为刚性模板，采用超声纳米自主组装的方法将磷钨酸负载在介孔 Cr_2O_3 的载体上，成功地制备出分子筛负载型催化剂；将其应用于催化氧化苯甲醇反应体系，表现出了很好的选择性和催化效率。

杂多酸/分子筛复合材料在光催化领域同样具有优异的表现。宗喜梅等[31]运用浸渍法将硅钨酸与分子筛 MCM-48 进行复合制备得到新型催化剂（HPA/MCM-48），光催化降解实验结果表明，该复合材料对有机污染物具有明显的降解效果。徐玲等同样以分子筛 MCM-48 为载体，通过调控杂多酸负载量，将磷钨酸负载到分子筛上，光催化降解甲基橙的实验结果表明，对于 0.0016g/L 的甲基橙溶液的降解率大于 80%。为了进一步提高杂多酸/分子筛复合材料在光催化性能，史秉楠等[32]利用杂多酸和二氧化钛之间的协同作用，将二者共同负载于分子筛上得到复合型催化剂，光催化降解苯酚溶液，对苯酚模拟废水的 COD 去除率可达 70%，经多次循环仍保持较优异的光催化活性。

综上，虽然目前关于杂多酸基纳米光催化剂制备及其性能研究有诸多的报道，其中也包括杂多酸/分子筛复合材料光催化剂的研究，但仍然存在合成方法复杂，复合材料固载不完全，客观因素作用下杂多酸易脱落，可见光利用率低等不足，从而直接影响到了复合催化剂的光催化性能。因此，寻求通过简单、环保的方法制备杂多酸/分子筛复合材料光催化剂仍需深入研究，同时实现提高催化剂对可见光响应活性，增强光催化性能等目的。

参考文献

[1] 李克斌，赵锋，魏红. 磷钨酸均相光催化还原降解水中偶氮染料酸性大红 3R[J]. 高等学校化学学报, 2011, 32(8): 1812-1818.

[2] Troupis A, Gkika E, Triantis T, et al. Photocatalytic Reductive Destruction of Azo Dyes by Polyoxometallates: Naphthol Blue Black[J]. J. Photochem. Photobiol. A: Chemistry, 2007, 188(2-3): 272-278.

[3] Yu X, Shavel A, An X, et al. Cu_2ZnSnS_4-Pt and Cu_2ZnSnS_4-Au Heterostructured Nanoparticles for Photocatalytic Water Splitting and Pollutant Degradation[J]. J. Am. Chem. Soc., 2014, 136(26): 9236-9239.

[4] Zhang L, Xie Z, Gong J, et al. Shape-controlled Synthesis of Au-Pd Bimetallic Nanocrystals for Catalytic Applications[J]. Chem. Soc. Rev., 45(14): 3916-3934.

[5] Xia Y N, Yang P D, Sun Y G, et al. One-Dimensinal Nanostructures: Synthesis, Characterization, and Applications[J]. Adv. Mater., 2010, 15(5): 353-389.

[6] Jin R, Cao Y C, Hao Y, et al. Controlling Anisotropic Nanoparticle Growth through Plasmon Excitation[J]. Nature, 2003, 425(6957): 487-490.

[7] An J, Tang B, Ning X, et al. Photoinduced Shape Evolution: From Triangular to Hexagonal Silver Nanoplates[J]. J. Phys. Chem. C, 2007, 111(49): 18055-18059.

[8] Sun Y, Xia Y, et al. Shape-controlled Synthesis of Gold and Silver Nanoparticles[J]. Science, 2010, 298(5601): 2176-2179.

[9] Zhu J, Kan C X, Zhu X, et al. Synthesis of Pperfect Silver Nanocubes by a Simple Polyol Process[J]. J. Mater. Res., 2007, 22(06): 1479-1485.

[10] Deng X, Wang C, Zhou E, et al. One-Step Solvothermal Method to Prepare Ag/Cu_2O Composite with Enhanced Photocatalytic Properties[J]. Nanoscale Res. Lett., 2016, 11(1): 29.

[11] Liu R, Wang P, Wang X, et al. UV- and Visible-Light Photocatalytic Activity of Simultaneously Deposited and Doped Ag/Ag(Ⅰ)-TiO_2 Photocatalyst[J]. J. Phys. Chem. C, 2012, 116(33): 17721-17728.

[12] Shi H F, Yan G, Zhang Y, et al. $Ag/Ag_xH_{3-x}PMo_{12}O_{40}$ Nanowires with Enhanced Visible-Light-Driven Photocatalytic Performance[J]. ACS Appl. Mater. Interfaces, 2017, 9(1): 422-430.

[13] Wang L, Yang W, Zhu W, et al. A Nanosized {$Ag@Ag_{12}$} "Molecular Windmill" Templated by Polyoxometalates Anions[J]. Inorg. Chem., 2014, 53(21): 11584-11588.

[14] 周文喆. 多金属氧酸盐辅助合成贵金属纳米材料及其催化性能研究[D]. 长春: 东北师范大学, 2016.

[15] Xing X, Liu R, Yu X, et al. Self-assembly of CdS Quantum Dots with Polyoxometalate Encapsulated Gold Nanoparticles: Enhanced Photocatalytic Activities[J]. J. Mater. Chem. A, 2013, 1(4): 1488-1494.

[16] Pearson A, Bhargava S K, Bansal V. UV Switchable Polyoxometalate Sandwiched Between TiO_2 and Metal Nanoparticles for Enhanced Visible and Solar Light Photocatalysis[J]. Langmuir, 2011, 27(15): 9245-9252.

[17] Malarkodi C, Malik V, Uma S, et al. Synthesis of Fe_2O_3 Using Emblica officinalis

Extract and its Photocatalytic Efficiency. Mat Sci Ind[J]. Mater. Sci. An. Indian. J, 2018; 16(1): 125.

[18] Min C Y, Huang Y D, Liu L. High-Yield Synthesis and Magnetic Property of Hematite Nanorhombohedras through a Facile Solution Route[J]. Mater. Lett., 2007, 61 (25): 4756-4758.

[19] Hiralal P, Unalan H E, Wijayantha K C, et al. Growth and Process Conditions of Aligned and Patternable Flms of Iron(Ⅲ) Oxide Nanowires by Thermal Oxidation of Iron [J]. Nanotechnology, 2008, 19: 455608.

[20] Jia C J, Sun L D, Luo F, et al. Large-Scale Synthesis of Single-Crystalline Iron Oxide Magnetic Nanorings[J]. J. Am. Chem. Soc. 2008, 130: 16968-16977.

[21] Sarangi P P, Vadera S R, Patra M K, et al. Synthesis and Characterization of Pure Single Phase Ni-Zn Ferrite Nanopowders by Oxalate Based Precursor Method[J]. Powder Technol., 2010, 203(2): 348-353.

[22] Zeng S, Tang K, Li T, et al. Controlled Synthesis of α-Fe_2O_3 Nanorods and Its Size-dependent Optical Absorption, Electrochemical, and Magnetic Properties.[J]. J. Colloid Interface Sci., 2007, 312(2): 513-521.

[23] Lv B, Zhou H, Wu D, et al. Single-crystalline Dodecahedral α-Fe_2O_3 Particles with Nanometer Size: Synthesis and Characterization[J]. J Nanoparticle Res, 2014, 16(12): 1-8.

[24] Min C Y, Huang Y D, Liu L. High-Yield Synthesis and Magnetic Property of Hematite Nanorhombohedras through a Facile Solution Route[J]. Mater. Lett., 2007, 61 (25): 4756-4758.

[25] Li R, Jia Y, Bu N, et al. Photocatalytic Degradation of Methyl Blue Using Fe_2O_3/TiO_2 Composite Ceramics[J]. J. Alloys Compd., 2015, 643: 88-93.

[26] Zhang S W, Li J X, Niu H H, et al. Visible-Light Photocatalytic Degradation of Methylene Blue Using SnO_2/α-Fe_2O_3 Hierarchical Nanoheterostructures[J]. Chemplus-chem, 2013, 78(2): 192-199.

[27] Kai S, Wang L, Wu C, et al. Fabrication of α-Fe_2O_3@rGO/PAN Nanofiber Composite Membrane for Photocatalytic Degradation of Organic Dyes[J]. Adv. Mater. Inter., 2017, 4(24): 1700845.

[28] Chu S Z, Inoue S, Wada K, et al. Highly Porous (TiO_2-SiO_2-TeO_2) /Al_2O_3/TiO_2 Composite Nanostructures on Glass with Enhanced Photocatalysis Fabricated by

Anodization and Sol-Gel Process[J]. ChemInform, 2003, 34(41): 6586.

[29] 武立州，董新博，薛岗林. 介孔分子筛 SBA-15 负载夹心型杂多酸催化剂的制备及催化性能研究[C]. 中国化学会第六届全国多酸化学学术研讨会论文集, 2015: 172-172.

[30] Tamiolakis I, Lykakis I N, Katsoulidis A P, et al. Mesoporous Cr_2O_3-Phosphomolybdic Acid Solid Solution Frameworks with High Catalytic Activity[J]. Chem. Mater., 2011, 23(18): 4204-4211.

[31] 宗喜梅，董金龙. HPA/MCM-48 对水溶性染料的光催化降解[J]. 光谱实验室, 2010, 27(6): 379-381.

[32] 史秉楠. $CoFe_2O_4$/MCM-41/TiO_2 复合材料的制备及其光催化性能研究[D]. 哈尔滨: 黑龙江大学, 2015.

第 2 章

钼基杂多酸复合材料

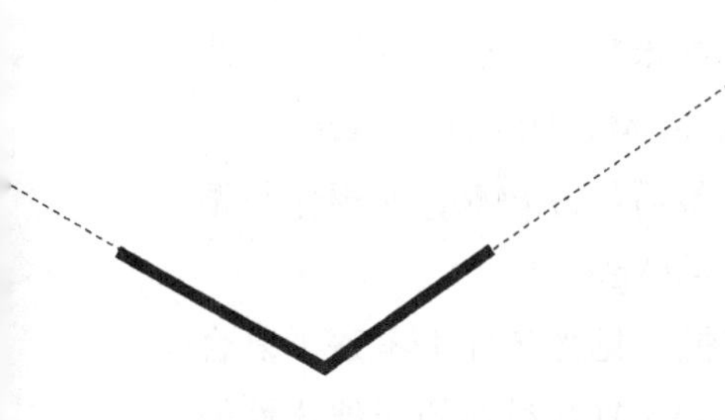

2.1 PMo_{12}/Ag 复合材料

随着工业化不断发展，环境污染已经成为人类现在面临且必须解决的严峻问题。化学印染染料废水由于其成分复杂，且有机物浓度高，成为亟须解决的主要问题。化学印染废水其有机组分通常以芳烃及杂环化合物作为母体，并带有显色基团，一般其毒性较大，有些甚至含有剧毒致癌物。罗丹明 B（RhB）是工业中常用的有机染料之一，其结构中含有毒性大且难降解的官能团苯环，本部分将采用该染料作为目标研究对象，开展光催化降解实验研究。提出将杂多酸与贵金属纳米粒子进行复合的策略，制备得到新型的多酸基复合光催化剂，系统地探讨复合催化剂对罗丹明 B 的降解过程和降解机理。

首先，采用水热合成法，成功制备得到饱和 Keggin 型磷钼杂多酸 PMo_{12} 前驱体，并通过 FT-IR、XRD、SEM、TEM、UV-Vis 等测试手段对其进行了系统的表征。结果表明，制备得到的 PMo_{12} 前驱体具有经典的 Keggin 结构。其次，采用光诱导转化法制备得到片状结构的银纳米粒子。通过分析其合成条件，如反应时间、表面活性剂种类等，并结合 SEM、UV-Vis 等表征手段探讨了纳米粒子形貌与光吸收范围的内在联系。最后，将 PMo_{12} 前驱体与银纳米粒子复合成功制备得到多酸基光催化剂 PMo_{12}/Ag。

采用罗丹明 B 染料为目标有机污染物，在模拟可见光条件下考察了复合材料 PMo_{12}/Ag 的光催化性能。结果表明，PMo_{12}/Ag 复合材料的光催化性能优于前驱体 PMo_{12} 及 Ag 纳米粒子，PMo_{12}/Ag 复合样品的光催化降解率可达 98.75%，并且经过多次循环之后仍保持在 94.35%以上，说明该复合催化剂具有较好的稳定性。同时，通过对比实验、自由基实验以及荧光光谱测试等进一步探讨了复合材料光催化降解罗丹明 B 的催化机理。结果表明，在光催化降解过程中，PMo_{12} 和银纳米粒子之间存在协同作用，可以抑制光生电子和空穴的重组，提高载流子分离效率，并且光致激发产生的活性物种 $O_2^{-\bullet}$ 和光生空穴 h^+ 对罗丹明 B 分子的降解起主要作用。

2.1.1 PMo_{12}/Ag 复合材料的制备

（1）饱和型 Keggin 结构磷钼杂多酸 PMo_{12} 的制备

采用水热合成法制备 PMo_{12} 前驱体：将钼酸钠 0.4000 g（1.65 mmol）和磷酸 0.1 mL 溶解于 30 mL 去离子水，置于 85℃条件下水浴加热，持续搅拌，30 min 后滴加盐酸（6 mol/L）调节 pH 至 2～3。继续恒温搅拌 10 min 后加入氯化钴 0.0400 g 和邻菲啰啉 0.0200 g，使其充分反应约 10 min，滴加饱和碳酸钠溶液调节 pH 至 6～7。最后将混合液转移至聚四氟乙烯内衬的不锈钢反应釜中，180℃条件下加热反应 5～6 h。冷却、离心、干燥得到磷钼杂多酸前驱体，记作 PMo_{12}。

（2）银纳米材料制备

采用光诱导转化法[1-5]制备银纳米材料：将一定体积的 $AgNO_3$（0.2 mol/L）水溶液和柠檬酸钠（0.6 mol/L）溶液加入 500 mL 水中，搅拌均匀后，加入 5 mmol/L 聚乙烯吡咯烷酮（PVP）溶液进行混合，持续搅拌并快速加入新鲜制备的 $NaBH_4$ 水溶液（0.1 mol/L），充分搅拌 5 min 后将混合溶液放置 100 W 钨丝灯下进行照射。光照反应过程中定时取样，对其进行紫外-可见吸收光谱测试。光照结束后，用无水乙醇和去离子水洗涤样品，离心分离。

（3）PMo_{12}/Ag 复合材料制备

取上述水热合成法制备得到 PMo_{12} 前驱体，待其冷却后，除去上层溶液，将下层混合液与前面制备的一定体积的银纳米颗粒复合，并在一定温度下持续搅拌 30 min，最后将混合液转移至体积为 15 mL 并带有聚四氟乙烯内衬的不锈钢反应釜中，在 180℃恒温条件下加热反应 5～6 h。反应结束后待样品冷却至室温，离心、干燥得到磷钼酸盐/银纳米复合材料，记作 PMo_{12}/Ag。

2.1.2 PMo_{12}/Ag 复合材料的表征

（1）银纳米材料的表征

在该实验过程中，混合溶液中未加入 $NaBH_4$ 时，溶液为无色，加入 $NaBH_4$

之后溶液瞬间变为黄色，随着光照时间的延长，溶液颜色逐渐由黄色逐渐变为蓝绿色，最后直至变为深蓝色。紫外-可见吸收光谱显示，在进行光照之前，银纳米粒子仅在波长为 420 nm 处有明显的光吸收（图 2-1），且此时溶液颜色为黄色，溶液中生成的银纳米颗粒主要为球形[4]。

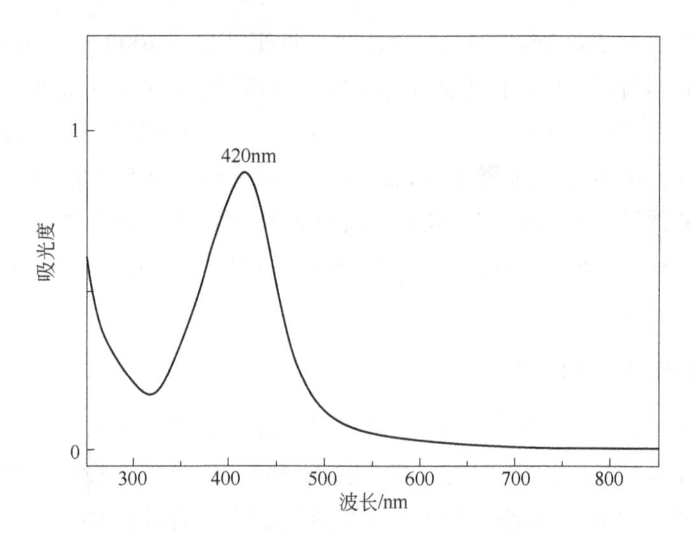

图 2-1　银纳米颗粒紫外吸收光谱图

随着光照时间的不断延长，溶液颜色逐渐变为蓝绿色，在波长为 790 nm 左右开始出现一个新的较弱的吸收峰（图 2-2 中 A），表明溶液中逐渐生成结构稳定的不同相的银纳米颗粒，通过扫描电镜观察到其形貌为类片状结构，但轮廓并不规则［图 2-3 中（a）］。继续延长光照时间，溶液颜色继续加深变为深蓝色，且紫外吸收峰发生明显蓝移，强度逐渐增加（图 2-2 中 B～D），扫描电镜测试结果表明溶液中球形银纳米颗粒基本全部转化为片状结构的银纳米颗粒［图 2-3 中（b）～（d）］。在此过程中，伴随着在 335 nm 和 480 nm 左右处出现两个微弱的吸收峰（图 2-2），分析原因，主要是由于银纳米片的面外和面内四极子表面等离子体共振吸收所致。如图 2-2 和图 2-3 所示，随着光照时间的延长，银纳米粒子呈边界清晰的规则片状结构，并且吸收峰进一步蓝移[3,4]，这主要是由于随着纳米片的边长不断增加，会发生尖角度的增大及厚度的减小。银粒子的偶极共振模式逐渐从二极子共振向四极子共振、八极子共振转变，从而导致吸收峰不断发生蓝移[3,4]。同时，根据扫描电镜和紫外吸收光谱测试结果发现，所制备的银纳米片的尺寸与其紫外吸收峰紧密相关。本研究所制备的银纳米片在650～680 nm（图2-4中A～C）之间有明显的紫外吸收。相同条件下，所制备的多边形的片状结构银纳米粒子尺寸会有微弱的变化［图2-5（a）～（c）］，银纳米片多边形的边长在50～100 nm范围内，相应的其紫外吸收峰在650～680 nm之间有微弱的移动。

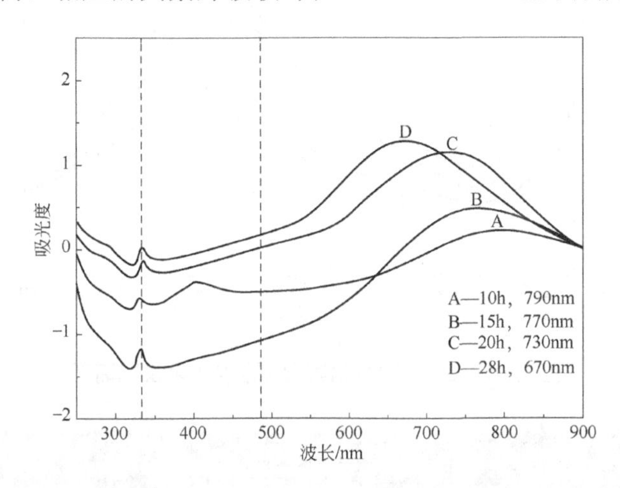

图2-2　银纳米片状结构生成过程中不同时间段的紫外-可见吸收光谱图

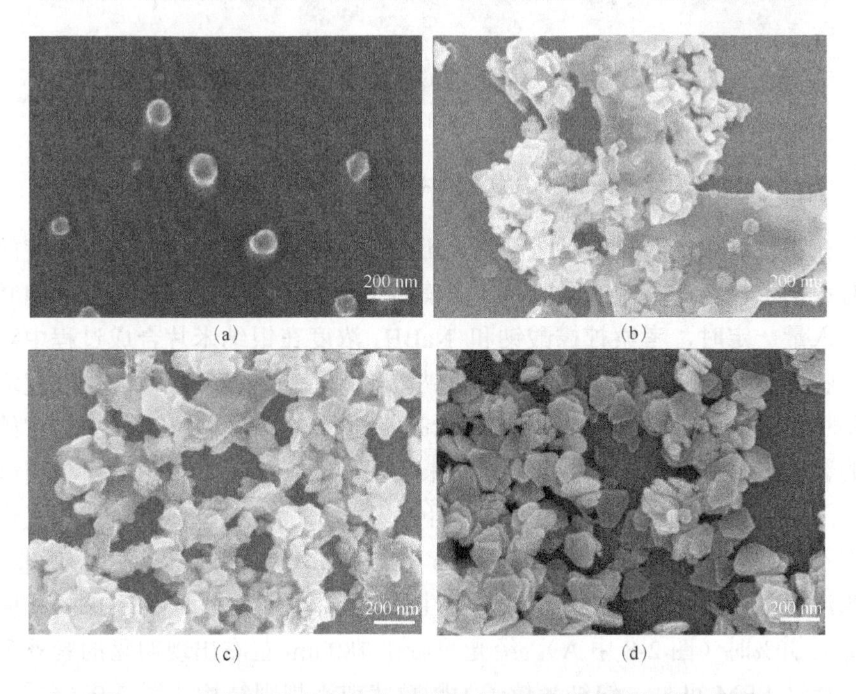

图2-3　银纳米片状结构生成过程中不同时间段的扫描电镜图

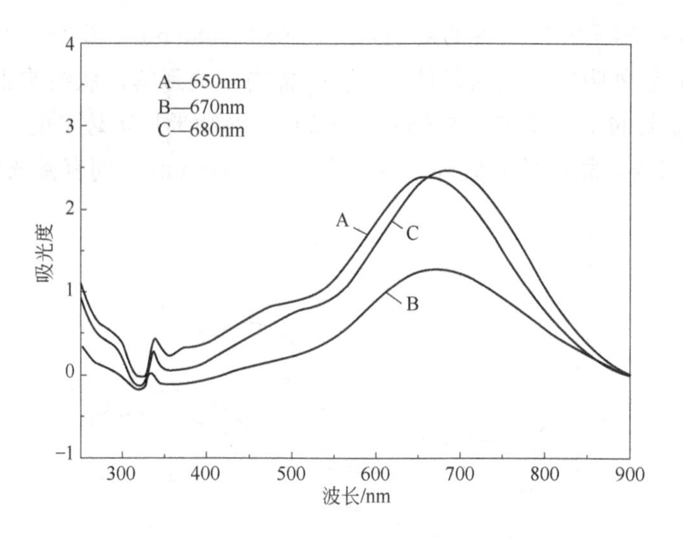

图 2-4　银纳米片结构对应的紫外吸收光谱图

(a)　(b)　(c)

图 2-5　银纳米片结构扫描电镜图

在实验过程中，我们还注意到，还原剂（柠檬酸钠和 $NaBH_4$）浓度的变化对银纳米材料形貌及光吸收范围具有很大影响[2-5]。首先，在 $AgNO_3$ 和 PVP 的加入量一定时，考察柠檬酸钠和 $NaBH_4$ 浓度在银纳米片合成过程中对其光吸收波长及形貌的影响。当硼氢化钠浓度保持一定，仅柠檬酸钠浓度增加 1 倍时，光照一定时间后 Ag 纳米颗粒的紫外吸收峰（图 2-6 中 B）与初始样品的紫外吸收峰（图 2-6 中 A）相比未发生明显变化，形貌也未发生明显变化（图 2-7）。但是，当柠檬酸钠浓度不变只增大硼氢化钠浓度，或硼氢化钠浓度不变只增大柠檬酸钠浓度（图 2-6 中 C 或 D）时，均未出现明显吸收峰，表明溶液中没有片状结构银纳米粒子生成。当柠檬酸钠和 $NaBH_4$ 的浓度同时降低 50%时（图 2-8 中 A），经光照后在 780 nm 左右出现明显的紫外吸收峰，通过 SEM 可见，银纳米粒子为颗粒状或不规则结构［图 2-9（a)］。当硼氢化钠或柠檬酸钠浓度为原溶液浓度 2 倍或者 4 倍时，在 610～620 nm 区间内出现明显的紫外吸收峰（图 2-8 中 B 和 C），且吸收峰强度明显增强，由 SEM 图片可得，银纳米粒子呈不规则多边形［图 2-9 中（b）和（c）］形貌，且发生明显团聚现象。这是由于溶液中银离子的还原速度随着还原剂浓度的增大而加快，导致银纳米粒子生长速度过快而发生团聚，不利于片状结构的生成。结果表明，还原剂浓度过大或过小时，可导致还原反应速度加快或减慢，从而影响银纳米粒子生成过程中的形貌变化，进而影响银纳米粒子的光吸收范围。

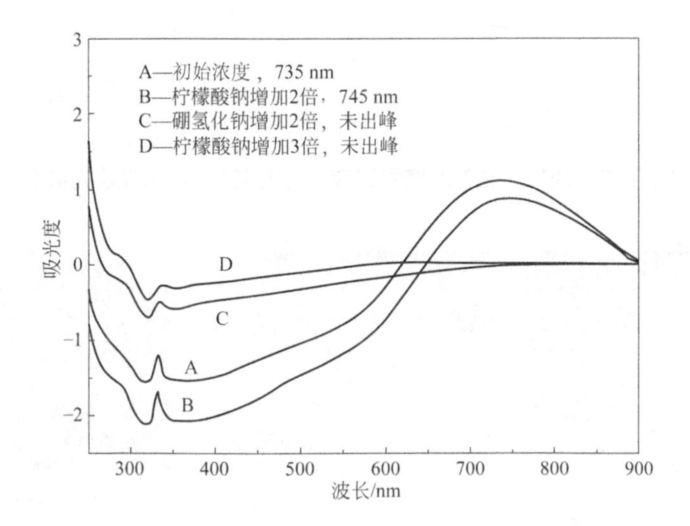

图 2-6　还原剂浓度增大时的紫外-可见吸收光谱图

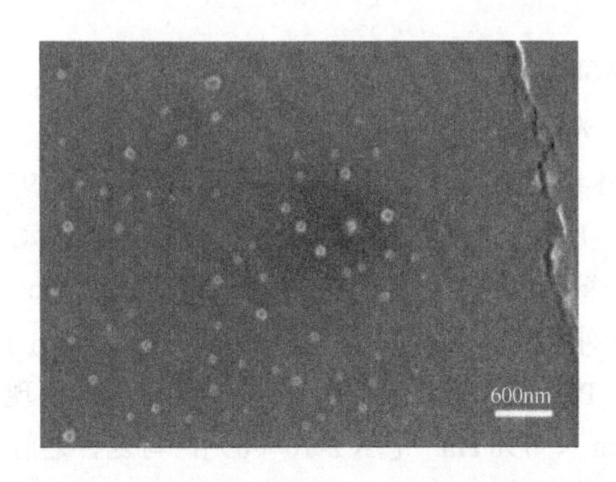

图 2-7　柠檬酸钠浓度增大 2 倍时的扫描电镜图

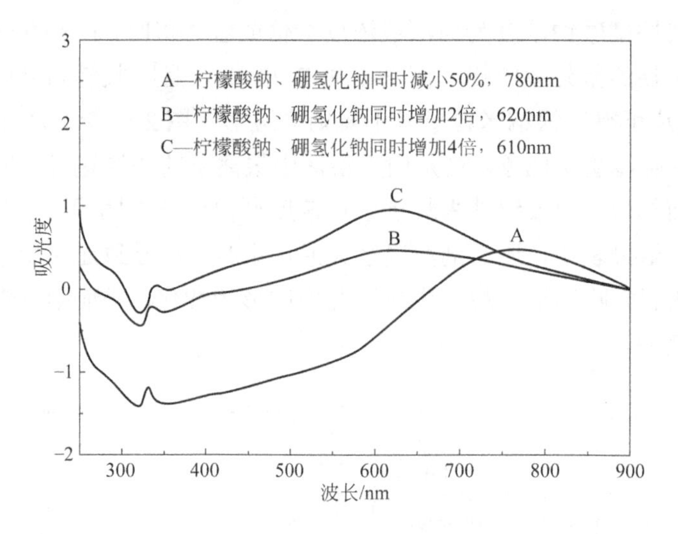

图 2-8　两种还原剂浓度同时变化时的紫外-可见吸收光谱图

（a）　（b）　（c）

图 2-9　两种还原剂浓度同时变化时对应的扫描电镜图

（2）饱和 Keggin 型磷钼杂多酸及复合材料的表征

① 红外吸收光谱表征

PMo_{12} 前驱体红外吸收光谱主要吸收峰在 1056 cm^{-1}、956 cm^{-1}、874 cm^{-1} 和 798 cm^{-1}［图 2-10（a）］，分别可归属为：P—O_a 键伸缩振动吸收峰，Mo═O_d 键伸缩振动吸收峰，Mo—O_b—Mo 键伸缩振动吸收峰，Mo—O_c—Mo 键弯曲振动吸收峰。红外光谱分析结果表明，所制备的 PMo_{12} 前驱体是典型的 Keggin 结构[6]。PMo_{12}/Ag 复合材料红外吸收峰分别出现在 1056 cm^{-1}、956 cm^{-1}、874 cm^{-1}、798 cm^{-1}［图 2-10（b）］，与复合之前的 PMo_{12} 前驱体红外光谱基本一致，表明复合样品仍具有完整的 Keggin 结构。

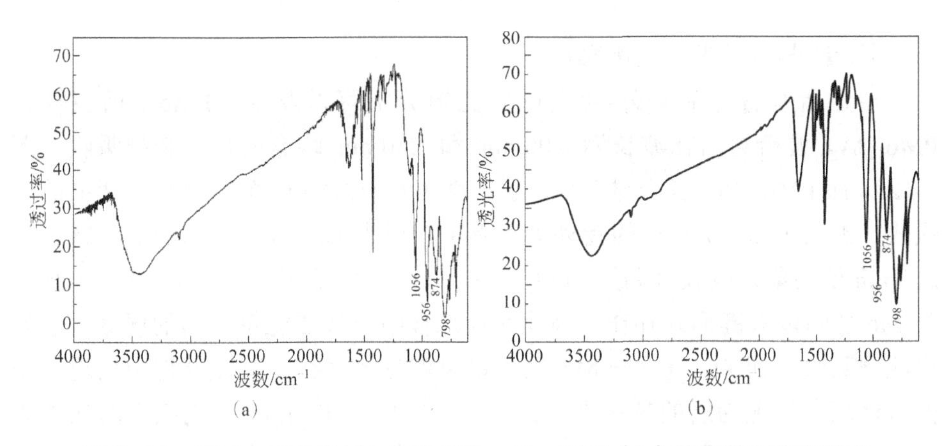

图 2-10 PMo_{12}前驱体（a）和PMo_{12}/Ag 样品（b）的红外吸收光谱图

② X 射线衍射表征

由于杂多酸化合物结构复杂，通常不具有典型的标准卡片。但 Keggin 结构杂多酸的 XRD 衍射峰主要出现在 2θ 为 7°～10°、16°～23°、25°～30°、31°～43°四个区间内[7]。由 PMo_{12} 前驱体的 XRD 谱图可见，在 2θ 为 7°、9°、18°、26°、29°、33°时出现衍射峰［图 2-11（a)］，依次分布在 Keggin 结构衍射峰的四个区间内，进一步说明制备的样品具有 Keggin 结构。在 PMo_{12}/Ag 复合样品的 XRD 谱图中，能够体现该 PMo_{12} 杂多离子典型结构的衍射峰在 2θ 为 7°、9°、18°、26°、29°、33°具有明显出峰，表明该复合材料中 PMo_{12} 杂多离子结构依然完整。而 2θ 为 38°、44°、64°、77°的衍射峰则对应面心立方相银（标准卡片 JCPDS：87-0597）的四个典型衍射峰［图 2-11（b)］，分别归属为银的（1 1 1）（2 0 0）（2 2 0）（3 1 1）四个晶面。

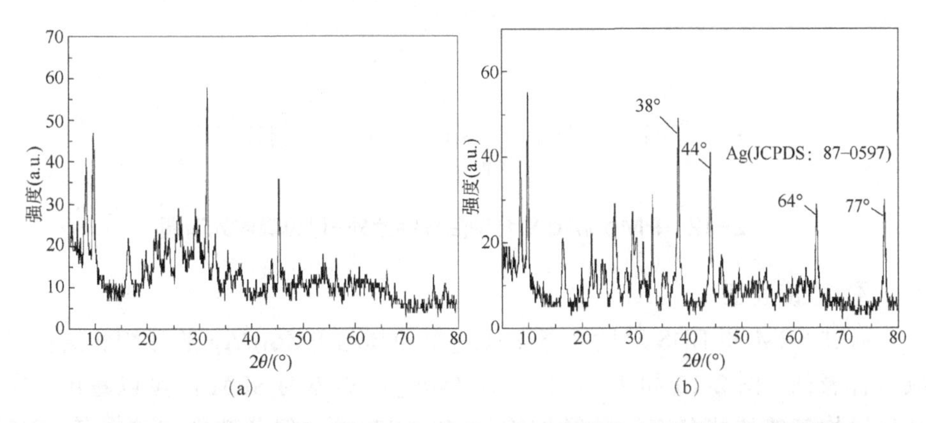

图 2-11 PMo_{12}前驱体（a）和PMo_{12}/Ag 样品（b）的 XRD 谱图

③ 紫外-可见吸收光谱表征

通过所制备样品紫外-可见吸收光谱分析可以发现，PMo_{12} 前驱体和 PMo_{12}/Ag 复合材料在波长为 200 nm 和 260 nm 均有明显的紫外吸收（图 2-12），而 PMo_{12}/Ag 复合材料还在波长为 600～800 nm 范围内具有明显的光吸收。波长为 200 nm 处的紫外吸收峰可归属为 O_d—Mo 之间的荷移跃迁，260 nm 处的紫外吸收峰归属为 O_b—Mo，O_c—Mo 之间的荷移跃迁。由于 O_d 与 Mo 之间以双键形式存在，因此跃迁过程中出现在能量较高的区域，且为带状强吸收。而 O_b、O_c 与 Mo 之间以单键形式存在，跃迁过程中出现在低能量区域，表现为弱的带状吸收。此外，经典的 Keggin 结构杂多酸在波长为 260 nm 左右光吸收较强，其它区域光吸收较弱。而本实验所制备的样品在波长为 200～400 nm 范围内均有较强光吸收，与传统的 Keggin 结构杂多酸相比，拓宽了光吸收范围。在复合材料中，由于两者间的协同作用影响，使带隙宽度不同的杂多酸和银纳米离子两种材料在复合过程中发生重叠，扩大了光响应范围。

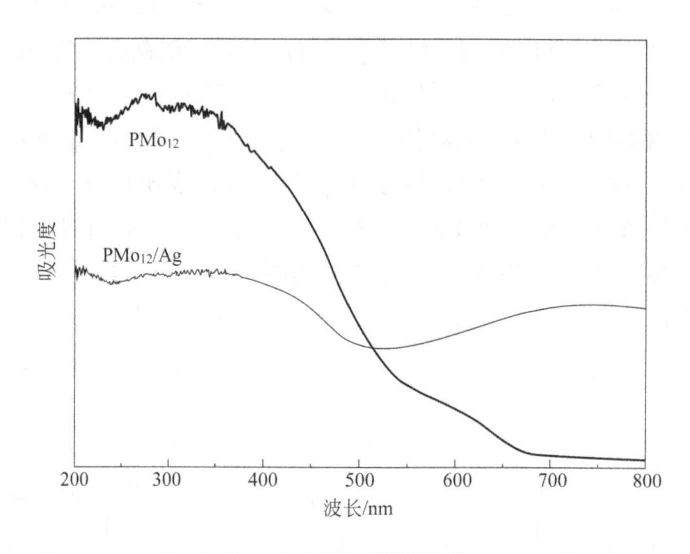

图 2-12　PMo_{12}/Ag 复合前后样品紫外-可见吸收光谱图

④ 电镜表征

通过 SEM 和 EDS 对所制备 PMo_{12} 前驱体与 PMo_{12}/Ag 的形貌和结构组成进行表征（图 2-13 和图 2-14）。由 PMo_{12} 前驱体的 SEM 图可以看出，样品呈较均匀的块状分布，粒径均约为 50～80 nm，但分散性欠佳；其 EDS

图显示 P、Mo 元素是所制备样品 PMo_{12} 前驱体的主要组成元素。PMo_{12}/Ag 复合材料的 SEM 图中样品呈均匀的块状分布，且颗粒边界清晰，直径大小约 100～200 nm；其 EDS 图显示样品中含有 P、Mo、Ag 元素，表明复合样品中含有银元素存在。

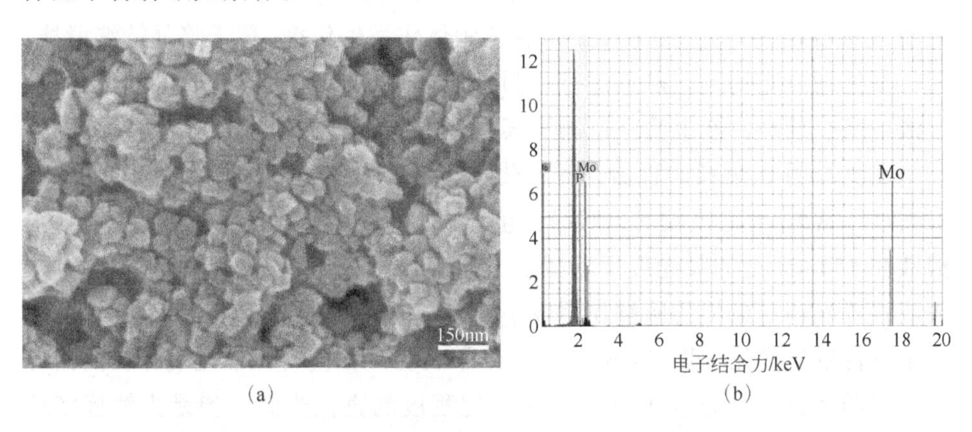

(a)　　(b)

图 2-13　PMo_{12} 前驱体的 SEM 图（a）和 EDS 图（b）

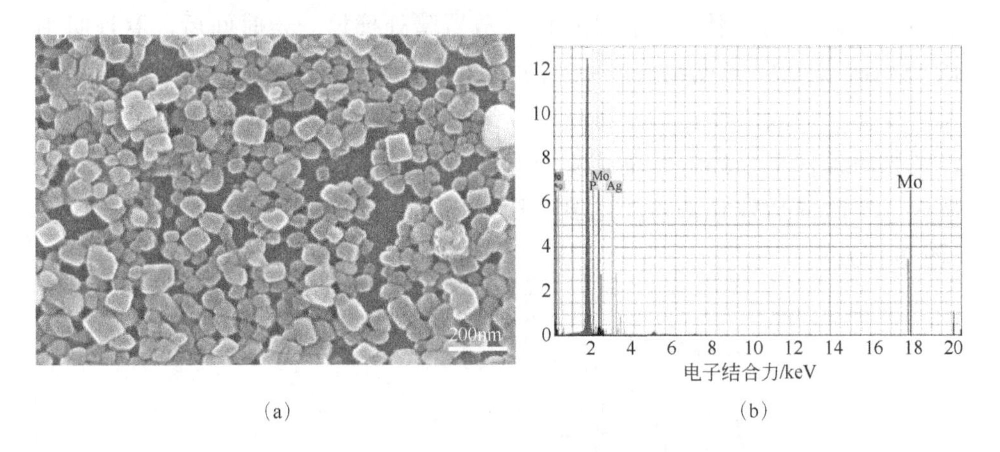

(a)　　(b)

图 2-14　PMo_{12}/Ag 的 SEM 图（a）和 EDS 图（b）

2.1.3　PMo_{12}/Ag 复合材料的光催化性能

（1）罗丹明 B 染料的直接光解实验

直接光解实验：在 200 mL 石英光催化杯中加入 100 mL 浓度为 10 mg/L

的罗丹明 B 标准溶液，采用 500 W 卤钨灯作为模拟光源进行光照并持续搅拌，保持溶液受光辐射均匀。每间隔一定时间取 5 mL 溶液，测试其吸光度和紫外-可见吸收光谱。

空白实验：在 200 mL 石英光催化杯中加入 100 mL 浓度为 10 mg/L 的罗丹明 B 标准溶液，加入 0.15 g PMo_{12} 前驱体作为催化剂，置于暗处持续搅拌，保证催化剂分布均匀，从而进行吸附-解吸实验。每间隔一定时间提取 5 mL 溶液，离心分离，取上清液，测试其吸光度和紫外-可见吸收光谱。

在罗丹明 B 染料的直接光解催化实验过程中，每间隔一定时间取样，并对其进行紫外-可见吸收光谱和吸光度测试。随着光照时间的延长，罗丹明 B 溶液在 554 nm 处的吸光度逐渐减小［图 2-15（a)]，但减小趋势比较微弱，表明直接光解对染料的降解作用较小；当光照一定时间后 RhB 溶液的浓度几乎不再发生变化［图 2-15（b)]。结果表明，在没有光催化剂存在的情况下，光照条件下罗丹明 B 也会发生一定程度的直接光解，但是光解程度较小，降解率仅为 15.03%左右。空白实验测试结果表明，当罗丹明 B 水溶液中加入 PMo_{12} 前驱体作为催化剂时，放置暗处搅拌一定时间后，罗丹明 B 在 554 nm 处的吸光度明显减小（图 2-16)，反应 20 min 后吸光度几乎不再发生变化，溶液浓度基本不再减小。结果表明，当杂多酸 PMo_{12} 前驱体在没有光照条件下单独进行催化实验时，对染料具有一定的吸附作用，并在反应一定时间后催化剂表面达到吸附-解吸平衡，吸附率达到 77.80%左右（图 2-16)。

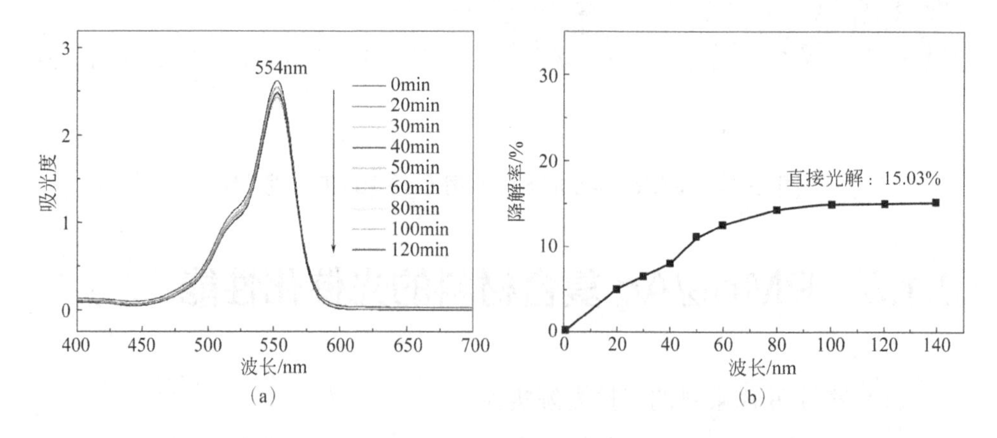

图 2-15　罗丹明 B 直接光降解紫外-可见吸收光谱图（a）及其降解率变化图（b）

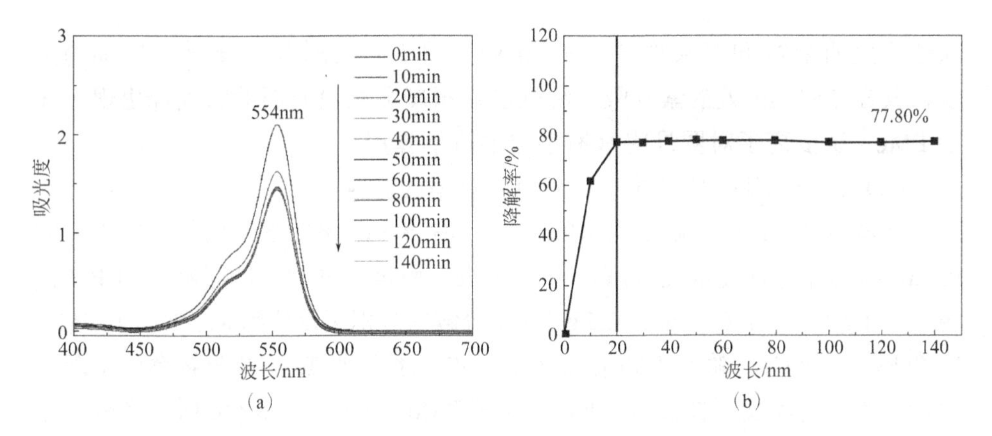

图 2-16　RhB 暗光吸附紫外-可见吸收光谱图（a）及降解率随时间变化图（b）

（2）PMo_{12} 光催化降解罗丹明 B 染料实验结果分析

① PMo_{12} 光催化降解罗丹明 B 染料优化实验

（a）染料浓度对降解率的影响

在 PMo_{12} 用量为 1.5 g/L、pH 5～6 条件下，对不同浓度的 RhB 染料进行光催化降解，考察染料浓度对降解率的影响。当染料浓度为 10 mg/L、15 mg/L、20 mg/L、25 mg/L 时，降解率分别可以达到 91.04%、81.22%、67.51%、55.62%。通过实验结果分析可以发现，随着染料浓度的增大，其降解率呈不断降低趋势［图 2-17（a）］，在染料浓度为 10 mg/L 时，罗丹明 B 的降解率达到最大。对比 RhB 溶液的紫外-可见吸收峰可以发现，其分子内 $n\rightarrow\pi^*$ 电子

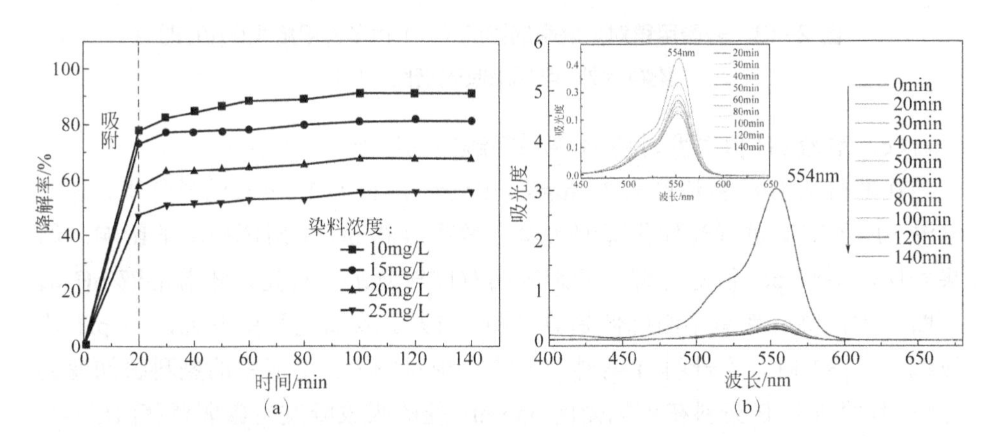

图 2-17　染料浓度对降解率的影响（a）和染料浓度 15 mg/L 时染料紫外-可见吸收光谱图（b）

跃迁产生的紫外-可见吸收在 554 nm 处［图 2-17（b)］，随着光照时间的延长，其在 554 nm 处的紫外吸收峰强度逐渐减弱且没有新的吸收峰出现，表明 PMo_{12} 杂多离子对罗丹明 B 有明显的降解作用。

（b）PMo_{12} 用量对罗丹明 B 染料降解率的影响

在罗丹明 B 染料浓度为 10 mg/L，pH 5～6 条件下，加入不同用量的 PMo_{12} 前驱体进行光催化降解，考察 PMo_{12} 用量对降解率的影响。当 PMo_{12} 用量为 1 g/L、1.5 g/L、2 g/L、2.5 g/L 时，降解率分别可以达到 85.32%、91.06%、91.00%、91.06%。随着 PMo_{12} 用量的增加，罗丹明 B 染料降解率先不断增大后基本保持不变［图 2-18（b)］，并在 PMo_{12} 用量为 1.5 g/L 时，降解率达到最大。

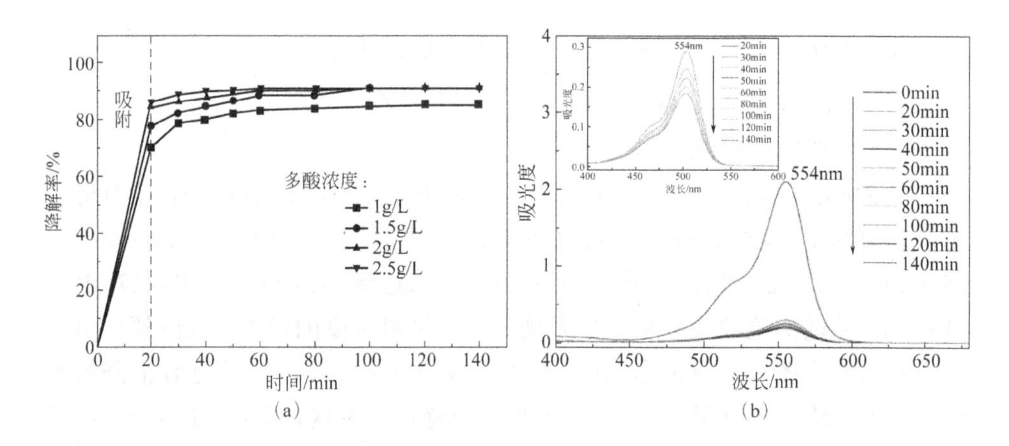

图 2-18　多酸用量对降解率的影响（a）和多酸用量 1.5 g/L 时染料紫外-可见吸收光谱图（b）

（c）溶液 pH 值对罗丹明 B 染料降解率的影响

在罗丹明 B 染料浓度为 10 mg/L，PMo_{12} 用量为 1.5 g/L 的条件下，调节溶液 pH 值对其进行光催化降解实验，考察溶液 pH 值对降解率的影响。结果表明，溶液 pH 值对降解率的影响相对比较复杂。首先，随着溶液 pH 值不断增大，降解率呈不断降低趋势（图 2-19）。实验过程中发现，当 pH 值较低（2～3）时，罗丹明 B 染料的降解率相对较大，溶液中的染料瞬间变为无色，且罗丹明 B 染料在可见光区 554 nm 处的吸收峰发生微弱蓝移［图 2-20（a)］。分析原因，这是由于在酸性（pH = 3）溶液中，罗丹明 B 分子中含有易质子化的氨基，从而使其在质子化过程中带正电荷。另一方面，杂多酸表面处于高负电荷状态，杂多酸能够迅速捕获阳离子染料，使其快速达到吸附平衡。另一方面，质子化的罗丹明B（RhB）能够与PMo_{12}相互作用的同时形成复合物［见反应式（2-1)］，使得RhB在可见光区的最大吸收发生蓝移，形成的复合物在可见光照射下发生内部电子转移而发生快速降解。

$$PMo_{12} + RhB \longrightarrow PMo_{12}\cdots RhB \quad (2\text{-}1)$$

当pH值为5、7、9时，染料降解率分别达到91.06%、74.45%、57.00%，并且罗丹明B染料在554 nm处的吸收峰未发生明显移动［图2-20（b）～（d)］。结果表明，弱酸环境有利于PMo_{12}前驱体光催化降解反应的进行。

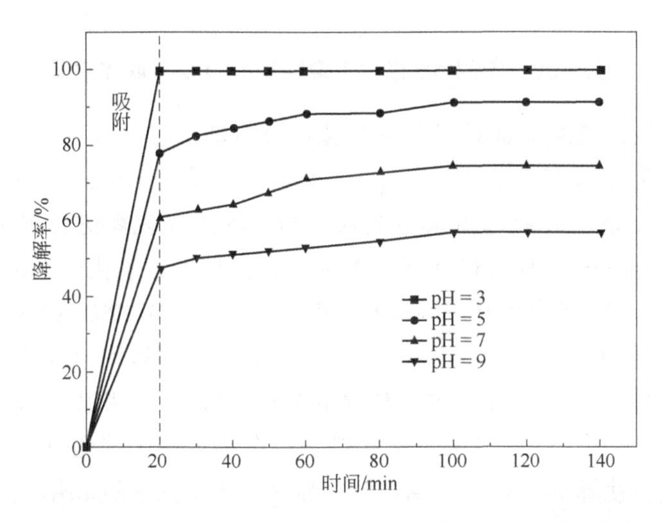

图2-19　染料浓度10mg/L、多酸用量1.5g/L时不同pH对降解率影响变化图

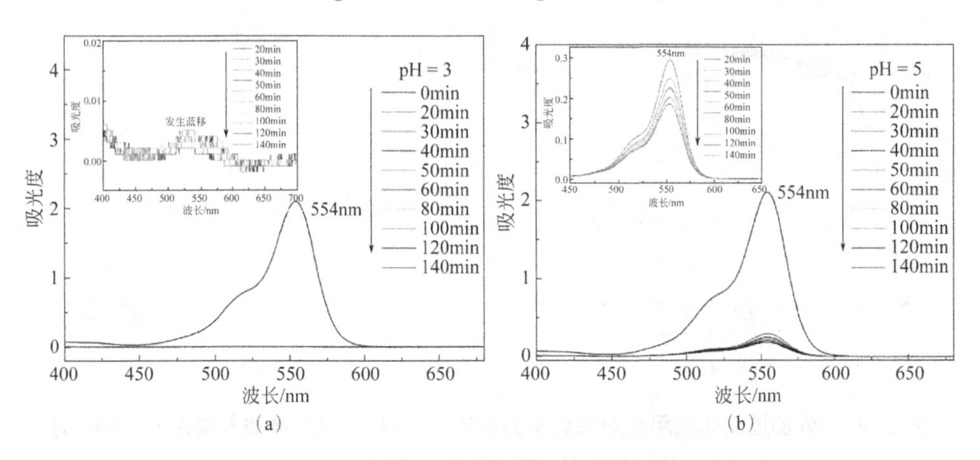

图2-20

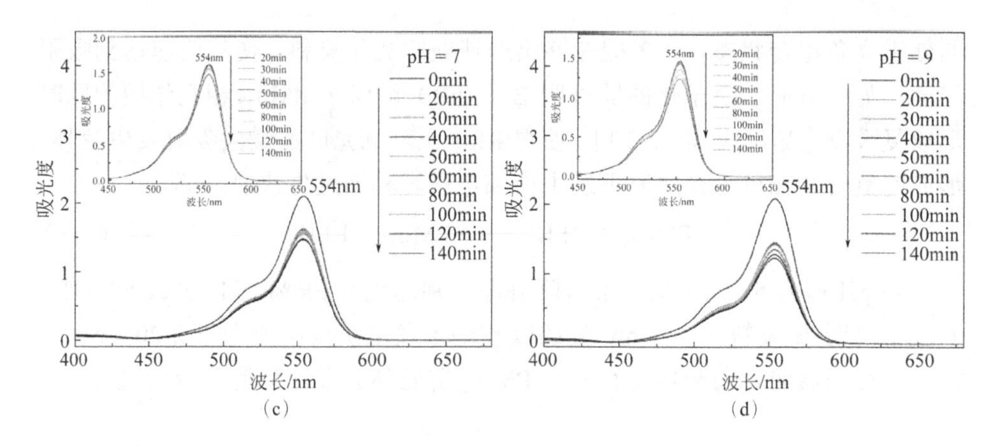

图 2-20 不同 pH 条件下染料紫外-可见吸收光谱图

(d) 过氧化氢添加量对罗丹明 B 染料降解率的影响

在罗丹明 B 染料浓度为 10 mg/L，PMo_{12} 用量为 1.5 g/L 以及 pH 值为 5 的条件下，在杂多酸催化体系中加入不同量的过氧化氢进行光催化降解实验，考察其对罗丹明 B 染料降解率的影响。当加入过氧化氢 0mL、0.1mL、0.3mL、0.5mL 时，罗丹明 B 的降解率分别为 91.06%、91.90%、92.51%和 82.4%。由此可以看出，随着过氧化氢加入量的不断增加，降解率呈先增大后减小的趋势［图 2-21（a）］。当加入过氧化氢 0.3 mL 时，罗丹明 B 的降解率可以达到最大值 92.51%。在模拟可见光照射下，在杂多酸光催化体系中加入少量的过氧化氢会使降解率有所提高，但不显著。这是由于过氧化氢是一种强氧

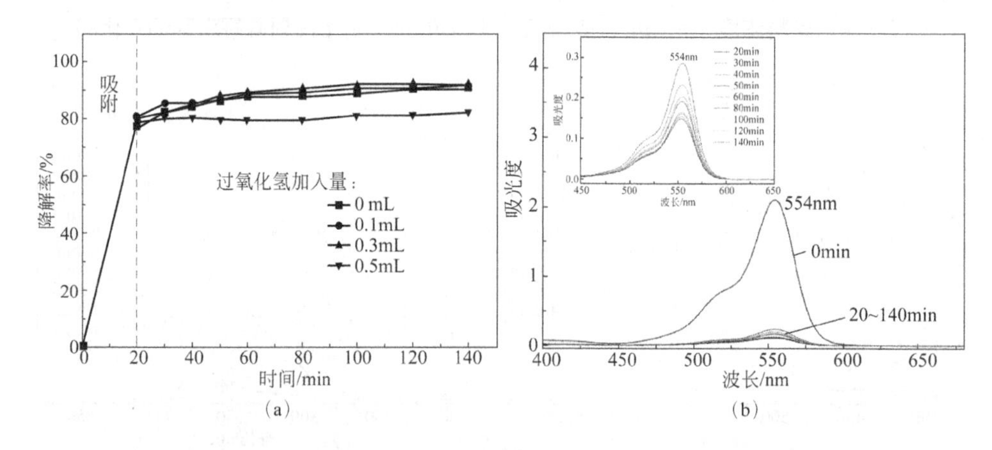

图 2-21 外加过氧化氢用量对降解率的影响（a）和过氧化氢加入量为 0.3 mL 时染料的紫外-可见吸收光谱图（b）

化剂，在光激发作用下产生羟基自由基，同时过氧化氢又具有优异的电子受体特性，因此在与杂多酸共同进行光催化时，少量的过氧化氢可以加速光生载流子的分离，促进光催化反应的进行。当加入过量的过氧化氢时，过氧化氢会对羟基自由基和空穴产生去除作用，导致光催化效率降低。实验结果表明，在该杂多酸光催化体系中过氧化氢的催化作用不明显，因此在后续实验中不考虑加入过氧化氢。

② 单因素优化验证试验

实验结果表明，杂多酸PMo_{12}光催化降解罗丹明B染料最佳反应条件为：PMo_{12}用量1.5 g/L，染料浓度10 mg/L，溶液pH = 5，降解率达到91.05%左右（表2-1）。

表2-1 验证实验数据表

试验次数	PMo_{12}投加量/(g/L)	染料初始浓度/(mg/L)	染料pH	降解率/%
1	1.5	10	5	91.06
2	1.5	10	5	91.00
3	1.5	10	5	91.10

③ PMo_{12}循环利用实验

PMo_{12}前驱体对罗丹明B染料进行光催化降解实验，通过多次循环利用，考察杂多酸催化剂的循环稳定性。经过三次循环后PMo_{12}前驱体对罗丹明B染料的降解率仍可达到81.42%（图2-22），结果表明PMo_{12}前驱体具有良好的稳定性和催化循环能力[8-10]。通过对比发现，经三次循环降解实验后，PMo_{12}前驱体的红外光谱吸收峰未发生改变，表明该催化剂结构未发生改变，仍保留完整的Keggin结构（图2-23）。

（3）PMo_{12}/Ag光催化降解罗丹明B染料实验结果分析

① PMo_{12}/Ag降解罗丹明B实验

由上述（2）实验结果可知，PMo_{12}前驱体的最佳光催化条件为：催化剂用量1.5 g/L，溶液pH = 5～6，染料浓度10 mg/L。由于片状结构的纳米银在该复合催化剂中占比较小，所以PMo_{12}/Ag复合样品的光催化降解实验仍按前驱体最佳反应条件进行。

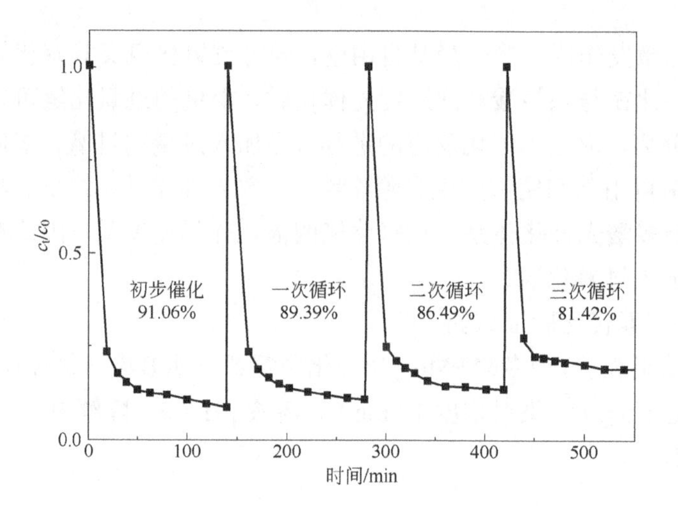

图 2-22　PMo_{12}循环利用实验 c_t/c_0 随时间变化图

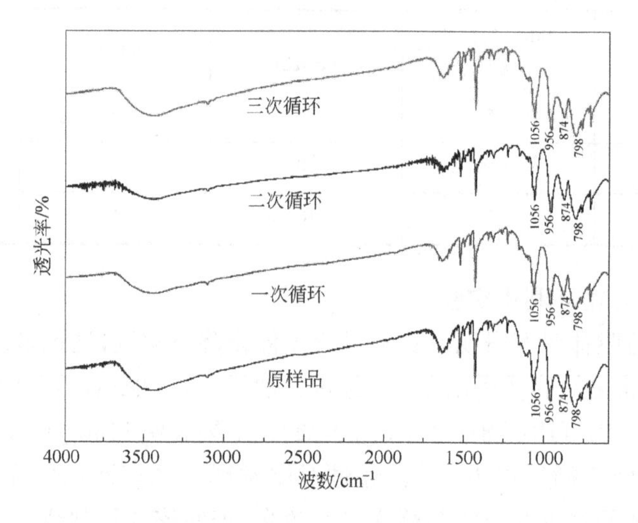

图 2-23　PMo_{12}循环利用实验样品红外对比图

从图 2-24 中可知，在催化剂用量、溶液 pH 值、染料浓度等相同的条件下，PMo_{12}/Ag复合催化剂降解率明显高于PMo_{12}前驱体，降解率高达98.75%，表明 PMo_{12}/Ag 复合催化剂较 PMo_{12} 前驱体具有更优异的光催化性能。主要原因是 PMo_{12} 光致激发会产生光生电子（e^-）和光生空穴（h^+），光生电子和空穴再迅速扩散到催化剂表面发生氧化还原反应而降解有机染料。但是在光催化降解过程中，e^-和 h^+极易发生耦合，导致催化剂的光催化反应效率不能充分体现。而在 PMo_{12}/Ag 复合样品中，在 PMo_{12} 光致激发产生光生电子（e^-）

和光生空穴（h^+）的同时，银纳米粒子同样产生光生电子（e^-）和光生空穴（h^+）。根据杂多酸化合物和银纳米粒子的能带结构分析可知，银纳米粒子的光生空穴（h^+）能够迅速捕获 PMo_{12} 光致激发产生的光生电子（e^-），从而抑制 PMo_{12} 和 Ag 各自内部光生电子和空穴的耦合，加速 PMo_{12}/Ag 复合光催化剂光生电子和空穴的分离，充分发挥两者的协同作用，提高光催化性能。PMo_{12}/Ag 光催化 RhB 染料过程的紫外-可见吸收光谱图见图 2-25。

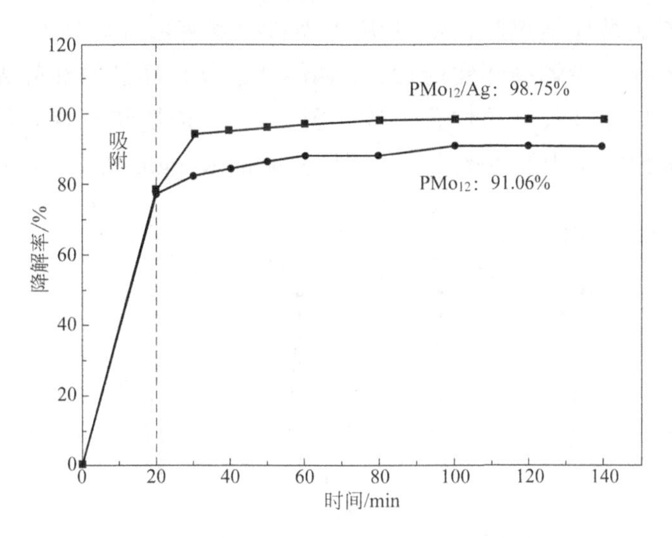

图 2-24　PMo_{12}/Ag 复合前后降解率比较

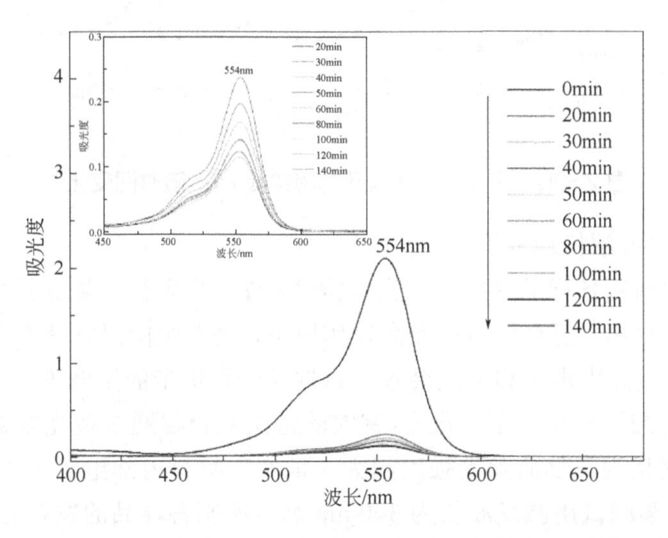

图 2-25　PMo_{12}/Ag 光催化 RhB 的紫外-可见吸收光谱图

② PMo_{12}/Ag 循环利用实验

通过多次循环利用 PMo_{12}/Ag 复合样品对 RhB 染料的光催化降解实验，评估 PMo_{12}/Ag 复合样品的催化循环稳定性。在 PMo_{12}/Ag 用量为 1.5 g/L、溶液 pH = 5～6 的条件下，光催化降解浓度为 10 mg/L 的罗丹明 B 染料，循环利用三次实验（图 2-26）。当使用 PMo_{12}/Ag 复合样品进行循环催化降解 RhB 染料时，经过三次循环后 PMo_{12}/Ag 复合光催化剂活性损失较小。在第三次催化循环结束时，罗丹明 B 染料降解率仍可达到 94.35%左右。经过三次光催化降解循环实验后，PMo_{12}/Ag 复合样品的红外光谱图与光催化反应前样品吸收峰的位置一致（图 2-27），表明该复合光催化剂在催化前后杂多酸结构未发生改变，仍保留完整的 Keggin 结构，具有优异的循环稳定性。

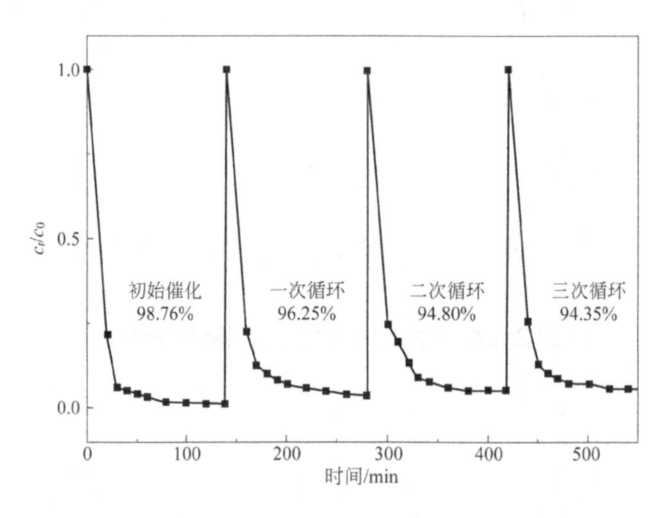

图 2-26　PMo_{12}/Ag 循环利用实验 c_t/c_0 随时间变化图

③ 染料降解机理分析

我们对所制备样品进行荧光光谱测试，进一步表征在复合材料中光生载流子的有效分离。复合材料在光激发作用下，会发生能级跃迁产生光生电子和空穴，并且光生电子和空穴会各自占据导带和价带的空轨道，形成一种准平衡态。在准平衡状态下，电子-空穴的再次复合将通过荧光发射形式释放能量。研究认为，物质荧光强度越大，证明在材料内部电子-空穴复合概率越高。本实验测试用激发波长为 340 nm 测量所制备样品的发射光谱。PMo_{12} 和 PMo_{12}/Ag 在 676 nm 处出现相似的荧光发射（图 2-28），与 PMo_{12} 前驱体相比，PMo_{12}/Ag 复合材料的光谱峰强度明显降低，表明光生电子和空穴的重组被抑制，光生电子和空穴复合概率显著降低，进一步证明 PMo_{12}/Ag 复合材料的具有更为优异的光催化性能。

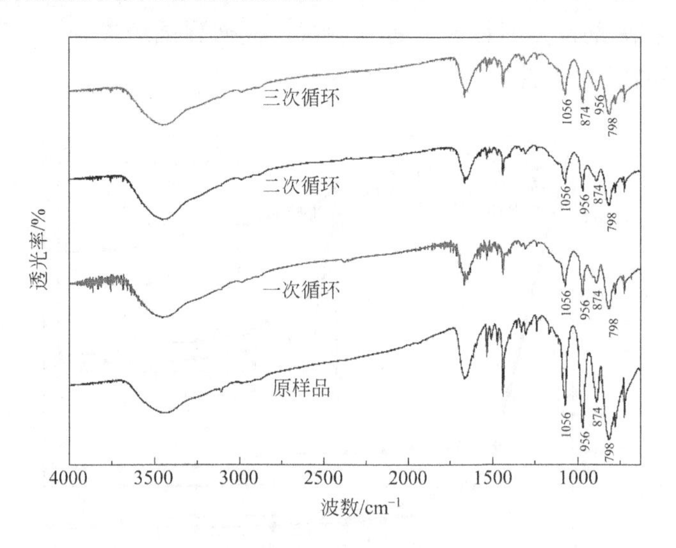

图 2-27 PMo_{12}/Ag 循环利用实验样品红外对比图

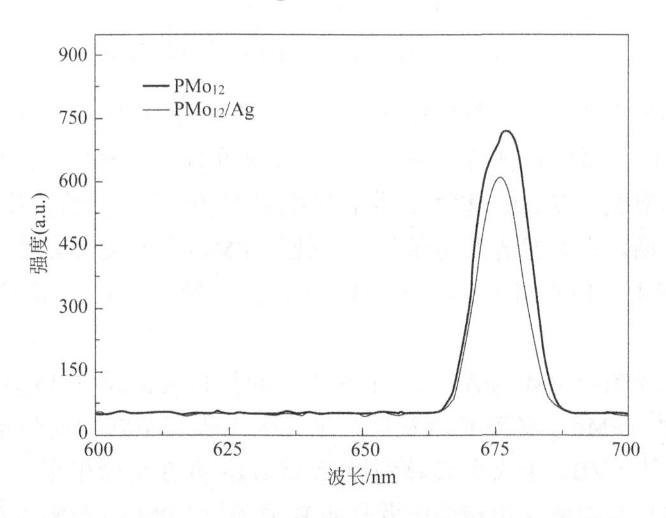

图 2-28 PMo_{12} 和 PMo_{12}/Ag 样品发射光谱图

通过可能的光催化活性基团掩蔽剂实验，开展 PMo_{12} 及 PMo_{12}/Ag 复合样品光催化降解罗丹明 B 染料的机理研究，分别进行了空穴和自由基捕获实验。杂多酸盐在受到光激发后，会产生多种活性物种（光生空穴 h^+、超氧离

子自由基 $O_2^{-\cdot}$、羟基自由基$\cdot OH$)，所以在本实验中，采用三乙醇胺（TEOA，h^+猝灭剂)、异丙醇（IPA，$\cdot OH$ 捕获剂）和哌啶醇氧化物（4-OH-TEMPO，$O_2^{-\cdot}$猝灭剂）加入光催化体系中进行反应。实验过程中分别向催化体系中加入 1 mmol 猝灭剂，定时取样并进行测试，根据测试结果分析三种猝灭剂对光催化效果的影响（图 2-29）。

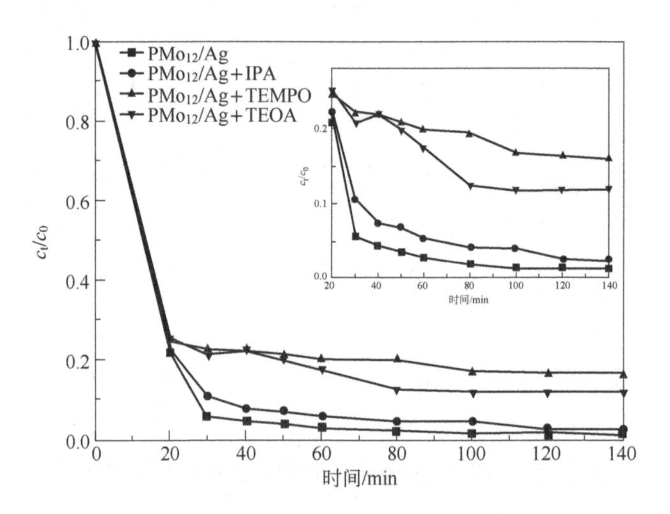

图 2-29　不同活性物种对催化效果影响图

实验结果表明，加入异丙醇（IPA）之后罗丹明 B 的降解率降低程度较小，说明反应体系中羟基自由基存在量较少或在催化过程中作用微弱；而分别加入三乙醇胺（TEOA）和哌啶醇氧化物（TEMPO）之后降解率明显降低。由此可以证明，在可见光照射条件下，使用 PMo_{12}/Ag 复合光催化剂降解罗丹明 B 过程中，超氧离子自由基（$O_2^{-\cdot}$）和光生空穴（h^+）两种活性物种起主要作用。

当可见光照射 PMo_{12}/Ag 复合材料时，可以同时激发 PMo_{12} 和银纳米粒子。一方面，PMo_{12} 受到光激发后产生光生电子和空穴，光生电子可以从 PMo_{12} 的价带（VB）激发并转移到导带（CB)，并在价带中留下空穴。随后光生空穴可以直接氧化溶液中的罗丹明 B 分子。但 PMo_{12} 前驱体在光催化反应中的光生电子和空穴极易耦合，从而抑制了 PMo_{12} 催化反应的进行。另一方面，银纳米粒子受光激发后产生等离子体共振吸收（SPR）现象，产生光生电子和空穴，并且银纳米粒子由于其 SPR 现象引起强烈的局部电磁场，使其自身的空穴与 PMo_{12} 中生成的电子形成电子-空穴对，从而加速了 PMo_{12}

前驱体中光生电子和空穴的分离。光生电子与银纳米粒子受光激发产生的光生空穴重新组合，而银纳米粒子的等离子体电子可以被表面吸收的电子受体 O_2 捕获形成 $O_2^{-\bullet}$ 活性物质，$O_2^{-\bullet}$ 进一步将罗丹明 B 分子直接氧化成降解产物。因此，在光催化降解过程中主要活性基团是 $O_2^{-\bullet}$ 和光生空穴 h^+，而羟基自由基 $^\bullet OH$ 的作用相对较小[11-14]。

2.2 α-Fe_2O_3/P_2Mo_{18}复合材料

本部分首先成功合成了 Dawson 结构磷钼酸盐 P_2Mo_{18}，并通过傅里叶变换红外光谱、扫描电子显微镜、紫外-可见吸收光谱等测试手段对其结构进行了系统的表征。其次，通过调控反应参数制得 Fe_2O_3 纳米粒子，通过 X 射线粉末衍射、扫描电子显微镜、紫外-可见吸收光谱进行表征。最后，利用四丁基溴化铵为表面活性剂，将 Dawson 型 P_2Mo_{18} 和 α-Fe_2O_3 纳米粒子复合，制备得到 α-Fe_2O_3/P_2Mo_{18} 复合材料。同时，利用傅里叶红外光谱、X 射线粉末衍射、扫描电子显微镜、紫外-可见吸收光谱对材料进行了表征，并通过光致发光测试和电化学阻抗测试对复合材料进行筛选，得到当 α-Fe_2O_3 占比为 5%时，利用 12 h 制备成的 α-Fe_2O_3 与 P_2Mo_{18} 复合得到的复合材料性能最佳。因此，后续光催化实验的进行都采用 12 h 复合所制得的 α-Fe_2O_3/P_2Mo_{18} 复合材料。

通过 α-Fe_2O_3/P_2Mo_{18} 复合材料对亚甲基蓝和重铬酸钾进行降解实验，得到以下结果：

① 通过光催化降解亚甲基蓝的测试，证明了 α-Fe_2O_3/P_2Mo_{18} 复合材料可以有效地降解 20 mg/L 以下浓度的亚甲基蓝染料，其最佳实验为 pH = 7，复合材料中 α-Fe_2O_3 占比为 5%。在最佳条件下，亚甲基蓝的最终降解率可以达到 99%。经过活化的 α-Fe_2O_3/P_2Mo_{18} 复合材料仍然保持其基本结构，并且在三次循环中仍能保持其优异的催化性能。

② 通过三乙醇胺、异丙醇、对苯醌作为掩蔽剂对复合材料光催化机理进行测试，得出该复合材料光催化过程中的活性基团是由羟基自由基。通过探讨不同 pH 值条件下不同掩蔽剂对光催化效果的影响，发现该复合材料的反应机理不会随着 pH 的改变而发生转变。当 pH 值在 1～7 区间内，羟基自由基始终是催化降解亚甲基蓝的主要活性基团。

③ 通过对重铬酸钾水溶液的光催化还原研究发现，降解过程中降解率随着 pH 值的变化发生了明显的改变。在 pH 为 7～13 时，随着碱性的增强，光催化性能不断下降。在酸性条件下光催件性能极佳，几乎可以完全降解重铬酸钾。实验结果表明，50 mg/L 的重铬酸钾溶液在加入甲醇的条件下，使用 α-Fe_2O_3 占比为 5%的复合材料催化剂进行光催化，在 pH = 5 的条件下可以达到最佳的降解效果。

下面将详细展开 Fe_2O_3/P_2Mo_{18} 复合材料的实验研究。

2.2.1 α-Fe_2O_3/P_2Mo_{18}复合材料的制备

（1）P_2Mo_{18} 的合成

将 50 g $Na_2MoO_4 \cdot 2H_2O$ 溶于 225 mL 去离子水中，加入一定量的 85% H_3PO_4，再加入一定量的浓盐酸酸化，加热回流 10 h。将溶液冷却到室温后，加入一定量的 NH_4Cl，结晶析出 P_2Mo_{18} 的铵盐。反复多次加入 NH_4Cl 重结晶，在 40℃条件下烘干样品，制得纯净的杂多酸 P_2Mo_{18}。

（2）α-Fe_2O_3 的合成[15,16]

将 0.278 g $FeSO_4 \cdot 7H_2O$ 和 0.246 g CH_3COONa 溶于 40 mL 去离子水中，搅拌一段时间。将溶液转移至反应釜中，140℃下加热。调节反应时间，加热时间分别为 2 h、6 h、12 h、18 h、24 h。将反应釜冷却至室温后，离心分离，去离子水和无水乙醇洗涤，在 40℃的烘箱中烘干。将样品转移至坩埚中，放入马弗炉煅烧，在 500℃条件下煅烧 2 h，制得不同形貌的 α-Fe_2O_3 纳米颗粒。

（3）Fe_2O_3/P_2Mo_{18} 的合成

称取五份（1）中制备的 P_2Mo_{18} 各 1.0 g，溶解于 20 mL 水中，分别加入 0.01 g、0.03 g、0.05 g、0.08 g、0.10 g（2）中制备的 Fe_2O_3，充分搅拌混合。一段时间后，滴加 0.1 mol/L 四丁基溴化铵水溶液 20 mL，持续反应 24 h，反应结束后，离心分离，并用去离子水和乙醇洗涤，得到不同比例的复合材料，放入 40℃的烘箱中烘干，得到目标产物 α-Fe_2O_3/P_2Mo_{18}。

2.2.2 α-Fe_2O_3/P_2Mo_{18}复合材料的表征

（1）P_2Mo_{18}的表征

① 红外吸收光谱表征

从红外吸收光谱图中可以看出，杂多酸 P_2Mo_{18} 的特征吸收谱带出现在 700～1100 cm^{-1} 处（图 2-30），其中在 1078 cm^{-1}、1002 cm^{-1}、939 cm^{-1}、905 cm^{-1} 和 777 cm^{-1} 处出现其特征峰[17]。1078 cm^{-1} 和 1002 cm^{-1} 吸收峰可归属为 P—O 振动，939 cm^{-1} 处可归属为 Mo═O 特征峰。905 cm^{-1} 和 777 cm^{-1} 两处出峰均为 Mo—O—Mo 的桥氧键振动所产生。红外吸收光谱分析表明，所合成的杂多化合物是典型的 Dawson 型杂多酸 P_2Mo_{18}。

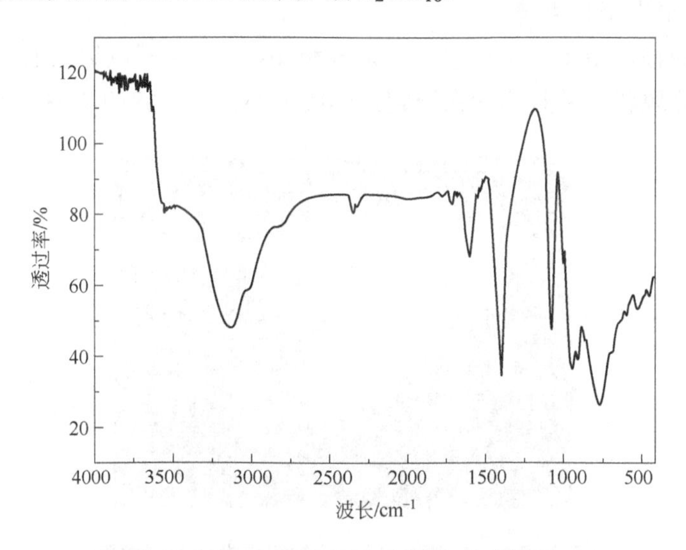

图 2-30 杂多酸 P_2Mo_{18}的红外光谱图

② 紫外-可见吸收光谱表征

从紫外-可见吸收光谱图中，杂多酸 P_2Mo_{18} 主要吸收峰出现在 200～550 nm 区间内[图 2-31(a)]，其光吸收范围相较于 Keggin 型杂多酸的 200～350 nm 有明显的拓宽。这可以使整个杂多酸对太阳光的能量利用率变得更高，进一步提高杂多酸的光催化性能。利用 Kubelka-Munk 方程将紫外-可见光谱进行转换，得到 P_2Mo_{18} 的带隙能量图[图 2-31（b)]，从图中可见 P_2Mo_{18} 杂多酸的带隙宽度为 2.39 eV，符合常见杂多酸带隙宽度的范围。

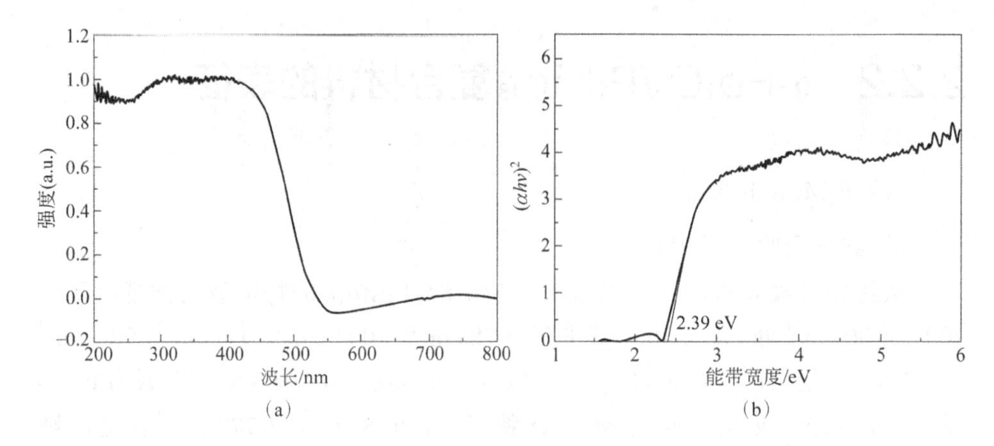

图 2-31　杂多酸 P_2Mo_{18} 的紫外-可见吸收光谱图（a）和带隙能量图（b）

③ 扫描电子显微镜

根据扫描电镜图片可以看出，杂多酸 P_2Mo_{18} 主要以棒状的形式存在其中含有部分块状，并且团聚在一起，形成了类似于团簇的状态（图 2-32）。

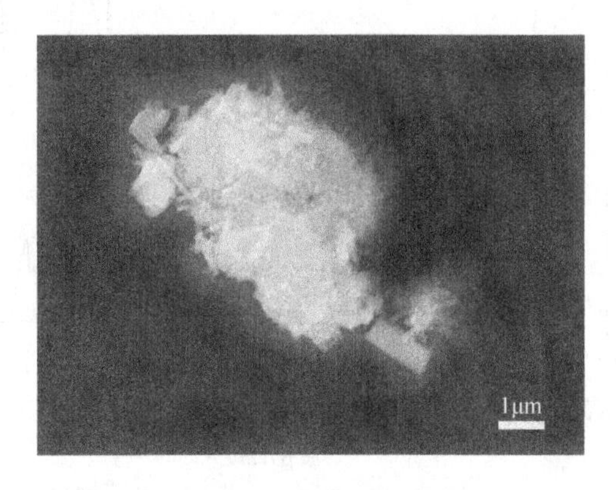

图 2-32　杂多酸 P_2Mo_{18} 的扫描电子显微镜图

④ 循环伏安测试

本实验所用参比电极为甘汞电极（标准电极电位为 0.24 V）。研究认为，通过循环伏安法测量的第一还原电位可以确定该材料最低空分子轨道（LUMO）位置[18]。从图中可以计算出杂多酸 P_2Mo_{18} 的 LUMO 为 0.37 V（= 0.13 V + 0.24 V）（图 2-33），这与常规杂多酸的价带位置相近。结合通过 Kubelka-Munk 方程确定的带隙能量图中得到的带隙宽度 2.39 eV，从而计算出杂多酸 P_2Mo_{18} 的最高占据分子轨道（HOMO）为 2.76 V。

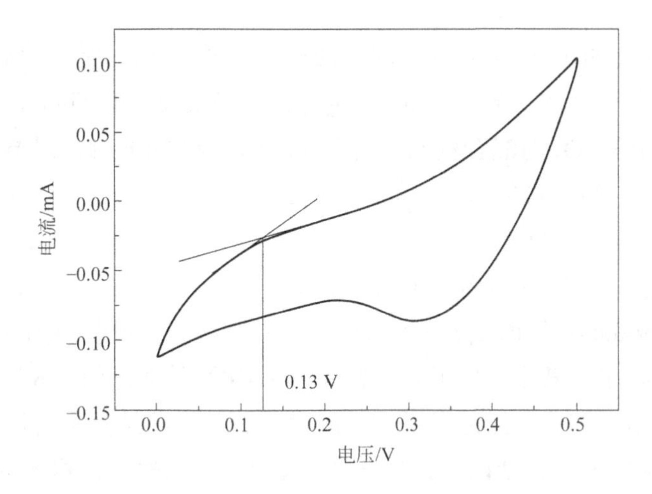

图 2-33　杂多酸 P_2Mo_{18} 的循环伏安测试图

（2）α-Fe_2O_3 的表征

本实验所制备的 α-Fe_2O_3 的表征主要通过 X 射线粉末衍射、紫外-可见吸收光谱仪、扫描电子显微镜和循环伏安测试进行。

① 扫描电子显微镜

图 2-34 为反应时间分别为 2 h、6 h、12 h、18 h、24 h 条件下制得的样品的扫描电镜图。在反应时间为 2 h 的条件下，制备出的 Fe_2O_3 为均一的球状，直径约为 50 nm。在反应时间达到 6 h 时，α-Fe_2O_3 颗粒逐渐变大，形

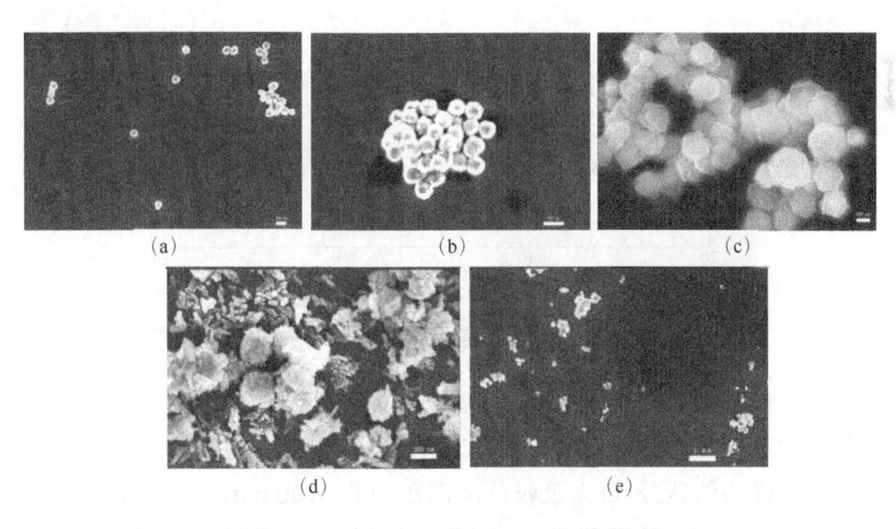

图 2-34　α-Fe_2O_3 的扫描电子显微镜图

成直径 100 nm 的球状 α-Fe_2O_3。将反应时间延长至 12 h 时，球形的 α-Fe_2O_3 颗粒逐渐转变成六边形的片状 α-Fe_2O_3。继续延长反应时间到 18 h 时，得到棒状和块状 α-Fe_2O_3 的混合状态。当反应时间达到 24 h 时，则得到形貌均一的块状 α-Fe_2O_3 纳米颗粒。

② X 射线粉末衍射

由 α-Fe_2O_3 的 X 射线粉末衍射数据图（图 2-35）可知，其衍射峰与标准卡片 PDF#99-0060 的出峰位置和出峰强度完全匹配，所制得的 α-Fe_2O_3 的样品归属于三方相，其中，(1 0 4) 晶面，(1 1 0) 晶面，(1 1 6) 晶面的强度最强[19]。在本研究中，探讨了反应时间对所制备样品结晶度的影响，研究发现，虽然在反应时间为 2 h、6 h、12 h、18 h、24 h 的条件下制得不同的 α-Fe_2O_3 衍射峰位置未发生改变，但衍射峰强度有所差别，反应时间为 2 h、6 h、12 h 制得的样品出峰强度较强，18 h 制得的样品出峰强度相对较弱，24 h 制得的样品出峰强度较 18 h 又有所提升，但相比于反应时间为 12h 所制得样品的衍射强度仍明显偏弱。XRD 测试结果表明，在反应时间为 12h 条件下制备的样品具有更为理想的结晶度。

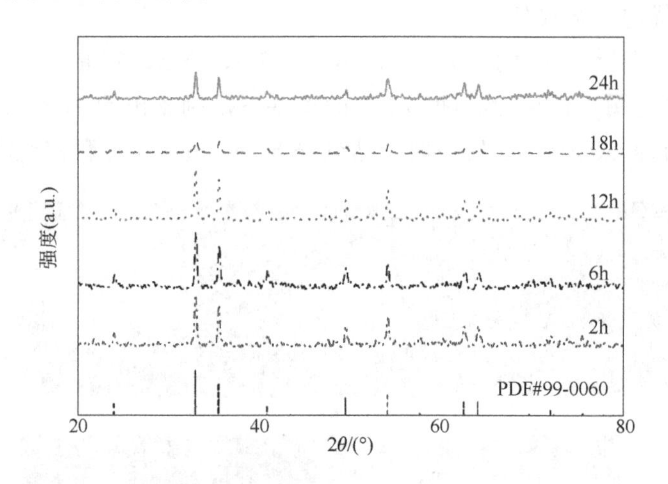

图 2-35 不同反应时间制得 α-Fe_2O_3 的 X 射线粉末衍射图

③ 紫外-可见吸收光谱表征

从不同反应时间制得的 α-Fe_2O_3 的紫外-可见光谱图中可以看出［图 2-36 (a)］，五种样品的紫外-可见吸收范围都在 200～700 nm，该 α-Fe_2O_3 可以成功地将光吸收范围拓展至黄绿光区甚至红光区，可以极大地提高光催化过程中太阳光的利用率。从光谱强度上分析，可以得到反应时间为 12 h 所制得的 α-Fe_2O_3 片的峰强度最高，光吸收的效果更佳。5 种样品光吸收范围之间差别相对较小，利用 Kubelka-Munk 方程进行转换，通过对 5 种材料带隙宽度的对比发现，如图 2-36（b）所示，5 种样品的带隙宽度在 1.95～2.02 eV 之间，反应时间为 12 h 所制得的 α-Fe_2O_3 纳米材料带隙相对较宽，能更好地抑制光生电子和光生空穴的复合，提高光生载流子的分离效率，进而促进光催化反应的进行。

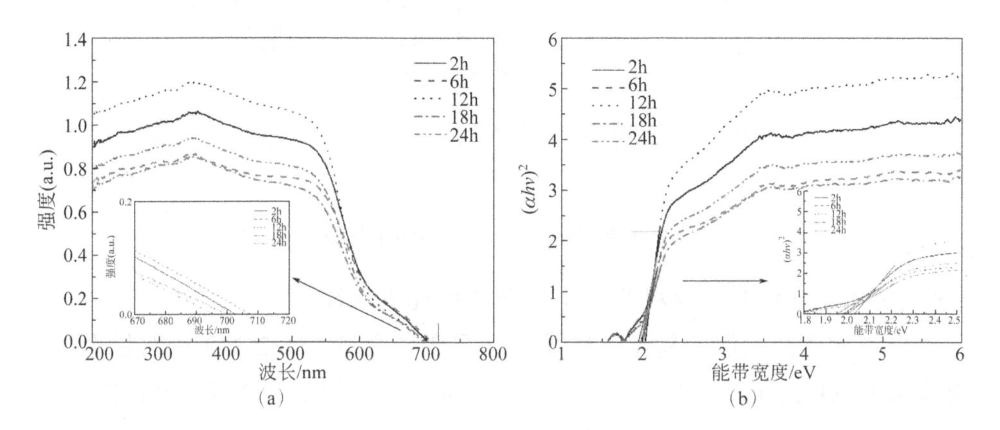

图 2-36　α-Fe_2O_3的紫外-可见吸收光谱图（a）及其带隙能量图（b）

（3）α-Fe_2O_3/P_2Mo_{18} 的表征

α-Fe_2O_3/P_2Mo_{18} 复合材料主要通过傅里叶红外吸收光谱、紫外-可见吸收光谱、X 射线粉末衍射、扫描电子显微镜、光致发光光谱和电化学阻抗测试进行表征。

① 不同比例复合材料的红外吸收光谱表征

在 α-Fe_2O_3 最佳负载量研究中，利用 1%、3%、5%、8%、10%的 α-Fe_2O_3 与 P_2Mo_{18} 进行复合，复合材料中 P_2Mo_{18} 的红外吸收峰位置均未发生改变，其中在 1078 cm^{-1}、1002 cm^{-1}、939 cm^{-1}、905 cm^{-1} 和 777 cm^{-1} 处出现其特征峰（图 2-37）[10]。1078 cm^{-1} 和 1002 cm^{-1} 处的吸收峰归属为 P—O 振动。939 cm^{-1} 处吸收峰可归属为 Mo═O 特征峰。905 cm^{-1} 和 777 cm^{-1} 两处吸收峰均为 Mo—O—Mo 的桥氧键振动所产生。红外吸收光谱结果表明，所合成的是纯相的杂多酸 P_2Mo_{18}。

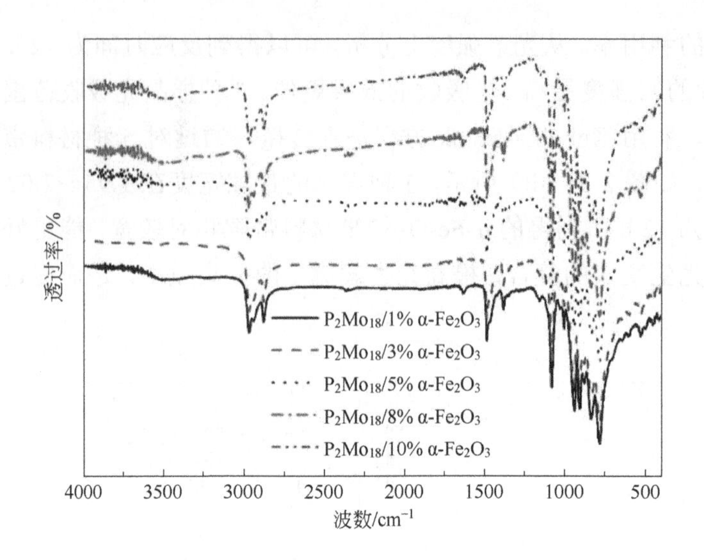

图 2-37　不同比例 Fe_2O_3/P_2Mo_{18} 的红外光谱图

② 不同比例复合材料的紫外-可见吸收光谱表征

从不同负载比例的复合材料紫外-可见吸收光谱（图 2-38）中可以看出，随着 α-Fe_2O_3 占比的上升，在 500～600 nm 处光谱的强度逐渐上升；同时，α-Fe_2O_3 与 P_2Mo_{18} 的复合可以有效地将材料的光吸收范围拓展至 700 nm，提高了对可见光的利用率，可以促进光催化反应的进行。

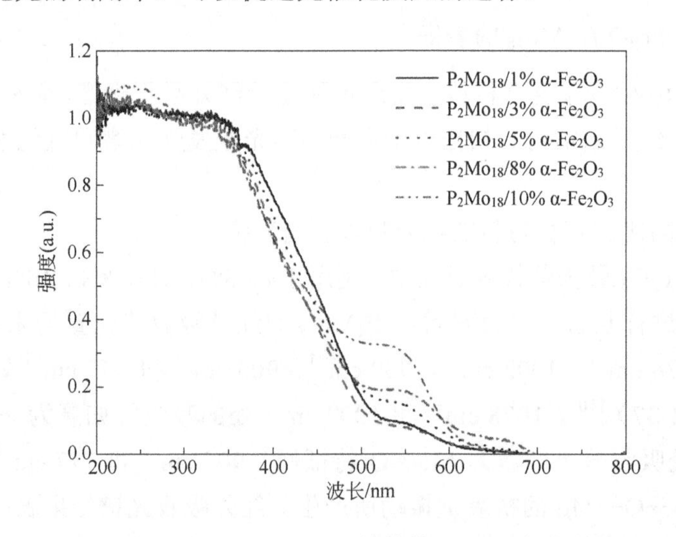

图 2-38　α-Fe_2O_3/P_2Mo_{18} 的紫外-可见吸收光谱图

③ X 射线粉末衍射

对不同负载比例的复合材料进行了 X 射线粉末衍射测试，表征结果如图 2-39 所示。当加入四丁基溴化铵时杂多酸的二级结构改变，导致 P_2Mo_{18} 的四丁基溴化铵盐和氯化铵盐的 X 射线粉末衍射图不同，衍射峰强度有所减弱且衍射峰半峰宽增加，最强衍射峰位置发生微弱偏移。由于在复合材料中杂多酸的占比达到 90%以上，且杂多酸的衍射峰通常较强，所以 Fe_2O_3 的特征峰 PDF 99-0060 极易被杂多酸掩蔽，但在该复合材料的衍射峰中仍能观察到 Fe_2O_3 的典型衍射，如图中※标记处。从而证明 Fe_2O_3 成功负载到多金属氧酸盐载体上，复合材料被成功制备。

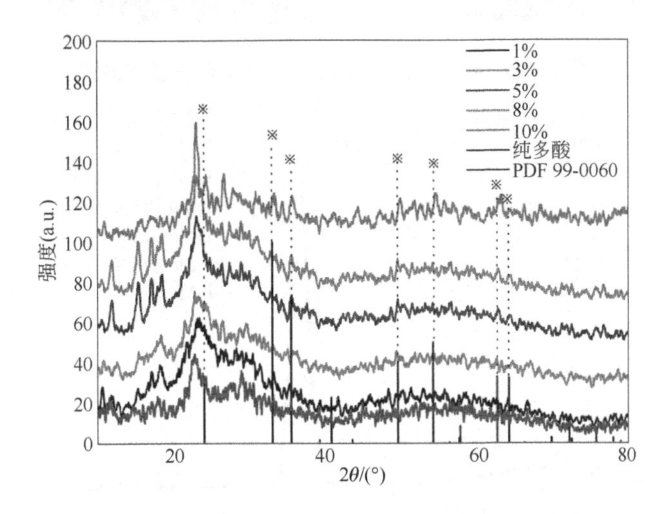

图 2-39　α-Fe_2O_3/P_2Mo_{18}的 X 射线粉末衍射图

标记“※”号处为 Fe_2O_3 的典型衍射峰

④ 扫描电子显微镜

在 α-Fe_2O_3 与 P_2Mo_{18} 复合的过程中加入了四丁基溴化铵，不仅改变了杂多酸的二级结构，同时使杂多酸的形貌发生改变，其扫描电子显微镜测试结果如图 2-40 所示，杂多酸的形貌从铵盐的棒状转变为四丁基溴化铵盐的块状。由于复合后的杂多酸形貌为大的块状，很难从诸多的块状杂多酸中寻找到片状 α-Fe_2O_3 的存在。

⑤ 不同比例复合材料的光致发光光谱

以 401 nm 为激发波长对复合材料 α-Fe_2O_3/P_2Mo_{18} 进行光致发光测试，测试结果如图 2-41 所示，所有样品的荧光发射峰都在 600 nm 处。在光致发

图 2-40 α-Fe_2O_3/P_2Mo_{18}的扫描电子显微镜图

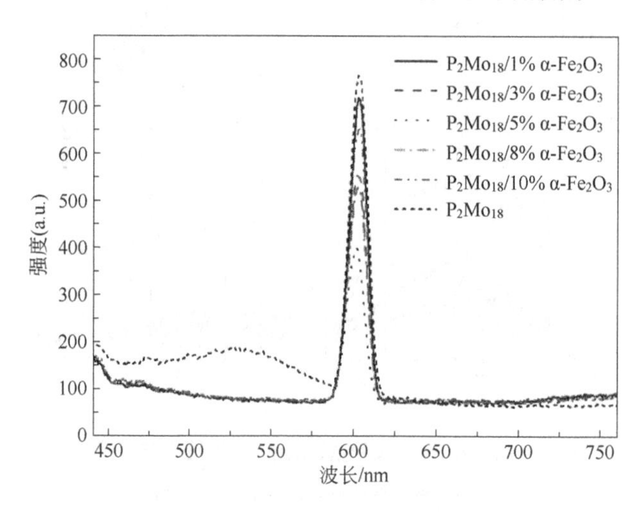

图 2-41 α-Fe_2O_3/P_2Mo_{18}的光致发光光谱图

光测试中，通常光致发光的光谱强度越高，说明其光生空穴和光生电子的复合概率越高，光催化的性能相对较差。相反，光致发光光谱强度较低的复合材料的光催化性能更佳。从图中可以看出，当复合材料中 α-Fe_2O_3 的占比为 1%、3%和 5%时，光致发光强度随着 α-Fe_2O_3 负载量的增加逐渐下降，并且光致发光强度均低于纯杂多酸的发光强度，说明 α-Fe_2O_3 与 P_2Mo_{18} 的复合可以有效地抑制光生空穴和光生电子的复合。当 α-Fe_2O_3 的占比上升至 8%和 10%时，光致发光强度随着 α-Fe_2O_3 占比的增加而上升，这说明当 α-Fe_2O_3 过高时，α-Fe_2O_3 会发生部分的团聚，对于光生载流子的定向迁移起到了阻碍的作用，概率逐渐增大。光致发光测试结果表明，α-Fe_2O_3负载量为5%的复合材料具有最低的荧光峰值强度，说明α-Fe_2O_3占比5%的复合材料对于光生空穴和光生电子复合的抑制效果最佳，其光生载流子的迁移效率最好，光催化的效果最佳。

⑥ 不同比例电化学阻抗测试

为进一步证明该复合材料中光生载流子的迁移效率，对不同α-Fe_2O_3占比的复合材料进行了详细的电化学表征（图2-42），其中α-Fe_2O_3占比分别为1%、3%、5%、8%、10%。通常电化学交流阻抗Nyquist图中圆弧的大小表明了复合材料中电子传输阻力的大小，圆弧半径越小的材料，它的电荷转移电阻越小，光催化反应性能更佳。因此通过电化学测试结果发现，在不加入四丁基溴化铵的条件下复合材料的电荷转移电阻要大于加入四丁基溴化铵的复合材料。在α-Fe_2O_3含量为5%时，交流阻抗Nyquist图的曲率半径最小，说明复合材料的电荷转移电阻最小。α-Fe_2O_3占比为1%和3%时的电荷转移电阻比5%时大，随着α-Fe_2O_3含量的不断增加复合材料的电荷转移电阻随之下降，复合材料的载流子传输性能随之提升。在α-Fe_2O_3占比8%、10%时，随着α-Fe_2O_3含量的提高，α-Fe_2O_3发生了部分的团聚现象，在复合材料的局部形成静电屏蔽效应，从而相应地提高了复合材料的电荷转移电阻，抑制了载流子的有效传输。通过模拟电路对电化学阻抗数据进行拟合，可利用电路元件的电阻来表示复合材料的阻抗大小。结果表明，在不加入四丁基溴化铵的情况下复合材料的电阻为591.7 Ω，α-Fe_2O_3占比1%时复合材料的电阻为401.1 Ω，占比3%时复合材料的电阻为305.9 Ω，占比5%时复合材料的电阻为274.9 Ω，占比8%时复合材料的电阻为299.4 Ω，占比10%时复合材料的电阻为313.6 Ω。α-Fe_2O_3占比为1%、3%、5%、8%、10%条件下的复合材料的Bode图［图2-42（b)］，通常材料的导电性能越好其Bode图中模值越低。从图中可以看出，加入四丁基溴化铵的复合材料性能要优于未加入四丁基溴化铵的复合材料。在不同比例复合材料的比较中，5%占比的复合材料的模值最低，说明该材料载流子传输速率最快。结合Nyquist图、Bode图及模拟电路计算的分析结果得出结论，四丁基溴化铵的加入有利于对α-Fe_2O_3和P_2Mo_{18}的复合，同时可以提高载流子在其复合材料中两种不同半导体界面上的迁移，且α-Fe_2O_3占比为5%的复合材料的电化学性能最佳。

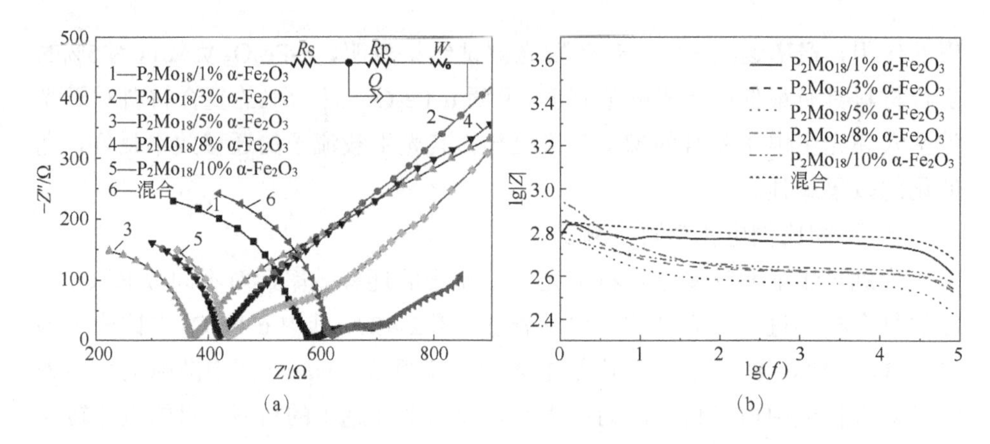

图 2-42 不同比例的 α-Fe_2O_3/P_2Mo_{18}的 Nyquist 图和 Bode 图

⑦ 不同反应时间制得的 α-Fe_2O_3 复合材料红外吸收光谱图

通过利用 2 h、6 h、12 h、18 h、24 h 制得的 α-Fe_2O_3 与 P_2Mo_{18} 进行复合，复合材料中的 α-Fe_2O_3 负载比皆为 5%测得不同反应时间 α-Fe_2O_3/P_2Mo_{18} 复合材料的红外吸收光谱，如图 2-43。复合材料中 P_2Mo_{18} 的红外光谱吸收峰位置较负载前的杂多酸前驱体未发生改变。所制得的复合材料 α-Fe_2O_3/P_2Mo_{18} 的特征吸收谱带出现在 700～1100 cm^{-1} 处。杂多酸 P_2Mo_{18} 的特征吸收谱带主要在 700～1100 cm^{-1}，其中在 1078 cm^{-1}、1002 cm^{-1}、939 cm^{-1}、905 cm^{-1} 和 777 cm^{-1} 处出现其特征峰[17]。1078 cm^{-1} 和 1002 cm^{-1} 处的典型吸

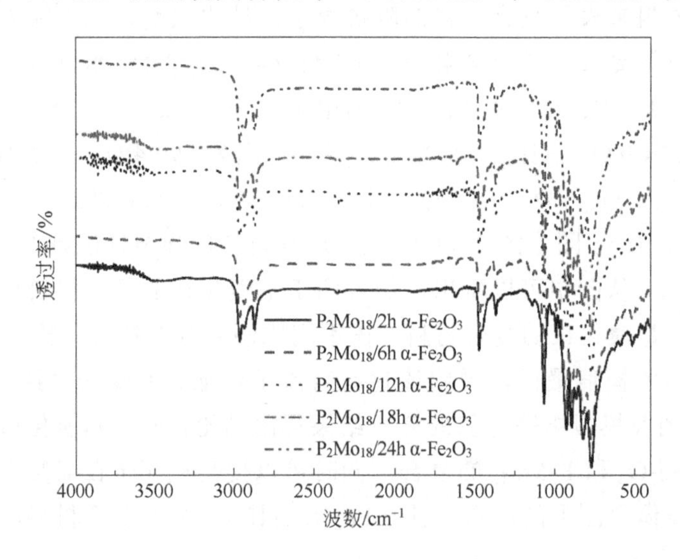

图 2-43 不同反应时间 α-Fe_2O_3 制得的复合材料的红外光谱图

收峰归属为 P—O 基团。在 939 cm^{-1} 处的特征峰可归属为 Mo═O。905 cm^{-1} 和 777 cm^{-1} 两处吸收峰均为 Mo—O—Mo 的桥氧键振动所产生。

⑧ 不同反应时间制得的 α-Fe_2O_3 复合材料紫外吸收光谱图

不同反应时间制得的 Fe_2O_3 与 P_2Mo_{18} 进行复合得到的复合材料的紫外吸收光谱测试结果如图 2-44 所示。从图中可以看出反应时间为 12 h 时制得的 α-Fe_2O_3 与 P_2Mo_{18} 复合得到的复合材料的紫外-可见吸收光谱强度最强，表明反应时间为 12 h 时所制得的 α-Fe_2O_3 与 P_2Mo_{18} 的复合材料性能最佳。

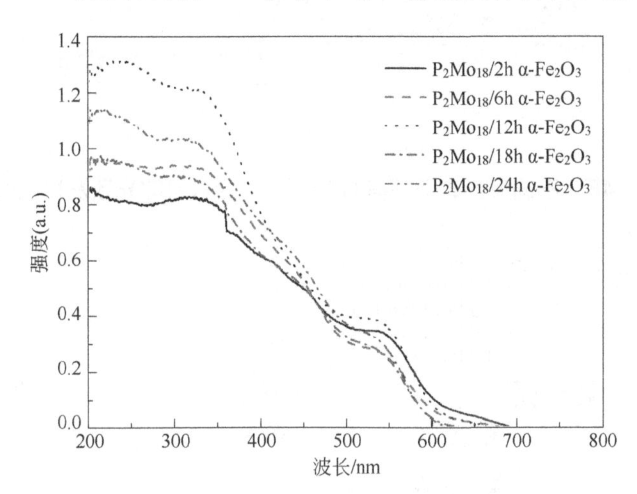

图 2-44 不同反应时间 α-Fe_2O_3 制得的复合材料的紫外-可见吸收光谱图

⑨ 不同反应时间制得的 α-Fe_2O_3 的复合材料光致发光光谱图

以 401 nm 为激发波长进行光致发光测试，所有样品在约 600 nm 处有明显的荧光发射，光致发光测试结果如图 2-45 所示。本部分研究采用 2 h、6 h、12 h、18 h、24 h 所制得的 α-Fe_2O_3 与 P_2Mo_{18} 进行复合，复合材料中的 Fe_2O_3 占比皆为 5%。从图中可以看出，12 h 所制得的 α-Fe_2O_3 片与 P_2Mo_{18} 复合得到的复合材料最能有效地抑制光生电子和光生空穴的复合，表明该复合材料具有潜在光催化响应。

⑩ 不同反应时间 Fe_2O_3 制得的复合材料电化学阻抗图

为进一步说明该复合材料中，由不同反应时间制备的 Fe_2O_3 与杂多酸离子 P_2Mo_{18} 进行负载所得到的复合材料 Fe_2O_3/P_2Mo_{18} 光生载流子的迁移效率，本研究进行了详细的电化学表征。采用 2 h、6 h、12 h、18 h、24 h 所制得的 Fe_2O_3 与 P_2Mo_{18} 进行复合，复合材料中的 Fe_2O_3 占比皆为 5%，测得复合材料 Fe_2O_3/P_2Mo_{18} 的 Nyquist 曲线［图 2-46（a)］。电化学分析结果表明，在

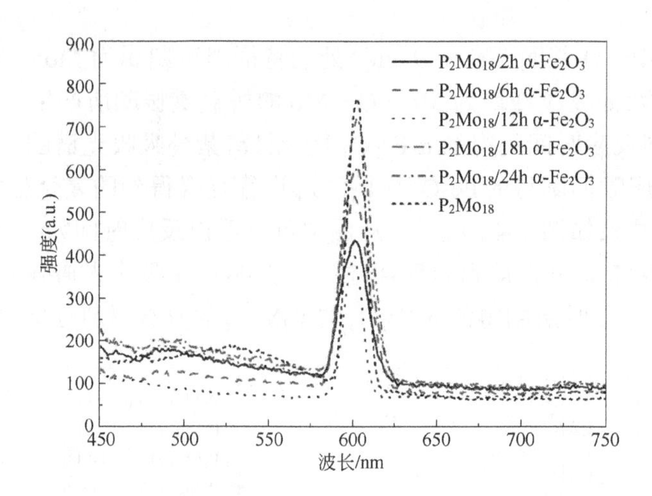

图 2-45 不同反应时间制得的 Fe_2O_3 复合材料的光致发光光谱图

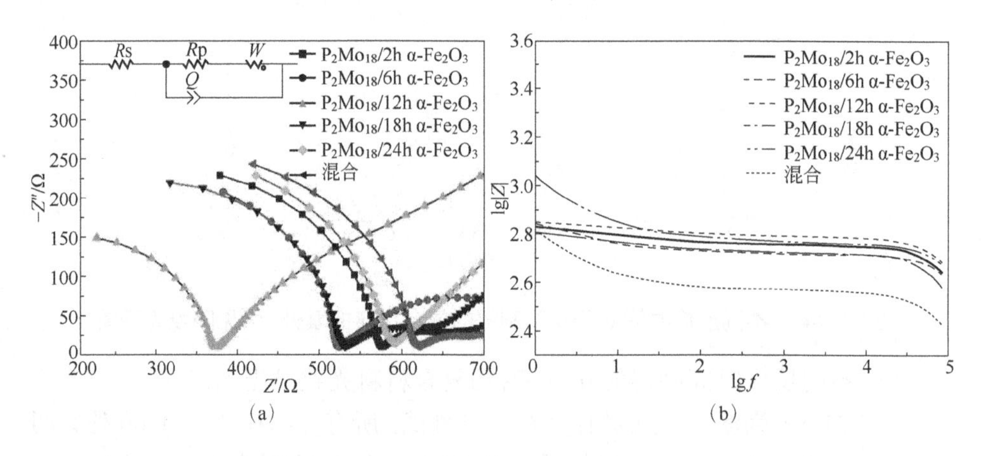

图 2-46 不同反应时间 Fe_2O_3 制得的复合材料的 Nyquist 图和 Bode 图

Fe_2O_3 占比相同的复合材料中，随着 Fe_2O_3 纳米块制备所需时间的逐渐增加，复合材料的电阻呈现先减小后增加的趋势，反应时间为 12 h 所制得的 Fe_2O_3 进行复合得到的复合材料 Fe_2O_3/P_2Mo_{18} 电荷转移电阻最小。结合 Fe_2O_3 纳米颗粒电镜表征结果可以发现，Fe_2O_3 纳米粒子的粒径过小和过大都不利于复合材料中载流子的传输。通过模拟电路对电化学阻抗数据进行拟合，利用电路元件的电阻来表示复合材料的阻抗大小。结果表明，反应时间为 2 h、6 h、12 h、18 h、24 h 所制得的 Fe_2O_3 与 P_2Mo_{18} 进行复合，所得复合材料的电阻分别为 533.4 Ω、494.6 Ω、274.9 Ω、428.9 Ω 和 496.7 Ω。此外，通常 Bode 曲线［图 2-46（b）］中模值越低的材料电子传输性能越好，从图中可以看出

在不同反应时间的 Fe_2O_3 与 P_2Mo_{18} 进行复合的复合材料中，采用 12 h 所制得的 Fe_2O_3 进行复合时的复合材料的模值最低，电子传输速率最快。综合 Nyquist 图、Bode 图及模拟电路计算结果，采用 12 h 所制得的 Fe_2O_3 进行复合时的所得到的复合材料电子传输性能最佳。

2.2.3 α-Fe_2O_3/P_2Mo_{18} 复合材料的光催化氧化性能研究

在光催化降解有机染料的实验中，我们采用分光光度法进行研究。利用 200～800 nm 全波段扫描对有机染料进行测试，确定最大吸收波长。再利用降解率公式，对有机染料的降解效果进行计算。

降解率计算公式

$$\eta = (c_0 - c_t)/c_0 \times 100\%$$

式中，η 表示染料降解率；c_0 表示亚甲基蓝染料的初始浓度，mg/L；c_t 表示光照时间为 t 时染料的浓度，mg/L。

光催化采用 1000 W 氙灯作为光源。容器采用 200 mL 石英制光催化反应阱，用量筒量取 100 mL 染料倾倒入石英反应阱中，加入 100 mg 复合材料，利用磁力搅拌器快速搅拌，冷凝水套内放置氙灯以对氙灯进行冷却。开灯前进行 30 min 暗光搅拌，使催化剂与亚甲基蓝染料之间达到吸附平衡。之后开启氙灯进行照射，反应持续 90 min，取样间隔为 10 min，取样量约 5 mL/次用于光催化性能和机理研究。研究发现，复合材料的光催化性能与多种影响因素有关。在实验过程中，首先对染料种类进行了筛选，随后对染料浓度、催化剂用量以及 pH 等反应条件进行了探究。并且引入多种掩蔽剂，对光催化反应机理进行了详细的探究。

（1）不同底物对光催化的影响

对于不同底物对光催化的影响实验，我们设计了底物为亚甲基蓝、曙红 B、罗丹明 B 和甲基橙的 4 组平行实验。当 4 种底物浓度分别为 10 mg/L 时，该催化剂对底物的降解效果比较明显（图 2-47）。4 种底物的暗光吸附效率都较为理想，但光催化降解过程中曙红 B 的最终降解率只能达到 60%左右，而罗丹明 B 和甲基橙的光催化效率更低，仅能达到 30%和 20%左右。亚甲基蓝的最终处理效果可达到 98.58%，最为理想。因此，以上 4 种有机染料中，选择亚甲基蓝作为模型反应对该复合材料进行光催化性能研究。

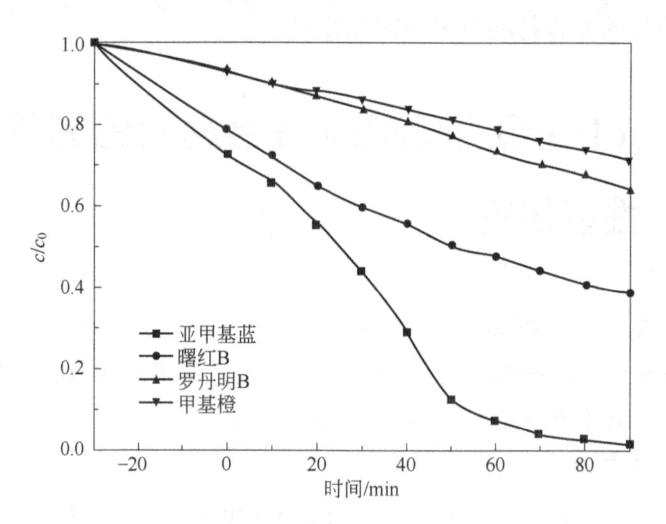

图 2-47　α-Fe_2O_3/P_2Mo_{18} 在不同底物下的光催化性能数据图

（2）亚甲基蓝初始浓度对光催化性能的影响

对于不同底物浓度的光催化影响实验，本研究设计了初始浓度分别为 5 mg/L、10 mg/L、20 mg/L、30 mg/L 的 4 组平行实验。当亚甲基蓝浓度分别为 5 mg/L、10 mg/L、20 mg/L、30 mg/L 时，光催化分解显示出明显的变化趋势［图 2-48（a）］。在底物亚甲基蓝浓度分别为 5 mg/L、10 mg/L、20 mg/L 时，光催化降解效果均优于亚甲基蓝浓度 30 mg/L 时，其光催化分解均在 98%以上。通过拟合后的反应速率图［图 2-48（b）］可以发现，5 mg/L 亚甲基蓝的降解速率常数为 0.0216，10 mg/L 亚甲基蓝的降解速率常数为 0.02929，20 mg/L 亚甲基蓝的降解速率为 0.03231，30 mg/L 亚甲基蓝的降解速率常数为 0.00313，证明了 20 mg/L 亚甲基蓝的初始浓度有利于该催化反应的进行，反应速率最快。

（3）不同催化剂对光催化的影响

在不同催化剂的对比光催化实验中，仅用氙灯进行光照的条件作为对照实验，研究发现，亚甲基蓝没有明显分解［图 2-49（a）］。在 α-Fe_2O_3 作为催

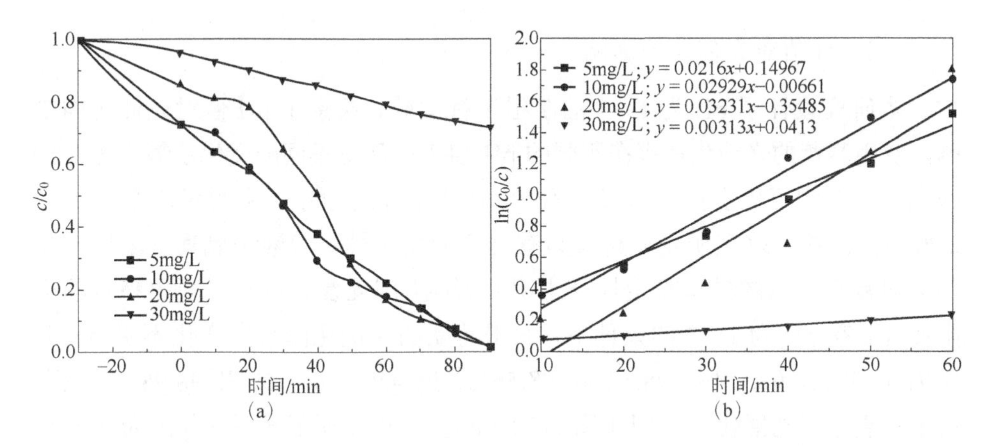

图 2-48 Fe_2O_3/P_2Mo_{18}在不同浓度亚甲基蓝的光催化数据图及其催化速率数据图

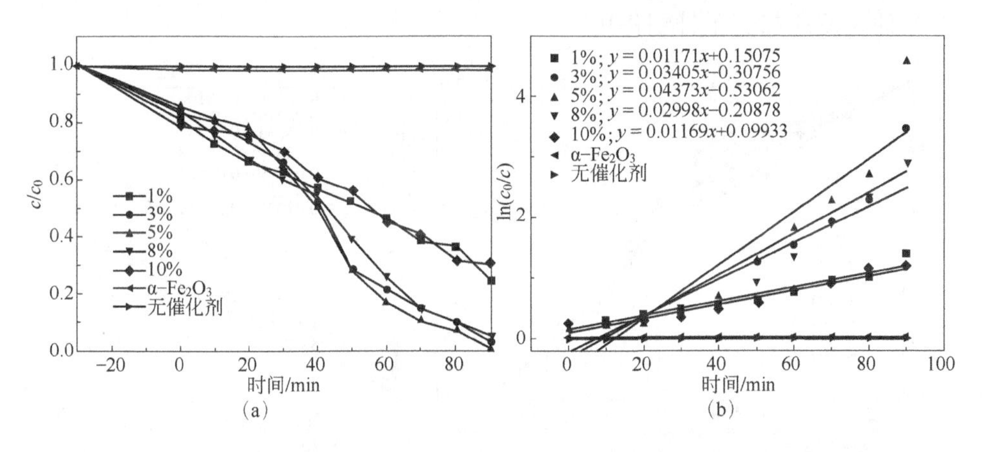

图 2-49 α-Fe_2O_3/P_2Mo_{18}不同催化剂下的光催化性能及其催化速率数据图

化剂的条件下，亚甲基蓝降解趋势同样不明显，仅为约 2%。在复合材料 α-Fe_2O_3/P_2Mo_{18} 中，α-Fe_2O_3 占比为 1%、10%的复合材料光催化效果相对较差，亚甲基蓝的光降解率仅为约 74%和 70%。而 α-Fe_2O_3 占比为 3%、5%、8%的复合材料催化效率较高，可以达到 95%以上，其中 α-Fe_2O_3 占比 5%的复合材料光催化效果最佳，可达到 98.98%。同样，从光催化降解速率可以看出［图 2-49（b）］，α-Fe_2O_3 占比为 5%的复合材料反应速率最快，速率常数为 0.04373，明显高于 α-Fe_2O_3 占比为 3%和 8%的复合材料。综合光催化的降解率和反应速率实验结果发现，α-Fe_2O_3 占比为 5%的复合材料催化性能最佳。

（4）pH 值对光催化的影响

本研究设计了 pH 为 1～7 的 7 组平行实验，探索了 pH 值对光催化的影响，亚甲基蓝的光催化速率在不同的 pH 值下呈现出不同的变化趋势［图 2-50（a）］。从图中可以看出，暗光吸附受 pH 影响相对较小，吸附量均在 10%～20%的区间内。这表明复合材料具有良好的稳定性，溶液中氢离子浓度变化不会对复合材料的结构稳定性产生明显影响，因此复合材料呈现出稳定的吸附性能。在 pH 为 1～7 的条件下，亚甲基蓝的光催化降解率变化不明显，分别为 98.89%、98.14%、98.12%、98.56%、98.45%、98.96%和 98.98%。从不同 pH 条件下光催化速率图［图 2-50（b）］中可以明显地看出 pH 为 7 条件下光催化反应速率明显高于其余组，分析原因，可能是溶液中氢离子的存在对光催化反应起到了抑制作用。

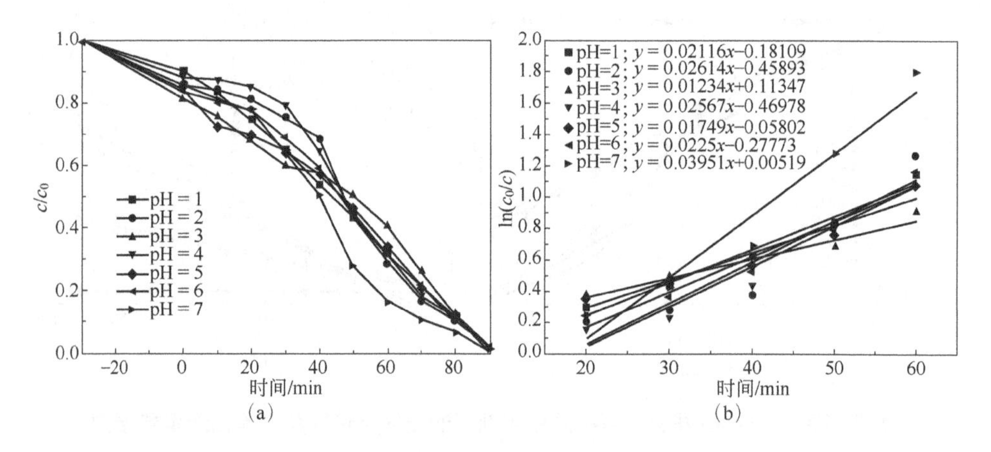

图 2-50　α-Fe_2O_3/P_2Mo_{18} 不同 pH 下的光催化性能及其催化速率数据图

根据上述实验结论，选择 pH = 7 的实验组对光催化降解染料的过程进行紫外-可见吸收光谱表征（图 2-51）。随着光催化反应时间的逐渐增加，亚甲基蓝的紫外光谱强度持续降低，这说明亚甲基蓝逐渐被降解。此外，相同时间间隔内亚甲基蓝在光催化过程中的浓度变化趋势不同，在催化开始时，由于染料浓度较高，亚甲基蓝浓度变化不大。随着光催化反应的进行，反应速率逐渐加快，浓度变化梯度达到最大值，并且趋于稳定。随着染料浓度的逐渐下降，光催化的速率再次降低，这是由于染料的浓度极低，吸附于催化剂表面的活化染料分子数降低所导致的。至光催化反应趋于平衡，亚甲基蓝最终降解率约 98.98%。综上所述，该复合材料在 pH 为 7 时对亚甲基蓝染料有着极佳的光催化降解能力。

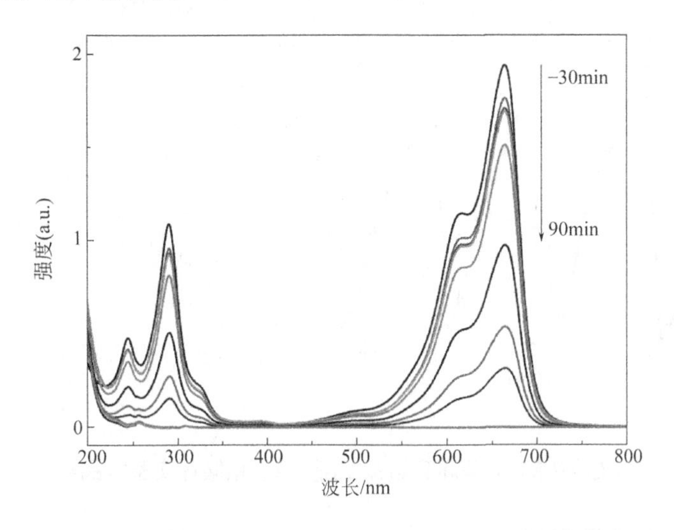

图 2-51 α-Fe_2O_3/P_2Mo_{18} 在 pH 为 7 条件下的亚甲基蓝降解图

（5）光催化循环实验

根据复合材料循环实验［图 2-52（a）］可以看出，在初始实验中，催化剂暗光吸附占比约为 15%，催化完成后降解率达到约 99%。在一次循环过程中，催化剂暗光吸附占比约为 16%，催化完成后降解率基本不变，仍达到 98%。在二次循环过程中，催化剂暗光吸附占比约为 19%，催化完成后降解率仍达到 96%。在三次循环实验中，催化剂暗光吸附占比约为 29%，催化完成后降解率仍保持较高水平，约为 94%。在整个循环实验的过程中可以看到，催化剂暗光吸附峰占比有所上升，催化完成后的降解率有微弱下降，但整体趋势无较大变化，仍保持稳定，证明了催化剂在三次循环过程中依然保持着良好的催化稳定性。

催化剂的活化实验，首先采用 200℃下进行煅烧后去除大部分有机残留物。其次，采用使用去离子水/无水乙醇反复冲洗的方式进行处理。最后，乙醇处理后的复合材料在紫外灯下照射一段时间完成催化剂的活化过程。通过活化的复合材料与活化之前的复合材料之间的红外吸收特征峰一致［图 2-52（b）］，在 1078 cm^{-1} 和 1002 cm^{-1} 处的 P—O 反对称伸缩振动峰，939 cm^{-1} 处的反对称伸缩振动峰，905 cm^{-1} 和 777 cm^{-1} 处的 Mo—O—Mo 的桥氧键振动峰与活化之前完全相同。同时，在活化后的复合材料中没有发现亚甲基蓝的特征峰。因此，我们认为复合材料被成功活化。

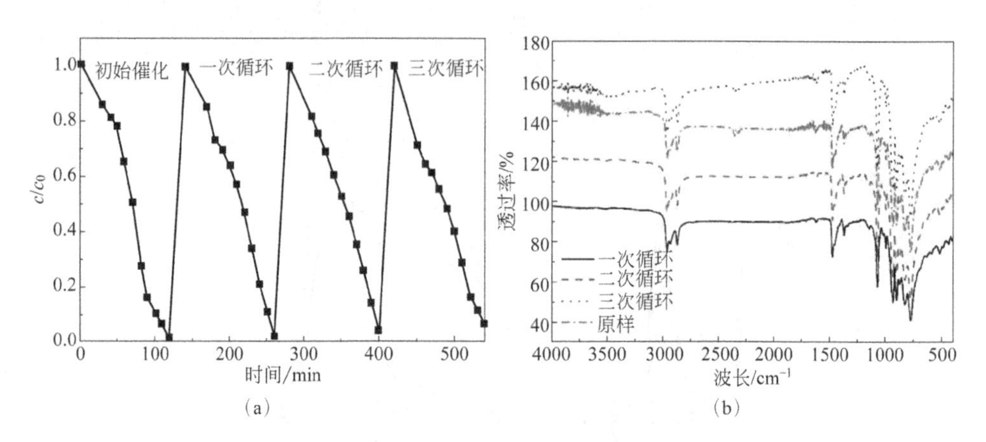

图 2-52 α-Fe_2O_3/P_2Mo_{18}循环实验数据图（a）和循环实验样品红外对比图（b）

（6）光催化机理测试

由上述实验可知，复合催化剂 α-Fe_2O_3/P_2Mo_{18} 的最佳光催化反应条件为：α-Fe_2O_3 占比为 5%，溶液 pH = 7，染料浓度 20 mg/L。在此条件下，分别加入异丙醇、三乙醇胺和对苯醌作为掩蔽剂，探讨光催化反应机理（图 2-53）。在光催化机理测试中，三乙醇胺作为光生空穴掩蔽剂，异丙醇作为羟基自由基掩蔽剂，对苯醌作为超氧自由基掩蔽剂。从图中可以看出，在加入异丙醇的条件下，复合材料的光催化性能下降了 60%，证明羟基自由基是降解亚甲基蓝的原因。而在掩蔽掉光生空穴的条件下，最终催化结果依旧很高，没有明显变化，证明了在催化降解亚甲基蓝的过程中，光生空穴不能影响光催化结果。而在加入对苯醌的条件下，超氧自由基被掩蔽，最终的光催化结果保持不变。因此，超氧自由基不能影响亚甲基蓝光催化分解。综上，可以得出结论，在复合材料 Fe_2O_3/P_2Mo_{18} 光催化分解亚甲基蓝的实验中，影响光催化速率的主要因素是羟基自由基。

由图 2-54 可以清晰地看出，Fe_2O_3 导带位置在 0.29 V 左右，带隙宽度约为 2.02 eV，通过计算可以得出 Fe_2O_3 的价带位置在 2.31 V 左右。由图 2-31（b）和图 2-33 可以看出，杂多酸的 LUMO 位置在 0.37 V 左右，带隙宽度约为 2.39 eV，通过计算得出杂多酸的 HOMO 位置在 2.76 V 处。根据上述信息，绘制出复合材料的光催化机理图（图 2-55）。

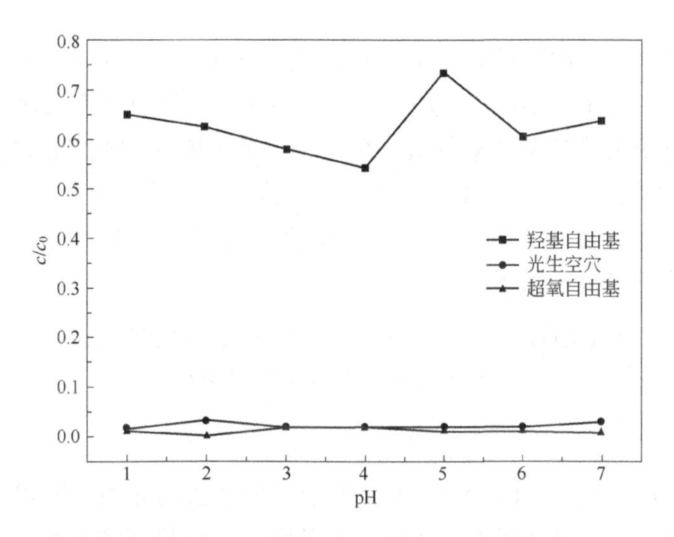

图 2-53　光催化反应机理测试数据图

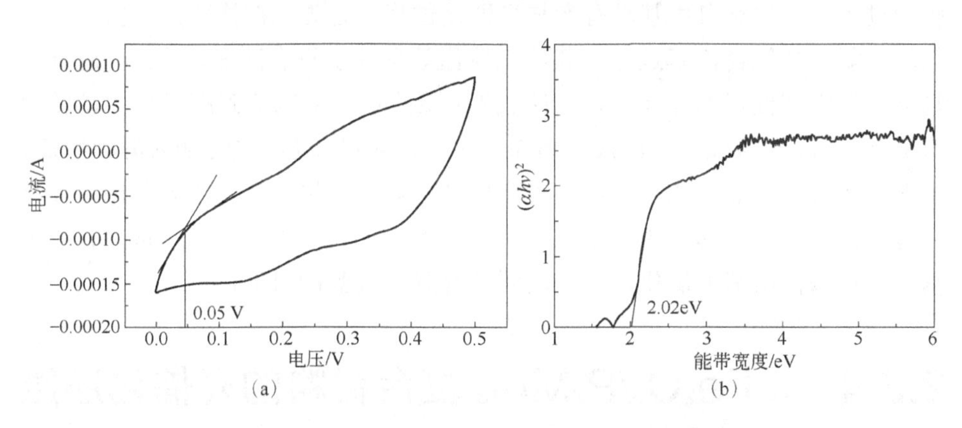

图 2-54　Fe_2O_3能循环伏安测试图及带隙量图

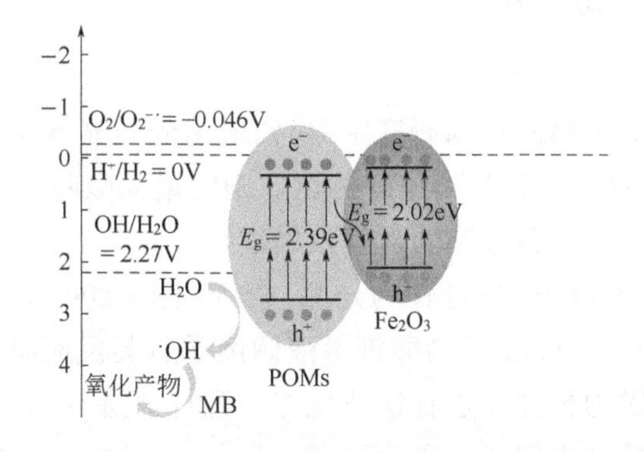

图 2-55　复合材料的光催化机理图

在模拟太阳光照射的条件下，使杂多酸的电子空穴对发生分离，杂多酸中产生的光生电子由 HOMO 跃迁至 LUMO，Fe_2O_3 的电子空穴对同样进行分离，光生电子由价带跨过禁带跃迁至导带。杂多酸 LUMO 上的光生电子与 Fe_2O_3 价带上的空穴进行复合发生猝灭，间接地提升了复合材料的带隙宽度，有效地防止了光生电子和光生空穴的复合，从而进一步提高了光催化的性能。推测的反应机理如下：

$$\alpha\text{-}Fe_2O_3/P_2Mo_{18} + h\nu \longrightarrow Fe_2O_3(e^-)/P_2Mo_{18}(h^+)$$

$$H_2O + h^+ \longrightarrow H^+ + {}^{\bullet}OH$$

$$MB + {}^{\bullet}OH \longrightarrow \text{最终产物}$$

可以得出结论，α-Fe_2O_3/P_2Mo_{18} 对于亚甲基蓝的光催化降解主要依靠羟基自由基的作用。结合活性基团掩蔽实验和光催化机理图推测，在光催化反应的过程中，超氧自由基没有参与光催化过程。首先，在掩蔽剂实验中，加入对苯醌对超氧自由基进行掩蔽后光催化效果几乎没有改变。其次，通过对复合材料价带位置的计算，由于催化剂带隙的位置未能达到超氧自由基转化的电极电势，在该催化剂的反应体系中不会产生超氧自由基。加入异丙醇后，光催化效果发生显著的下降，说明羟基自由基在催化中起到主要作用。故而羟基自由基只能是通过光生空穴与水反应的唯一转化路径生成。最后，亚甲基蓝被羟基自由基所氧化，从而达到降解亚甲基蓝的目的。

2.2.4 α-Fe_2O_3/P_2Mo_{18} 复合材料的光催化还原性能研究

在光催化降解重铬酸钾的研究中，我们采用分光光度法进行，利用 200～800 nm 全波段扫描对重铬酸钾进行测试，确定最大吸收波长为 365 nm。再利用降解率公式，对重铬酸钾的降解效果进行计算。

光催化采用 1000 W 氙灯作为光源。容器采用 200 mL 石英制光催化反应阱，用量筒量取 100 mL 重铬酸钾溶液倾倒于石英反应阱中，加入 100 mg 复合材料，利用磁力搅拌器进行快速搅拌。开灯前进行 30 min 暗光搅拌，使催化剂与重铬酸钾之间达到吸附平衡。开启氙灯进行照射，反应持续时间为 90 min，取样间隔为 10 min，取样量为 4～5 mL 每次，利用 721 分光光度计和紫外-可见吸收光谱进行测量。

复合材料的光催化性能与多种影响因素有关。在实验过程中，我们对重铬酸钾浓度、不同比例的催化剂以及催化反应的 pH 等反应条件进行了探究。并且引入多种掩蔽剂，对光催化反应机理进行了探究，并对催化剂进行了循环实验测试。

（1）重铬酸钾初始浓度对光催化性能的影响

对于不同浓度重铬酸钾对光催化的影响实验，我们设计了底物为 20 mg/L、50 mg/L、100 mg/L、200 mg/L 的 4 组平行实验（图 2-56）。从图中可以看出，在 100 mg/L 和 200 mg/L 的重铬酸钾在光催化反应下降解率极低，仅能达到 15%和 7%，而吸附更是基本为 0，效果较差，说明该复合材料对于高浓度含铬溶液降解效果不明显。在 50 mg/L 和 20 mg/L 的重铬酸钾的光催化反应中，最终降解率几乎相等，都能达到 38%，相比较而言 50 mg/L 的条件下吸附更低，所以 50 mg/L 条件下催化效率更高。从图中可以看出，随着重铬酸钾浓度的降低，光催化效率有所提高，但光催化效率并未随着重铬酸钾浓度的不断降低而不断地提高。当重铬酸钾的浓度由 50 mg/L 下降到 20 mg/L 的过程中光催化效率并未提高，所以后续实验以 50 mg/L 的重铬酸钾来进行。

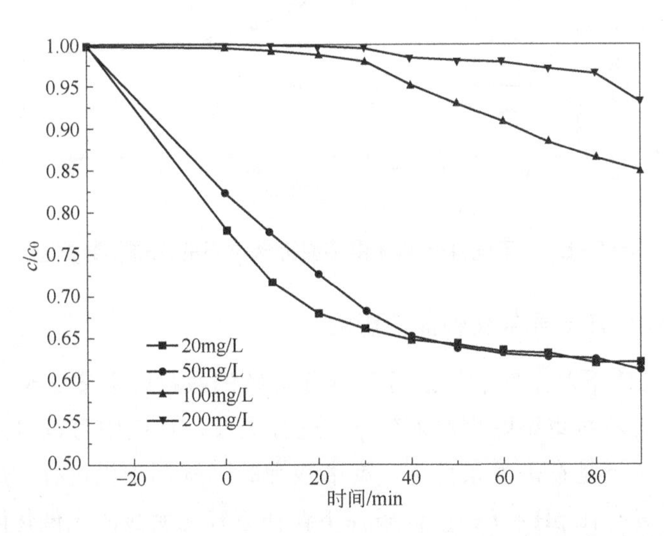

图 2-56　Fe_2O_3/P_2Mo_{18} 在不同浓度重铬酸钾下的光催化数据图

（2）不同催化剂对光催化性能的影响

不同催化剂在 50 mg/L 的重铬酸钾的条件下所进行的光催化反应的数据对比图见图 2-57。可以看出，在不加入光催化剂的条件下降解率可以达到 3%，在使用 α-Fe_2O_3 作为催化剂时降解率略有提升，约为 6%。在使用不同比例的复合材料作为光催化剂时，光催化降解效率在 30%～40%之间，α-Fe_2O_3 占比 5%的复合材料催化降解效率最高，达到 38%。由此可以看出，α-Fe_2O_3 单独作为光催化剂的性能较差，对于光催化几乎没有促进作用。当 α-Fe_2O_3 与 P_2Mo_{18} 进行复合后，复合材料对光催化能有较为明显的促进作用，光催化最终降解率也符合复合材料中 α-Fe_2O_3 占比由 1%到 5%逐渐上升，由 5%到 10%又发生下降的规律。这一现象也与电化学阻抗测试和光致发光测试所得到的结论相匹配。

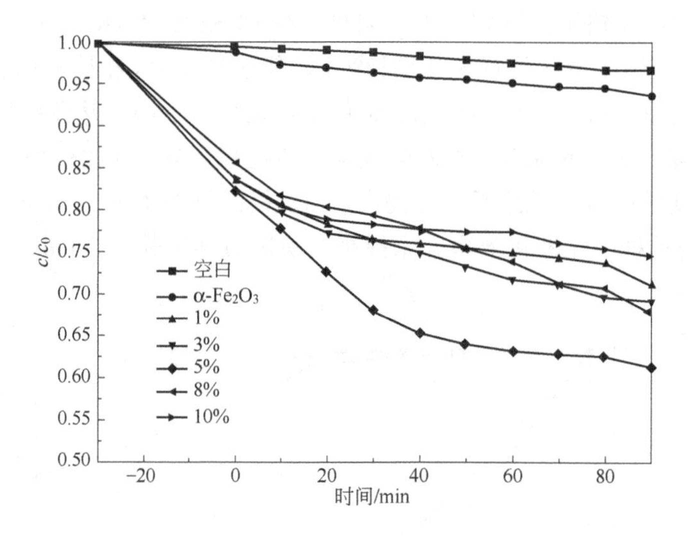

图 2-57 不同催化剂在重铬酸钾条件下的光催化数据图

（3）不同 pH 对光催化性能的影响

在不同 pH 下对重铬酸钾进行光催化降解的数据图见图 2-58。利用盐酸或氢氧化钠溶液对重铬酸钾溶液的 pH 进行调节，从图中可以看出，无论是在酸性条件下还是在碱性条件下，重铬酸钾的降解都难以进行，最终降解率小于 10%。只有在 pH = 7 的中性条件下存在着较为明显的光催化降解，最终降解速率可以达到 38%。

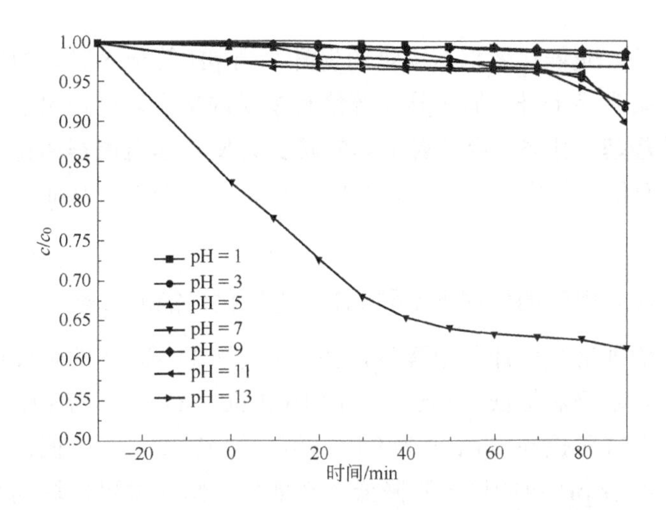

图 2-58 不同 pH 下重铬酸钾的光催化降解数据图

（4）光催化机理测试

经过一系列实验，α-Fe_2O_3/P_2Mo_{18} 的最佳光催化条件为：催化剂的 α-Fe_2O_3 占比为 5%，溶液 pH = 7，重铬酸钾浓度 50 mg/L。根据该复合材料在光催化剂降解亚甲基蓝机理研究中可知，氧气与超氧自由基转换的电极电势不在复合材料的带隙之内，从而不能发生反应生成羟基自由基。所以在进行重铬酸钾的光催化机理测试时，仅需进行光生空穴和羟基自由基的掩蔽即可，不需再对超氧自由基进行掩蔽（图 2-59）。当 pH 等于 7 时加入掩蔽剂

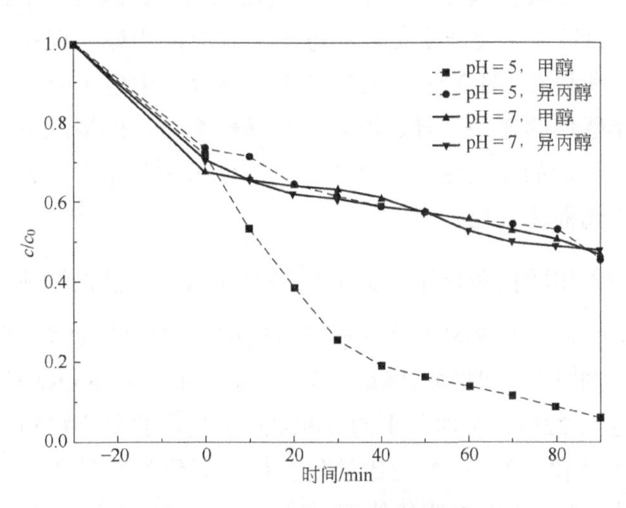

图 2-59 光催化机理测试数据图

甲醇和异丙醇，光催化效率有少量的提升。当 pH 等于 5 时，加入甲醇使得光催化的效果明显上升，加入异丙醇仅有少量的提升。这是由于异丙醇的加入掩蔽的是羟基自由基，羟基自由基的减少会使羟基自由基和光生电子的反应减少，从而使光生电子增加，光生电子与重铬酸钾反应从而提高重铬酸钾的降解率。

（5）在加入甲醇的条件下不同 pH 对光催化性能的影响

在重铬酸钾溶液中加入甲醇后，在 pH 达到 11 和 13 的强碱性条件下，光催化降解效率仍然很低，小于 10%［图 2-60（a）］。随着 pH 值的降低，光催化的效率有所提高，pH 值为 9 时降解率达到 22%，pH 值为 7 时降解率达到 53%。随着 pH 值的进一步降低，光催化的降解率可以达到 94%以上。在 pH 值为 3 和 5 时光催化的最终降解率几乎相同，分别达到 95%和 96%。随着 pH 的上升，重铬酸根的氧化能力下降，并且在碱性条件下催化剂产生电子空穴对更为困难，所以在 pH 为 9～13 的情况下，光催化效果持续下降。当 pH 为 7 时，光催化效果不明显，分析原因，是由于此时溶液中既没有氢离子促进反应进行，又没有氢氧根抑制反应的进行。当 pH 小于 7 时，重铬酸钾溶液中加入甲醇会使光催化反应的效率产生极大的提升。在 pH 等于 3 和 5 时，光催化反应的趋势基本一致。在 pH 等于 1 时，光催化速率有所减慢，但重铬酸钾的降解率达到最大值。虽然重铬酸根在酸性越强的情况下氧化性越强，并且在酸性条件下更容易产生光生电子。但是由于酸性过强，如在 pH 等于 1 的条件下会产生更多的电子空穴对，甲醇的存在不足以完全掩蔽光生空穴。所以在 pH 等于 1 的条件下，部分光生电子会与光生空穴发生复合，导致光催化的速率下降。所以，在降解率相近的情况下，考虑强酸性环境不利于催化剂的稳定这一重要因素，本实验采用 pH 为 5 的较为温和的反应条件进行光催化反应。

（6）在加入甲醇的条件下不同催化剂对光催化性能的影响

在 pH 为 5，加入甲醇的条件下不同催化剂光催化的数据图见图 2-60（b）。当不加入催化剂时，光催化的降解率为 13%，加入 α-Fe_2O_3 作为催化剂的条件下降解率达到 22%。在加入不同 α-Fe_2O_3 负载量的复合材料时，其降解率在 56%到 96%变化，其中 5%占比的复合材料催化效率最高，可达到 96%。可以得到结论，在 pH 为 5 的条件下，在 50 mg/L 的重铬酸钾溶液加入甲醇，投入 100 mg Fe_2O_3 占比为 5%的复合材料催化剂可以达到最佳的催化效果，降解率最终可以达到 96%。

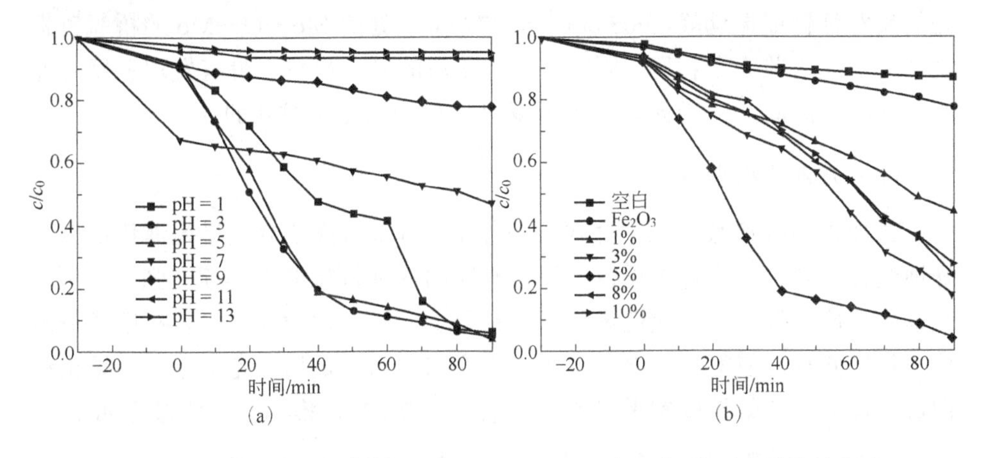

图 2-60　不同 pH 值（a）和不同 α-Fe_2O_3负载量（b）对光催化的影响

（7）光催化循环实验

为考察该复合催化剂的循环稳定性，进行了光催化循环实验，结果如图 2-61（a）所示。在初始样品中，暗光吸附效果达到 9%，待反应达到平衡可降解 96%。一次循环暗光吸附 10%，最终降解达到 94%。二次循环暗光吸附 12%，最终降解 92%。三次循环暗光吸附 15%，最终降解 90%。可以看出，复合材料在循环过程中基本上保持着稳定的光催化活性，是一种优质的光催化材料。

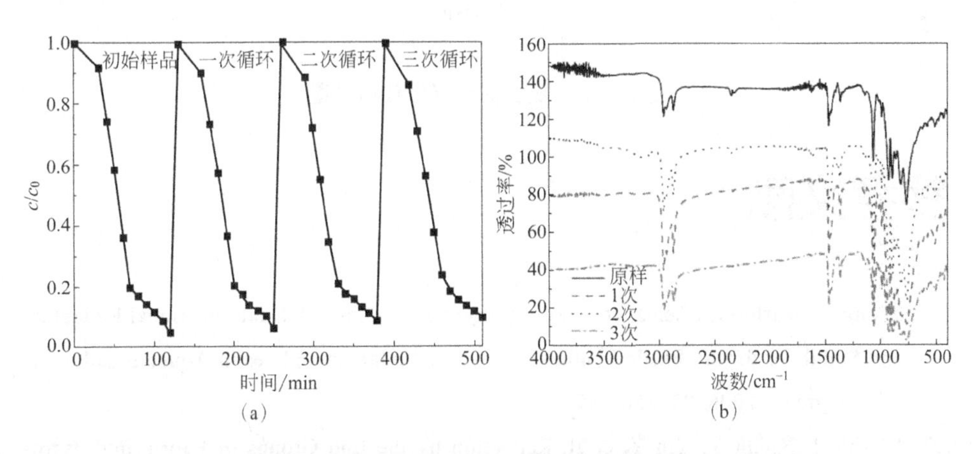

图 2-61　光催化循环实验数据图（a）和催化剂循环红外光谱图（b）

通过活化的复合材料与活化之前的复合材料之间的红外特征峰一致[图2-61（b）]，在1078 cm^{-1}和1002 cm^{-1}处的P—O反对称伸缩振动峰，939 cm^{-1}处的反对称伸缩振动峰，905 cm^{-1}和777 cm^{-1}处的Mo—O—Mo的桥氧键振动峰与活化之前完全相同。同时，在活化后的复合材料中没有发现亚甲基蓝的特征峰。因此，认为该方法用于复合材料的活化是成功的。

（8）光催化机理分析

在加入甲醇掩蔽了光生空穴的条件下，引入氢离子会使得光催化反应更好地进行。同时，重铬酸根离子随着酸性的变强氧化能力逐渐变强，有利于光催化反应的发生。在酸性条件下，有利于电子空穴对的产生，在甲醇掩蔽掉光生空穴后，使得光生电子难与光生空穴复合。最后，光生电子与重铬酸钾进行反应，有效地降解重铬酸钾溶液（图2-62），推测其反应过程如下：

$$\alpha\text{-}Fe_2O_3/P_2Mo_{18} + h\upsilon \longrightarrow \alpha\text{-}Fe_2O_3(e^-)/P_2Mo_{18}(h^+)$$

$$Fe_2O_3(e^-) + H^+ + Cr(\text{VI}) \longrightarrow Cr(\text{III})$$

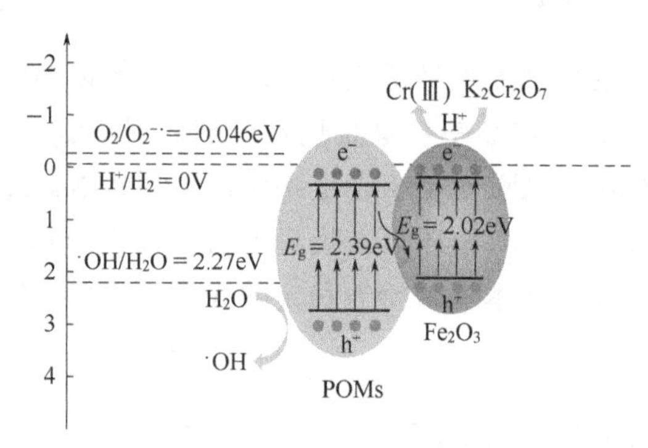

图2-62 复合材料光催化机理图

参考文献

[1] Xiong Y, Washio I, Chen J, et al. Poly (vinyl pyrrolidone): A Dual Functional Reductant and Stabilizer for the Facile Synthesis of Noble Metal Nanoplates in Aqueous Solutions [J]. Langmuir, 2006, 22: 8563-8570.

[2] Washio I, Xiong Y, Yin Y, et al. Reduction by the End Groups of Poly (vinyl pyrro-

lidone): A New and Versatile Route to the Kinetically Controlled Synthesis of Ag Triangular Nanoplates[J]. Adv. Mater., 2006, 18: 1745-1749.

[3] Cao Z, Fu H, Kang L, et al. Rapid Room-temperature Synthesis of Silver Nanoplates with Tunable in-plane Surface Plasmon Resonance from Visible to Near-IR[J]. J. Mater. Chem., 2008, 18: 2673-2678.

[4] 曹艳丽. 银纳米结构的合成及光学性质的研究[D]. 南京: 南京航空航天大学，2012.

[5] Heydari A, Hamadi H, Pourayoubi M, et al. A New One-pot Synthesis of α-amino Phosphonates Catalyzed by $H_3PW_{12}O_{40}$[J]. Cat. Commun., 2007, 8(8): 1224-1226.

[6] Chakrabarty M, Mukherji A, et al. A Keggin Heteropoly Acid as an Efficient Catalyst for an Expeditious, One-pot Synthesis of 1-methyl-2-(hetero)arylbenzimidazoles[J]. Tetrahedron Lett., 2007, 48(30): 5239-5242.

[7] Ganapathy S, Fournier M, Paul J F, et al. Location of protons in anhydrous Keggin heteropolyacids $H_3PMo_{12}O_{40}$ and $H_3PW_{12}O_{40}$ by $^1H\ \{^{31}P\}\ /^{31}P\ \{^1H\}$ REDOR NMR and DFT quantum chemical calculations[J]. J. Am. Chem. Soc., 2002, 124(26): 7821-7828.

[8] Dong R P, Ji H S, Sang H L, et al. Redox properties of $H_3PMo_xW_{12-x}O_{40}$ and $H_6P_2Mo_xW_{18-x}O_{62}$ heteropolyacid catalysts and their catalytic activity for benzyl alcohol oxidation[J]. Appl. Catal., A: general, 2008, 349(1): 222-228.

[9] Azizi N, Saidi M R. Highly Efficient Ring Opening Reactions of Epoxides with Deactivated Aromatic Amines Catalyzed by Heteropoly Acids in Water[J]. Tetrahedron Lett., 2007, 63(4): 888-891.

[10] Gupta R K, Dueby M, Li P Z, et al. Size-Controlled Synthesis of Ag Nanoparticles Functionalized by Heteroleptic Dipyrrinato Complexes Having meso-Pyridyl Substituents and Their Catalytic Applications[J]. Inorg. Chem., 2015, 54(6): 2500-2511.

[11] Luo B, Xu D, Li D, et al. Fabrication of a Ag/Bi_3TaO_7 Plasmonic Photocatalyst with Enhanced Photocatalytic Activity for Degradation of Tetracycline[J]. ACS App. Mater. Interfaces, 2015, 7(31): 17061-17069.

[12] Guo Y, Chen L, Ma F, et al. Efficient Degradation of Tetrabromobisphenol A by Heterostructured $Ag/Bi_5Nb_3O_{15}$ Material under the Simulated Sunlight Irradiation[J]. J. Hazard. Mater., 2011, 189(1-2): 614-618.

[13] Yan X, Wang X, Gu W, et al. Single-Crystalline $AgIn(MoO_4)_2$ Nanosheets Grafted Ag/AgBr Composites with Enhanced Plasmonic Photocatalytic Activity for Degra-

dation of Tetracycline under Visible Light[J]. Appl. Catal. B, 2015, 164: 297-304.

[14] Tang Y, Jiang Z, Deng J, et al. Synthesis of Nanostructured Silver/Silver Halides on Titanate Surfaces and their Visible-Light Photocatalytic Performance[J]. ACS Appl. Mater. Interfaces, 2012, 4(1): 438-446.

[15] Min C Y, Huang Y D, Liu L. High-Yield Synthesis and Magnetic Property of Hematite Nanorhombohedras through a Facile Solution Route[J]. Mater. Lett., 2007, 61(25): 4756-4758.

[16] Hiralal P, Unalan H E, Wijayantha K CU, et al. Growth and Process Conditions of Aligned and Patternable Flms of Iron(III) Oxide Nanowires by Thermal Oxidation of Iron [J]. Nanotechnology, 2008, 19: 455608.

[17] 吴通好，李建庆，杨洪茂，等. Dawson 结构钼磷酸的合成与表征[J]. 高等学校化学学报, 1991 (10): 1373-1377.

[18] Li J S, Sang X J, Chen W L, et al. Enhanced Visible Photovoltaic Response of TiO_2 Thin Film with an All-Inorganic Donor-Acceptor Type Polyoxometalate[J]. ACS Appl. Mater. Interfaces, 2015, 7(24): 13714-13721.

[19] Hu J, Zhao X, Chen W, et al. Enhanced Charge Transport and Increased Active Sites on α-Fe_2O_3(110) Nanorod Surface Containing Oxygen Vacancies for Improved Solar Water Oxidation Performance[J]. ACS Omega, 2018, 3: 14973-14980.

第 3 章

钨基杂多酸复合材料

3.1 PW_{12}/Ag 复合材料

当今社会工业化进程不断快速发展，水污染、环境破坏问题日渐严重，亟待改善。由于杂多酸具有很多优异特性，如独特的结构可调性和氧化还原性等，使其已广泛应用到催化领域，尤其是废水中光催化处理废水方面。目前，其作为光催化剂降解有机染料已经有大量相关报道。但杂多酸光催化降解有机染料时，对太阳光，尤其是可见光区利用率不高，无法吸收大部分的可见光，不能充分利用太阳光。而贵金属纳米材料由于具有优异的光学性能，能大幅提高对太阳光的光吸收。另外，研究发现，贵金属纳米材料可实现对太阳光吸收波段的可控吸收。所以本论文提出将杂多酸与贵金属纳米材料进行复合，制备得到新型的杂多酸纳米复合光催化剂，增强对可见光的响应活性，提高光催化活性。

本书采用水热合成法制备得到磷钨型杂多酸 PW_{12} 前驱体和光诱导转化法制备得到贵金属银纳米材料，将杂多酸与银纳米材料进行复合得到 PW_{12}/Ag。在模拟太阳光条件下，以所合成复合材料 PW_{12}/Ag 为催化剂进行光催化实验，降解罗丹明 B；进行单因素实验，优化考察催化剂浓度、Ag 的配料比、染料浓度、杂多酸最佳 pH 值等因素，确定所制备复合材料 PW_{12}/Ag 降解罗丹明 B 的最优条件，从而增强光催化效率；通过对比实验和自由基捕获实验等，进一步讨论复合材料光催化机理；采用罗丹明 B 染料为模拟有机污染物，在模拟可见光条件下考察 PW_{12} 及 PW_{12}/Ag 的光催化性能。

通过自由基捕获实验进一步分析光催化降解机理，发现在光催化分解有机染料过程中，PW_{12} 和银纳米具有协同作用，可以抑制光生电子和空穴的重组，并且对罗丹明 B 分子的降解起主要作用的活性物质为$^{\bullet}OH$，$O_2^{-\bullet}$具有轻微作用。

3.1.1 PW_{12}/Ag 复合材料的制备

（1）杂多酸 PW_{12} 的制备

称取钨酸钠 0.10 g，磷酸氢二钠 0.012 g，混合加入至 30 mL 去离子水中，

85～90℃水浴恒温加热 30 min。半小时后加入 6 mol/L 盐酸，调节 pH 至 2～3，继续搅拌反应 10 min，加入 0.070 g $CoCl_2$、0.080 g 邻菲啰啉和 5 mL 的去离子水，继续反应 10 min，用饱和 Na_2CO_3 调节 pH 至 6～7，继续搅拌 30 min。静置，待其冷却后，移除上层溶液，取底层沉淀放入带有聚四氟乙烯内衬的不锈钢反应釜中，180℃下反应 5 h。冷却取出离心干燥得到样品，记为 PW_{12}。

（2）Ag 纳米粒子的制备[1-5]

将 0.2 mol/L $AgNO_3$ 水溶液 250 μL 加入 500 mL 水中，搅拌均匀后，加入 0.6 mol/L 柠檬酸钠水溶液 500 μL 和 5 mmol/L 聚乙烯吡咯烷酮（PVP）10 mL 溶液进行混合，持续搅拌并快速加入新鲜制备的 $NaBH_4$ 水溶液 10 mL（0.1 mol/L），充分搅拌 5 min，将混合溶液放置在 100 W 钨丝灯下进行照射，为了避免其它光线对实验产生影响，本实验在避光条件下进行。光照反应过程中定时取样，对其进行紫外-可见吸收光谱测试。光照结束后，用无水乙醇和去离子水洗涤样品，离心分离得到 Ag 纳米粒子。

（3）PW_{12}/Ag 复合材料的制备

称取制备好的 PW_{12} 杂多酸 0.1 g，分别加入 5 mL、10 mL、20 mL、30 mL、40 mL 银溶液，放入带有聚四氟乙烯内衬的不锈钢反应釜中 180℃下反应 5～6 h。冷却取出离心干燥得到样品，记为 PW_{12}/Ag。

3.1.2 PW_{12}/Ag 复合材料的表征

（1）杂多酸 PW_{12} 的表征

① 红外吸收光谱表征

首先通过红外光谱测试对杂多酸进行表征（图 3-1）。杂多酸的主要吸收峰集中在 1200 cm^{-1} 以下，其中 1056 cm^{-1} 是与 PO_4 四面体有关的 P—O_a 键伸缩振动频率，948 cm^{-1} 对应 W═O_d 键的伸缩振动频率，883 cm^{-1} 是 W—O_b—W 键的伸缩振动频率，817 cm^{-1} 对应于 W—O_c—W 的弯曲振动，上述吸收峰与饱和 Keggin 型杂多酸的典型红外光谱特征峰完全匹配，表明所合成的样品 PW_{12} 具有饱和 Keggin 结构的基本骨架。

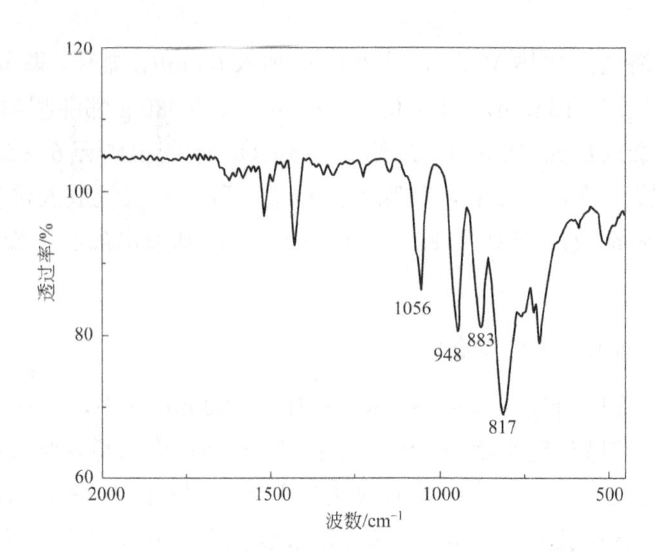

图 3-1　磷钨酸盐 PW_{12}的傅里叶变换红外光谱图

② 紫外-可见吸收光谱表征

所制得杂多酸 PW_{12} 的紫外-可见吸收光谱表征结果如图 3-2 所示。该杂多酸主要吸收峰出现在 200～350 nm 区间内，在 255 nm 处的吸收峰可以归属为 O_d→W 的 pπ-dπ 荷移跃迁产生的，338 nm 处的吸收峰可以归属为 $O_{b,c}$→W 的 pπ-dπ 荷移跃迁产生的。将图 3-2（a）中的紫外-可见光谱图数据通过 Kubelka-Munk 方程进行计算，得到图 3-2（b）的带隙能量图，由切线与 *X* 轴的交点可得本实验合成的 PW_{12} 的带隙宽度为 3.02 eV。

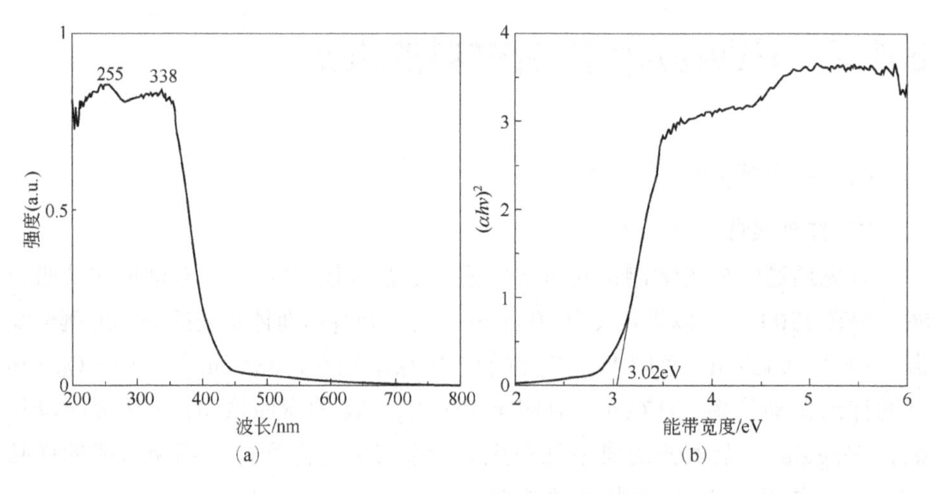

图 3-2　PW_{12}的紫外-可见吸收光谱图（a）和带隙能量图（b）

（2）Ag 纳米粒子表征

① X 射线粉末衍射表征

Ag 的 XRD 衍射测试结果如图 3-3 所示。可以明显看出，X 射线衍射数据与标准卡片 PDF#99-0094 是完全对应的，证明该纳米材料即为标准的纳米 Ag。

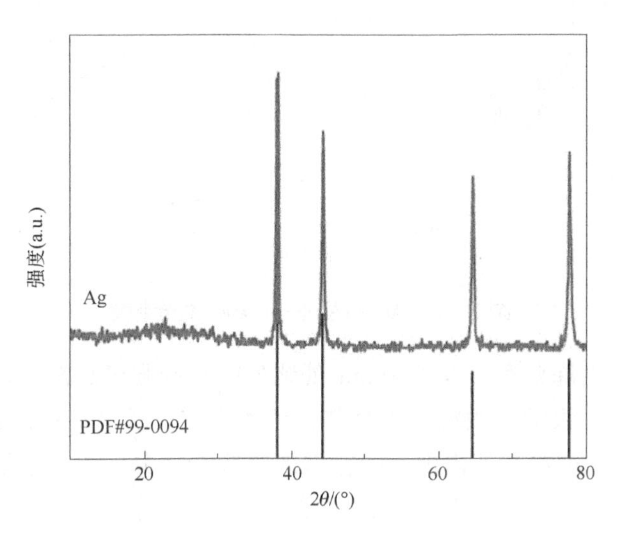

图 3-3　Ag 的 X 射线粉末衍射图

② 紫外-可见吸收光谱表征

通过紫外-可见吸收光谱测试结果（图 3-4）可知，随着银的反应时间不同，最大吸收峰由 400 nm 逐渐移动到 700 nm 处。众所周知，400 nm 后为可见光区，通过调控反应时间等实验参数，该 Ag 纳米粒子可以成功地将光吸收范围拉伸至近红外光区，达到全部可见光的强吸收，可以极大地提高催化剂的吸光范围，提高复合材料光催化效率。

通过紫外-可见吸收光谱与扫描电镜测试探讨了反应时间在制备纳米银过程中颗粒尺寸、形貌与光响应的关系（图 3-5）。在进行光照之前，银纳米粒子仅在波长为 420 nm 处有明显的光吸收，此时溶液颜色为黄色，电镜结果表明溶液中已生成小的银纳米颗粒[6]。随着光照反应的不断进行，溶液颜色逐渐变为绿色，紫外-可见吸收光谱显示在波长为 700 nm 左右处开始出现较弱的吸收峰，表明溶液逐渐生成结构稳定的新相的银纳米材料，电镜图片表明其形貌类似圆片状结构，但呈不规则轮廓。继续延长光照时间，溶液颜

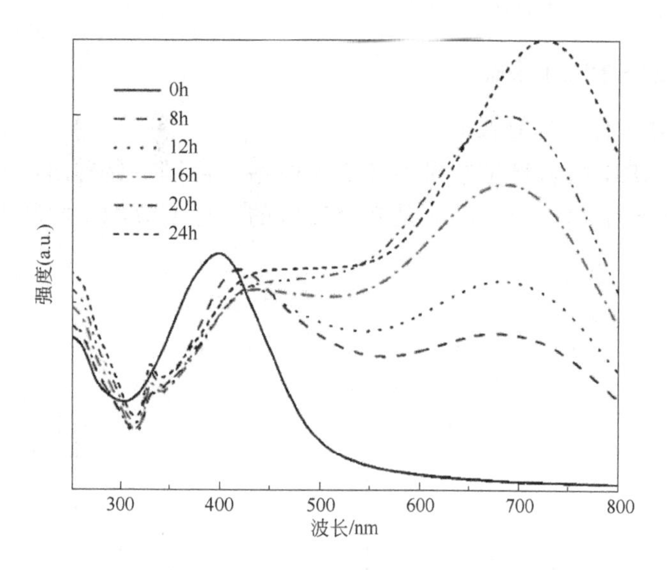

图 3-4　Ag 的紫外-可见吸收光谱图

色继续加深变为深蓝色，在 700 nm 处紫外吸收峰强度逐渐增加，电镜测试结果表明溶液中银纳米颗粒基本全部转化为立方块状纳米银，在此过程中，伴随着在 335 nm 左右处出现一个微弱的吸收峰，分析原因主要是纳米银的面外和面内四极子表面等离子体共振吸收所致。根据电镜测试结果分析，产物主要为球体或立方块状，边长在 50 nm 左右。随着光照时间不断延长，银纳米片吸收峰逐渐红移，并且呈边界清晰的规则块状结构，这主要是由于随着边长的不断减小，会发生尖角度的减小及厚度的增大，从而导致吸收峰会不断发生红移[7]。根据紫外-可见吸收光谱测试结果，我们选用在可见光区吸收强度最好的反应 24 h 生成的银纳米颗粒进行后续试验。

③ 电镜表征

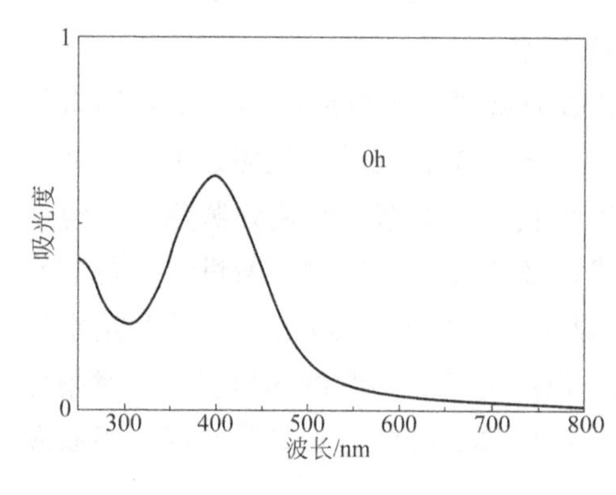

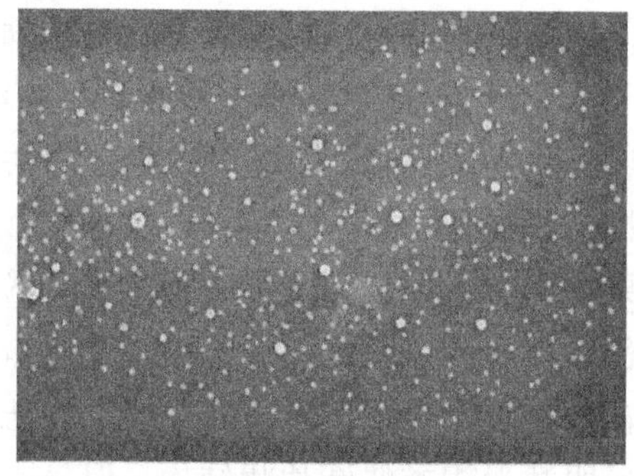

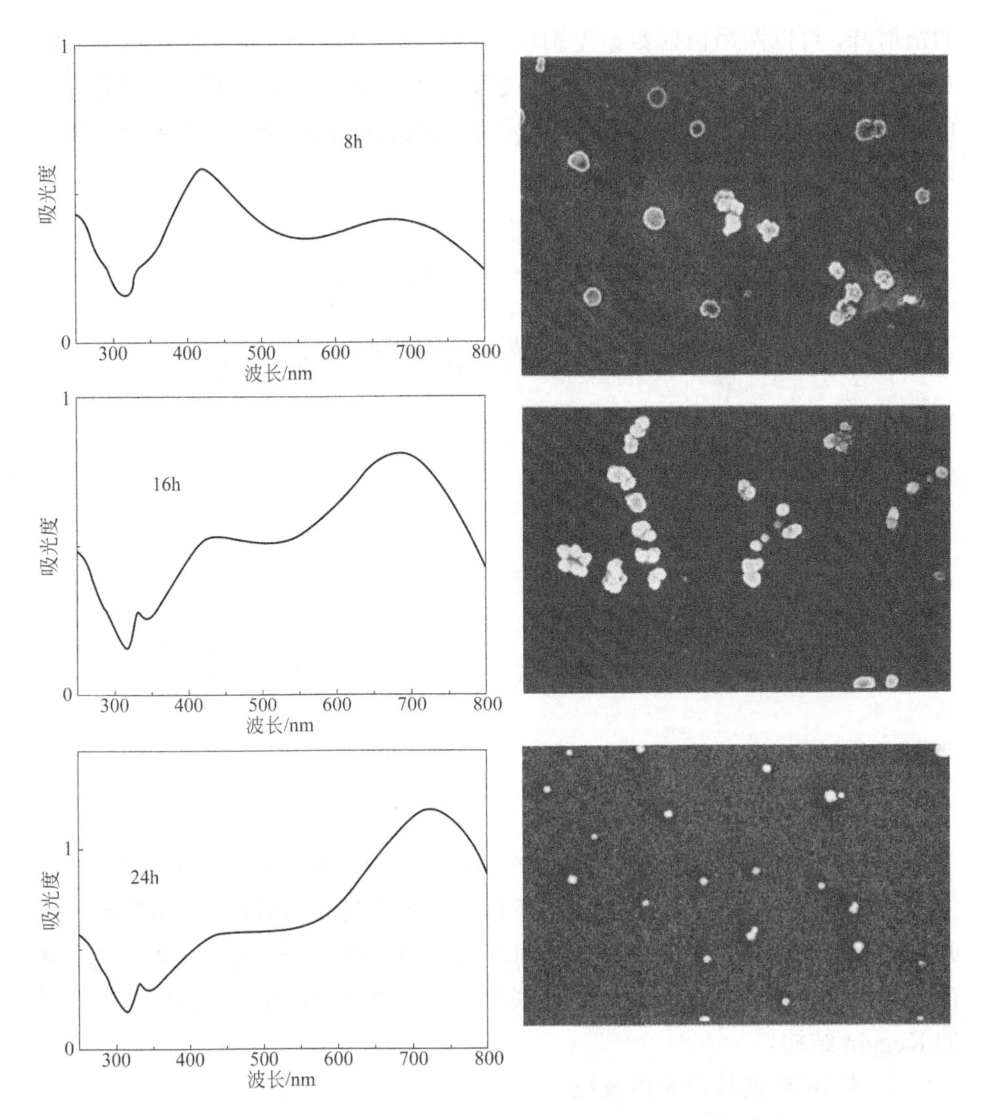

图 3-5　纳米银生成过程中不同时间段紫外-可见吸收光谱及扫描电镜对照图

（3）复合材料 PW_{12}/Ag 的表征

① X 射线粉末衍射表征

图 3-6 为 PW_{12}、$PW_{12}/Ag-4$ 和 PDF#99-0094 的 XRD 图。由于杂多酸受抗衡离子影响和自身的结构特点，没有标准 PDF 卡片可以对比，所以通过 XRD 测试仅能证明杂多酸为晶体结构，而对比复和材料的衍射峰与杂多酸

的衍射峰，可以两组衍射数据差别较小，这是因为复合材料中的 Ag 仅占 4% 左右，由于杂多酸的衍射峰过强，掩蔽了部分 Ag 的衍射峰。但在图中仍可以观察到 Ag 衍射峰，已用*进行标记，说明 Ag 已经成功负载到杂多酸体系中。

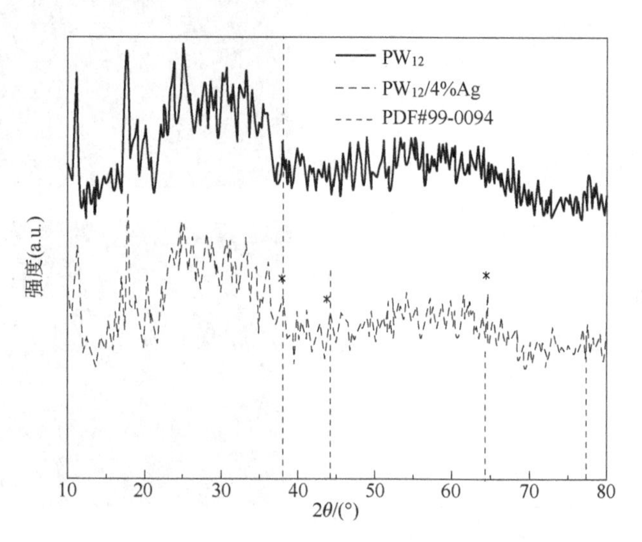

图 3-6 PW_{12}/Ag 的 X 射线粉末衍射图

② 红外光谱表征

图 3-7 为含银 1%、2%、4%、6%、8%的 PW_{12}/Ag 复合材料的红外光谱图。从图中可以看出 1200 cm^{-1} 以下出现杂多酸特征吸收峰为 1057 cm^{-1}、949 cm^{-1}、884 cm^{-1}、818 cm^{-1}，分别对应 $P—O_a$ 键、$W═O_d$ 键、$W—O_b—W$ 键、$W—O_c—W$ 键的特征吸收峰，说明该杂多酸与 Ag 复合后仍保持着完整的 Keggin 结构。

③ 紫外-可见吸收光谱表征

通过不同配料比的复合材料紫外-可见吸收光谱图（图 3-8）可知，在波长为 550～800 nm 范围内复合材料 PW_{12}/Ag 的光吸收强度明显增强，且相比于纯杂多酸扩大了光响应吸收范围。同时，随着银复合比例逐渐增加，复合材料在可见光区吸收强度明显呈递增趋势，但峰位与纯 Ag 的出峰位置基本一致，证明在复合过程中 Ag 纳米颗粒的结构没有被破坏。并且在波长为 200～400 nm 范围内 PW_{12}/Ag 复合材料光吸收强度仍保持不变，同样表明复合材料依然保持完整的 Keggin 型结构。此时，杂多酸主要呈现片状，以长方形为主，Ag 球在杂多酸上均匀分布，部分呈现出球的形貌，但由于银颗粒尺寸小，发生了一些团聚。Ag 与杂多酸连接处有明显的结合状态，且 Ag 均匀地分散在杂多酸的表面，极大地提高了复合材料的比表面积和光能利用率。

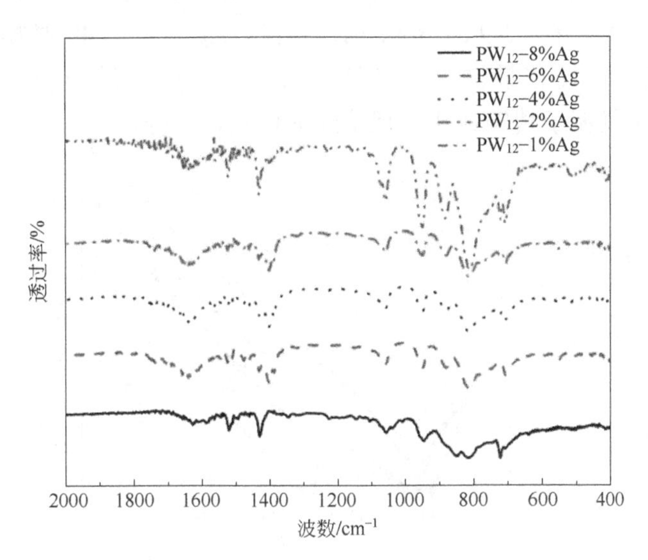

图 3-7　不同负载比的 PW_{12}/Ag 复合材料的红外光谱图

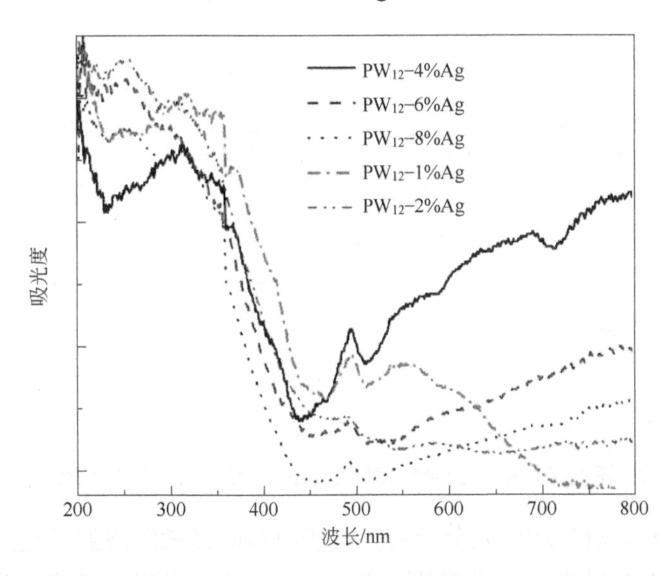

图 3-8　不同负载比的 PW_{12}/Ag 复合材料紫外-可见吸收光谱图

④ 电化学阻抗表征

为了验证光生电子-空穴对的有效分离对光催化性能的提高，我们对复合材料进行了电化学交流阻抗和光致发光光谱测试。由图 3-9 的 EIS-Nyquist 图中曲线可以判断出，Ag 含量为 4%时复合材料的电子转移阻力最低，模拟电阻为 221.5 Ω。由图 3-9 的 Bode 曲线可见，Ag 含量为 4%时模值最低，说明其光生载流子转移最快。所以可以判断出 Ag 含量为 4%时复合材料 PW_{12}/Ag 光生载流子传输最快，理论光催化效果最好。

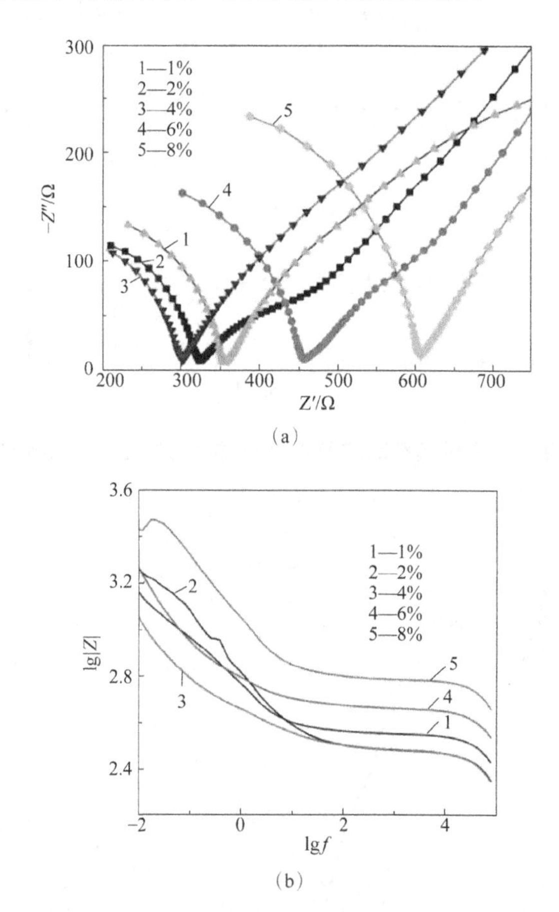

图 3-9　不同 Ag 配比的复合材料 Nyquist 图（a）及 Bode 图（b）

众所周知，电子和空穴复合时，电子由高能级激发态跃迁至基态最低能级，其能量大多以光的形式释放。因此，低光致发光强度可能意味着电荷载流子的复合速率较低，因此光催化活性较高。为了进一步验证复合材料中光生电子和空穴的分离效率，我们进一步对复合材料进行了荧光光谱测试。采用 380 nm 的光为激发波长，测试结果表明，PW_{12}/4% Ag 的 PL 光谱发射光强最低，光生电子-空穴对分离效果最好，这与上述电化学交流阻抗测试结果一致（图 3-10）。综上所述，在 PW_{12}/Ag 体系中，复合材料 PW_{12}/4% Ag 具有最有效的光生电子-空穴对分离和快速界面电荷转移速率[8]，表明其理论光催化活性最高。

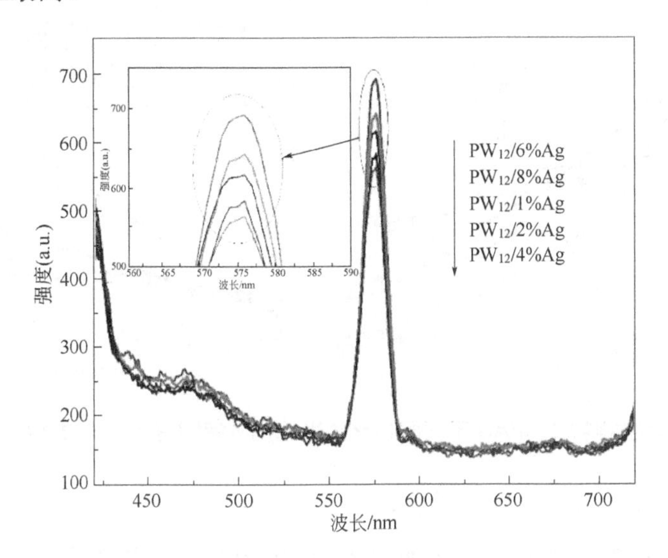

图 3-10 不同 Ag 配比条件下的复合材料的荧光光谱图（插图为局部放大图）

3.1.3 PW_{12}/Ag 复合材料的光催化性能

对于复合材料 PW_{12}/Ag 的光催化反应实验，其光催化性能与 pH 值、染料初始浓度、Ag 在复合材料中的比重等条件都有关。因此，我们针对上述内容设计了单因素实验，同时对复合材料 PW_{12}/Ag 的循环稳定性和光催化机理进行了系统的研究。

（1）不同配料比对光催化的影响

为了探讨不同配料比，即复合材料 PW_{12}/Ag 中 Ag 含量的不同对罗丹明 B 染料分解的光催化性能的影响，分别用 Ag 含量为 1%、2%、4%、6%、8% 的复合材料进行光催化实验，从实验结果（图 3-11）可以看出，在控制 pH

值、罗丹明 B 浓度、所投入的复合材料量等条件相同的情况下，配比为含1%、2%银的复合材料，由于银含量较少，可见光响应能力较低，光催化效率仅达到80%。而4%银的复合材料光催化降解达到了98%，与上述表征中光致发光光谱以及电化学阻抗谱理论测得数据相符，即含4%银的复合材料光生电子-空穴分离效果最好、分离阻力最小，光催化效果最优。

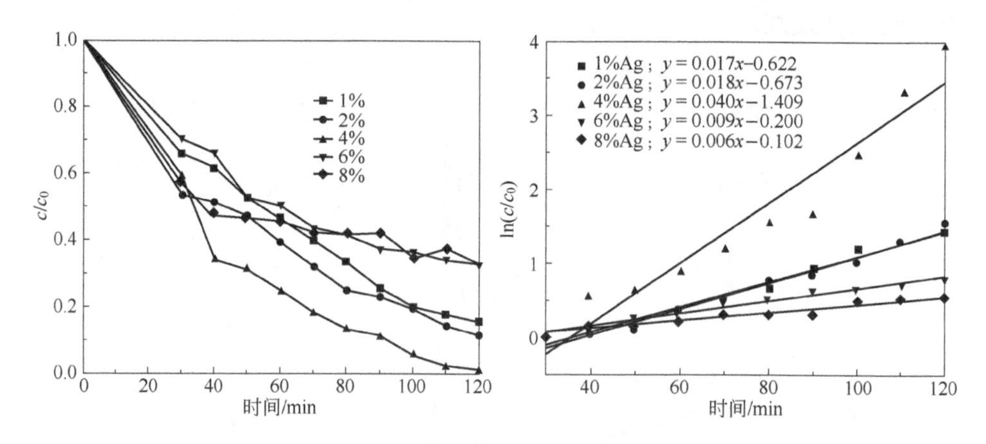

图 3-11　复合材料 PW_{12}/Ag 不同配料比的光催化分解罗丹明 B 性能数据图及速率图

（2）不同初始浓度对光催化的影响

为探究染料初始浓度对光催化效率的影响，本实验设置了 30 mg/L、40 mg/L、50 mg/L、60 mg/L 四种罗丹明 B 浓度。复合材料 PW_{12}/Ag 光催化效果如图 3-12 所示，罗丹明 B 的暗光吸附效率在浓度为 60 mg/L 时非常低，并且在该浓度下光催化效率也非常低。这是因为罗丹明 B 浓度超过了光催化剂处理极限，在较高浓度罗丹明 B 时，太阳光产生的活性物质不足以完全处理罗丹明 B。在罗丹明 B 浓度为 50 mg/L 时，98%的罗丹明 B 被光催化分解，吸附及光催化数据好于 20 mg/L 罗丹明 B。值得注意的是，当光催化降解约30%之后，罗丹明 B 的光催化效率显著提高，并最终趋于平缓。这可能是由于部分罗丹明 B 分解后，溶液中剩余的罗丹明 B 浓度刚好处于复合材料处理的最佳范围，因此其光催化效率得到改善并显著提高。因此，通过数据对比分析，该复合材料适用于 50 mg/L 或更低浓度的罗丹明 B 进行光催化实验。40 mg/L 和 30 mg/L 罗丹明 B 的吸附率接近 80%，光催化分解的最终完全降解。因此可以得知，低浓度的罗丹明 B 更有利于复合材料 PW_{12}/Ag 进行光催化。

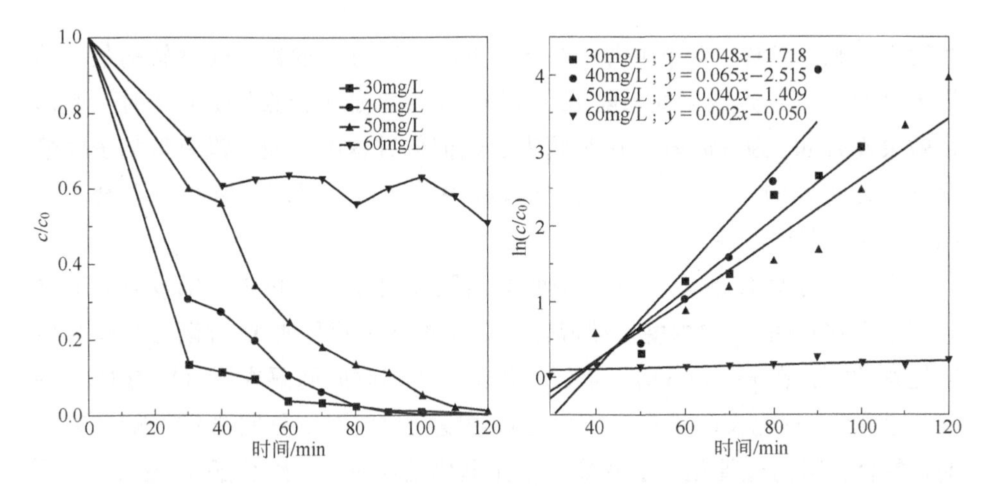

图 3-12　复合材料 PW_{12}/Ag 在不同罗丹明 B 浓度条件下光催化数据图及速率图

（3）不同 pH 值对光催化的影响

对于 pH 值对光催化的影响实验，我们设计了 pH 从 2～7 的 6 组平行实验。实验结果（图 3-13）表明，罗丹明 B 的光催化速率在不同的 pH 值下是不同的。在 pH 为 2 时，最终的光催化降解率为 67.7%，而在 pH 为 3 时，最终的光催化降解率为 50.3%，在 pH 为 4 时，光催化降解率为 53.4%，pH 为 5 时，最终光催化降解率为 45.4%。光催化虽有一定的效果，但整体效果不是很突出。这是因为在光催化过程中，较低的 pH 值使杂多酸处于亚稳态，过量的氢离子浓度会影响杂多酸的催化活性，因此在较低的 pH 条件下催化

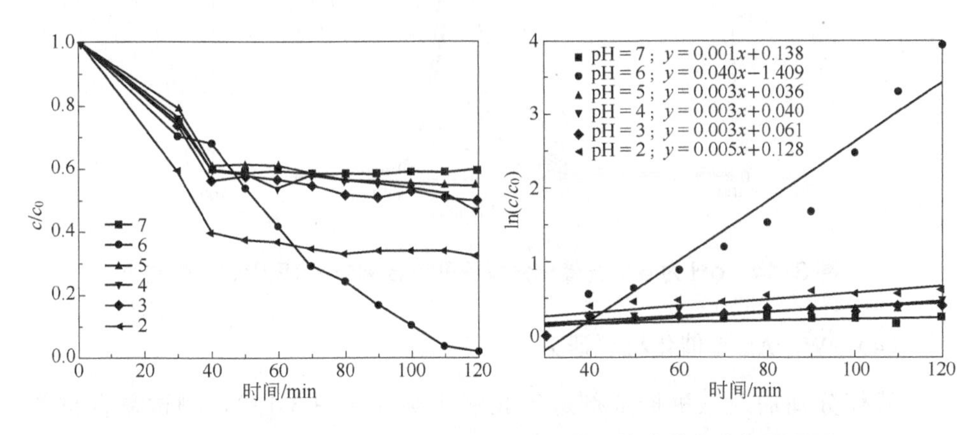

图 3-13　复合材料 PW_{12}/Ag 在不同 pH 值下的光催化分解罗丹明 B 性能数据图及速率图

性能不能充分发挥。在 pH 为 6 的条件下，罗丹明 B 的光催化降解的最终结果为 98%左右。光催化效果随 pH 值的增加而增加，但在 pH 为 7 时，光催化效果没有 pH 为 6 时好，这是因为在光催化过程中，完全没有氢离子的情况下也是不利的。因此，在光催化过程中需要适当氢离子来提高复合材料 PW_{12}/Ag 的催化活性。

通过罗丹明 B 的紫外-可见吸收光谱图（图 3-14）可见，随着时间的推移溶液中罗丹明 B 的浓度持续降低，证明溶液中罗丹明 B 逐渐被分解。值得注意的是，在 pH 为 6 时，4%Ag 条件下相同时间间隔内罗丹明 B 的降解率几乎相等，这也反映了在光催化过程中复合材料对罗丹明 B 的分解是稳定的，复合材料的光催化性能稳定。至光催化结束时，最终分解了 98%左右的罗丹明 B，与 721 分光光度计测定的结果基本相同。综上所述，该复合材料 PW_{12}/Ag 在 pH 为 6 时具有较强的光催化分解能力，pH 为 6 是该复合材料光催化的最优条件。

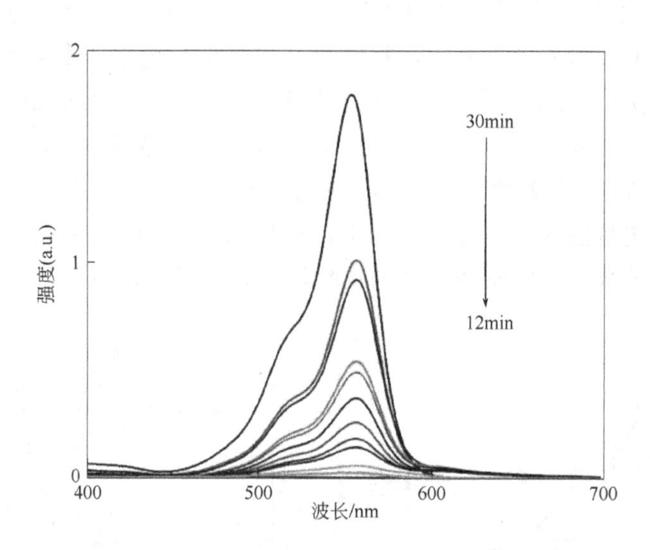

图 3-14　pH 为 6 时光催化分解罗丹明 B 紫外-可见吸收光谱图

（4）PW_{12}/Ag 光催化机理研究

我们分别加入三种掩蔽剂进行光催化实验（图 3-15），测试复合材料 PW_{12}/Ag 光催化过程中的活性物质，并以此推测其光催化机理。首先，在罗丹明 B 中加入三乙醇胺掩蔽光生空穴条件时，罗丹明 B 浓度随时间降解效果如图 3-15（a）所示。可以看出，加掩蔽剂的复合材料 PW_{12}/Ag 的光催化效率与未加掩蔽剂时复合材料 PW_{12}/Ag 的光催化效率基本相同，处理罗丹明 B 的量可达 92%以上，说明三乙醇胺对复合材料 PW_{12}/Ag 光催化效率影响不大，此催化剂不是通过光生空穴降解有机污染物。其次，将异丙醇加入罗丹明 B 染料中掩蔽·OH 时罗丹明 B 浓度随时间降解效果如图 3-15（b）所示。可以看出，加入异丙醇后复合材料 PW_{12}/Ag 光催化降解罗丹明 B 效率大幅降低，对染料降解率为 50.6%，其中染料浓度出现波动为催化剂吸附，脱附状态。最后在以对苯醌作为掩蔽剂时，罗丹明 B 浓度随时间降解效果如图 3-15（c）所示，与未加入掩蔽剂（未掩蔽 $O_2^{-\cdot}$）时的光催化效率对比有所降低，掩蔽复合材料 PW_{12}/Ag 光催化最终降解率约为 73%，该实验表明 $O_2^{-\cdot}$是光催化降解罗丹明 B 的活性物质，但不是复合材料 PW_{12}/Ag 的主要活性物质。综上所述，复合材料 PW_{12}/Ag 光催化性能测试中，羟基自由基对光催化性能影响最大，为本复合材料 PW_{12}/Ag 降解有机染料的主要活性物质。

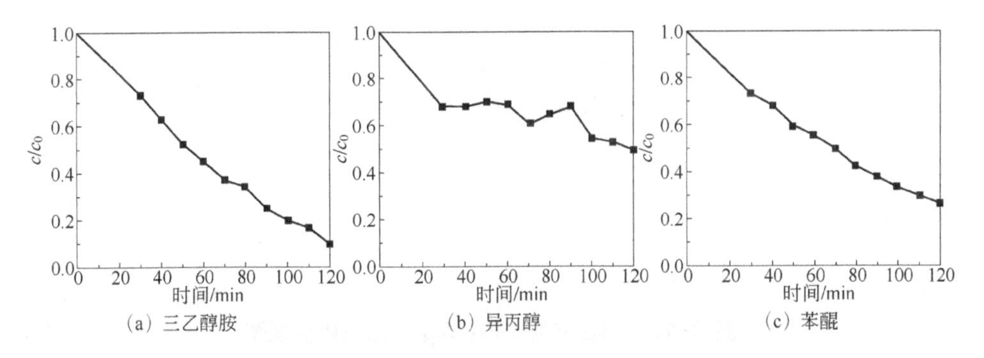

图 3-15　在 PW_{12}/Ag 光催化体系中分别加入三种不同掩蔽剂后的催化效果对比

我们通过带隙能量测试表征杂多酸的禁带宽度，再经过循环伏安测试表征杂多酸的导带（LUMO）位置。PW_{12} 循环伏安测试结果如图 3-16 所示，通过循环伏安法测量第一还原电位两侧曲线的切线交点位置的垂线与 X 轴的交点为该材料导带位置[9]。图中杂多酸的 LUMO 为 0.58 V，这与常规材料的价带相似。可以确定杂多酸的导带位置和带隙宽度，从而计算出价带位置，再结合掩蔽实验数据可以得到 PW_{12}/Ag 复合材料光催化机理图（图 3-17）。

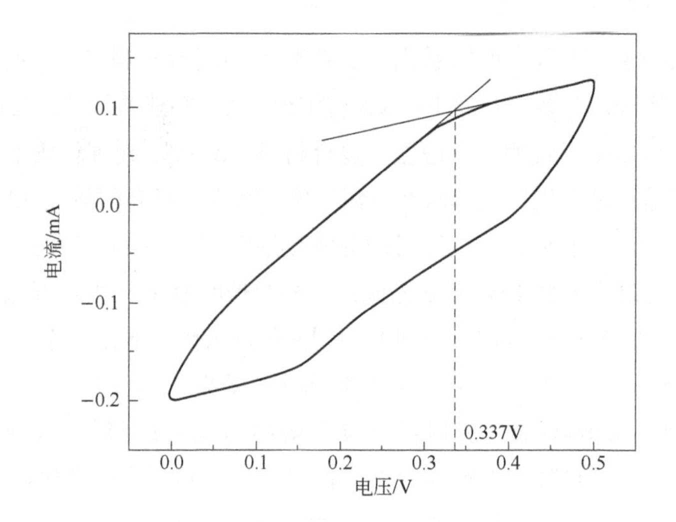

图 3-16　PW_{12} 循环伏安测试图

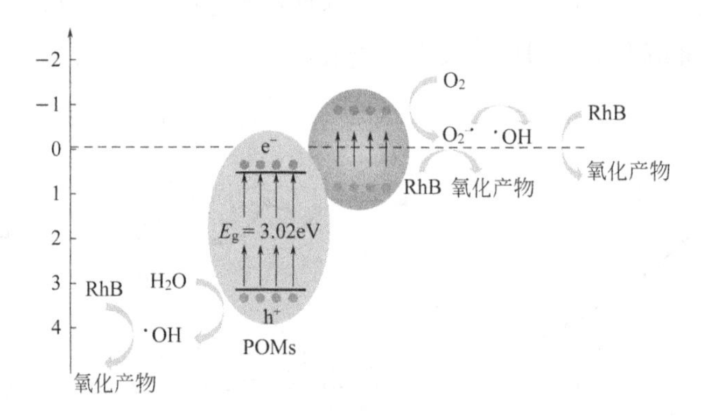

图 3-17　复合材料 PW_{12}/Ag 的光催化机理图

在机理图中，我们可以清晰地看出杂多酸 HOMO 位置在 3.36 V 左右，LUMO 位置在 0.58 V 左右，带隙宽度为 3.02 eV。所以推测复合材料机理为：当光照在杂多酸表面时，杂多酸吸收光子能量被激发，变为激发态杂多酸 POM^*，杂多酸被激发后其电子由价带跃迁至导带位置，留下来的价带空缺为空穴（h^+），激发到导带的满电子部分即为电子（e^-）。光生空穴与杂多酸表面的水反应生成$^{\bullet}OH$。由于$^{\bullet}OH$ 氧化能力强，可以将有机物氧化降解。而光生电子则与银的光生空穴复合，银表面的光生电子再与 O_2 反应生成 $O_2^{-\bullet}$，部分 $O_2^{-\bullet}$可进一步与 H_2O 反应生成$^{\bullet}OH$。$^{\bullet}OH$ 和少量的 $O_2^{-\bullet}$通过其强氧化能力，同时作用将有机物氧化降解。

3.2 PW_{12}/Ag/ZnO 复合材料

已有研究结果表明，杂多酸作为光催化剂时大部分在可见光区有光响应，但通常只吸收太阳光的单一波段，仅能利用一部分太阳光。本部分将杂多酸与贵金属银、半导体氧化锌进行复合，制备得到新型的杂多酸纳米复合光催化剂，以增强对可见光的响应活性，期望达到对太阳光谱紫外-可见光区的全吸收，提高光催化效率。

我们采用溶胶-凝胶法制备氧化锌纳米材料，并将所制备的 ZnO 与 PW_{12}/Ag 材料复合，在模拟太阳光照射下，以所合成复合材料 PW_{12}/Ag/ZnO 为催化剂，进行光催化降解 RhB 实验，考察复合材料 PW_{12}/Ag/ZnO 的光催化性能，并通过实验结果分析其光催化降解机理。采用 RhB 染料为模拟有机污染物，在模拟可见光条件下研究 PW_{12}/Ag、PW_{12}/ZnO 及 PW_{12}/Ag/ZnO 的光催化性能。结果表明，复合光催化剂 PW_{12}/Ag/ZnO 光催化性能最优，降解率可高达 99.3%。

通过对比实验、自由基捕获实验等进一步探讨光催化降解机理。结果表明，在光催化降解过程中，PW_{12} 和银、氧化锌纳米材料具有协同作用，可以抑制光生电子和空穴的重组，并且光致激发产生的活性物种$^{\bullet}$OH 对 RhB 分子的降解起主要作用。实验结果表明，复合材料中杂多酸 PW_{12}、银、氧化锌三种纳米粒子间具有协同作用，可以有效抑制光生电子和空穴的重组，提高光催化活性。

3.2.1 PW_{12}/Ag/ZnO 复合材料的制备

将 1.1 g 乙酸锌加入 30 mL 乙醇中，在 80℃下回流反应 2 h，待其彻底溶解后降温至 70℃。逐滴滴加含一定量氢氧化钠的乙醇溶液至溶液变澄清。取 80 μL 硅烷偶联剂（APTES）与 2 mL 去离子水混合后滴入溶液中，有大量白色沉淀生成。用去离子水、无水乙醇交替洗涤多次，离心干燥得到样品 ZnO。

称取制备好的 PW_{12} 杂多酸 0.10 g，加入一定量的 ZnO，加入 20 mL 去离子水搅拌 24 h。将适量四丁基溴化铵溶于 20 mL 水中，溶解后加入溶液中搅拌 24 h。离心分离、干燥，得到的产物记为 PW_{12}/ZnO。

称取制备好的 PW_{12}/Ag 复合材料 0.1 g，分别加入 0.004 g、0.006 g、0.008 g、0.01 g 的 ZnO，加入 20 mL 去离子水中混合，充分搅拌 24 h。将 0.0582 g 四丁基溴化铵溶于 20 mL 水中，溶解后加入 ZnO 水溶液中继续充分搅拌 24 h。离心分离、干燥，得到的产物记为 PW_{12}/Ag/ZnO。

3.2.2 PW_{12}/Ag/ZnO 复合材料的表征

（1）ZnO 的表征

从所制备的 ZnO 的 X 射线粉末衍射（图 3-18）可以明显看出，所制备样品的 X 射线衍射峰与标准卡片 PDF#99-0111 完全对应，且衍射峰强度较好，证明该 ZnO 结晶度较为理想。

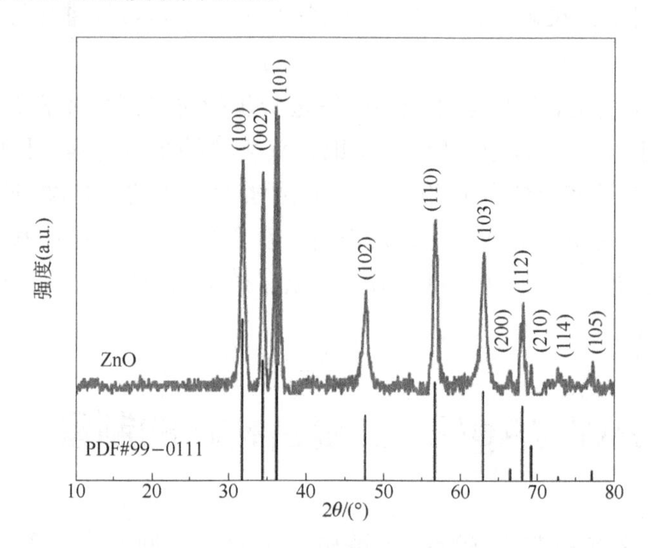

图 3-18 ZnO 的 X 射线粉末衍射图

从所测得 ZnO 的紫外-可见吸收光谱图（图 3-19）可以看出，最大吸光波长为 380 nm 左右。其在近可见光区有很强的光吸收，补充了多酸/银复合材料在近可见光区吸收相对较弱的不足。将紫外-可见吸收光谱图数据通过 Kubelka-Munk 方程进行计算，得到本实验合成的 ZnO 的带隙宽度为 3.25 eV。

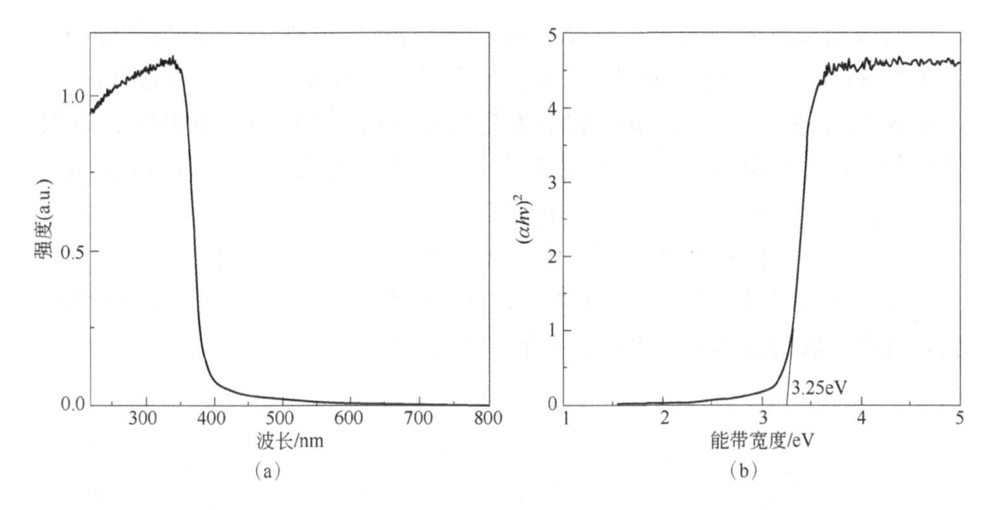

图 3-19　ZnO 的紫外-可见吸收光谱图（a）和带隙能量图（b）

（2）PW_{12}/ZnO 的表征

PW_{12}/ZnO 复合材料的 XRD 表征结果如图 3-20 所示，由于 ZnO 在复合材料中投料比仅为 6%左右，且杂多酸的衍射峰通常强度较大，掩蔽了部分 ZnO 的衍射峰，其中未被掩蔽的 ZnO 衍射峰已用*进行标记。XRD 测试结果表明，ZnO 被成功负载到 PW_{12} 体系中。

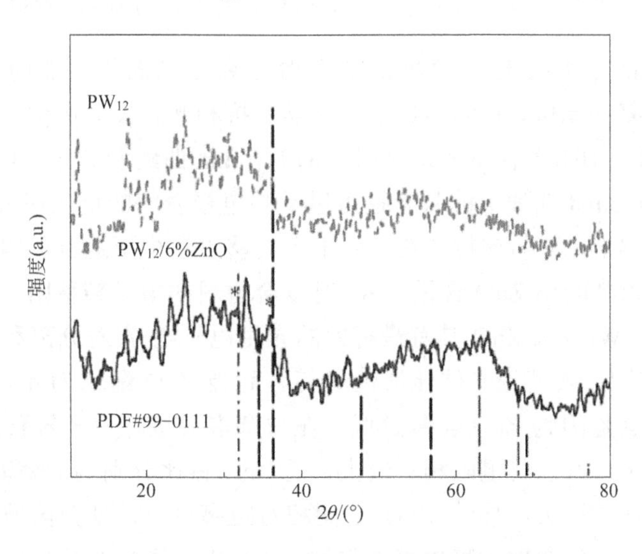

图 3-20　PW_{12}/ZnO 的 X 射线粉末衍射图谱

ZnO 负载量分别为 4%、6%、8%、10%时复合材料 PW_{12}/ZnO 的红外光谱如图 3-21（a）所示。负载后 PW_{12} 杂多阴离子的典型吸收峰 1056 cm^{-1}、948 cm^{-1}、883 cm^{-1}、817 cm^{-1} 没有发生明显变化，说明该杂多酸与 ZnO 复合后仍保持着完整的 Keggin 结构。吸收峰发生微弱的移动，表明 ZnO 和 PW_{12} 杂多阴离子之间存在一定的相互作用。ZnO 负载量分别为 4%、6%、8%、10%条件下复合材料的紫外-可见吸收光谱如图 3-21（b）所示。结果表明，相比于纯的杂多酸化合物的光吸收，该复合材料在近可见光区的吸收明显增强，且其吸收带边几乎可以覆盖整个可见光范围。

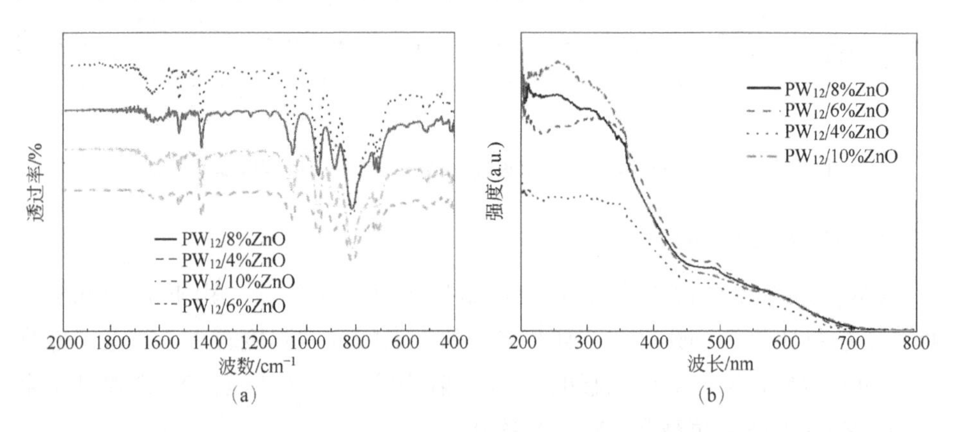

图 3-21　不同复合比例 PW_{12}/ZnO 的红外光谱图（a）和紫外光谱图（b）

为了验证光生载电子-空穴对的有效分离对光催化性能的提高，优化 ZnO 的最佳复合比例，我们测量了电化学阻抗和光致发光图谱。ZnO 配比为 4%、6%、8%、10%条件下的复合材料的 Nyquist 曲线及 Bode 曲线如图 3-22 所示。EIS-Nyquist 曲线上的弧半径可以反映电极表面的反应速率，图中的圆弧曲率半径越小，证明该材料在光生电子转移过程中所遇到的阻力越小，因此从图中可以判断出 ZnO 含量为 6%时复合材料的电子转移阻力最低。这表明复合材料 PW_{12}/6% ZnO 具有最有效的光生电子-空穴对分离和快速界面电荷转移速率[10]，其理论光催化活性最高。而当 ZnO 配比为 4%时，电化学阻抗较大，这是因为 ZnO 含量过低，在与杂多酸进行电子转移过程中电子移动距离过长，所以其电阻相对较大。而 ZnO 占比分别为 8%和 10%时，由于纳米材料含量过大，导致 ZnO 之间相对距离过小，部分区域的杂多酸与纳米材料之间产生微弱的静电屏蔽作用，从而提高了复合材料电子转移过程的阻力。同时，ZnO 含量为 6%时模值最低，说明其光生载流子转移最快，理论光催化效果最好。此外，在激发波长为 380 nm 下对复合材料进行了荧光光谱测试，结果表明 PW_{12}/6% ZnO 的光致发光强度最低，光生电子-光生空穴分离效果最好。综上，我们采用 ZnO 比例为 6%进行后续复合材料合成实验。

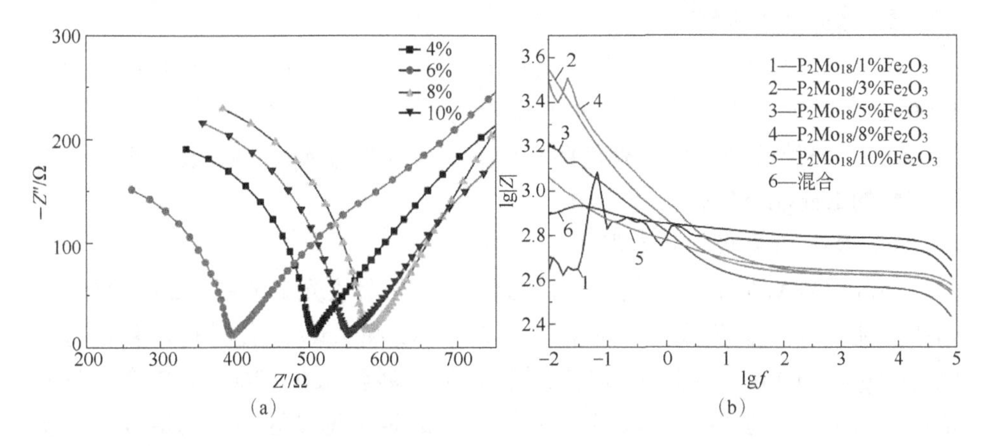

图 3-22　不同 ZnO 配比复合材料的 Nyquist 图（a）和 Bode 图（b）

（3）PW_{12}/Ag/ZnO 的表征

① X 射线粉末衍射表征

为验证所制备 PW_{12}/4% Ag/6% ZnO 复合材料的组成，我们对其进行了 X 射线粉末衍射测试，结果如图 3-23 所示。由于杂多酸的衍射峰通常较强，且

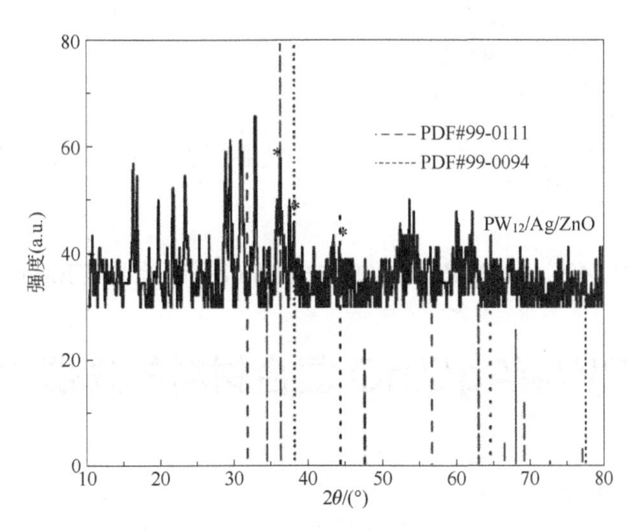

图 3-23　PW_{12}/4% Ag/6% ZnO 的 X 射线粉末衍射图谱

Ag 和 ZnO 的负载量相对较小，在粉末衍射测试中掩蔽了部分 ZnO 的特征衍射峰，但典型的强衍射峰仍可观察到，从而证明 Ag 和 Zn 被成功地负载到杂多酸 PW_{12} 主体中，得到复合材料 PW_{12}/4% Ag/6% ZnO。

② 红外光谱表征

从 PW_{12}/4% Ag/6% ZnO 复合材料的红外光谱图［图 3-24（a)］可以看出，1200 cm^{-1} 以下出现杂多酸特征吸收峰为 1057 cm^{-1}、949 cm^{-1}、884 cm^{-1}、818 cm^{-1}，与纯的杂多酸红外谱图相同。该杂多酸与 Ag、ZnO 复合后仍保持着完整的 Keggin 结构。

③ 紫外-可见吸收光谱表征

PW_{12}/4% Ag/6% ZnO 复合材料的紫外-可见吸收光谱如图 3-24(b)所示。结果表明，相比于负载前的杂多酸 PW_{12}、Ag 和 ZnO 三种材料，复合材料 PW_{12}/Ag-4/ZnO-6 对太阳光的响应范围可以扩展至 420～760 nm 整个可见光范围，且光吸收强度明显增强，达到了在紫外-可见光区的全光谱吸收的实验设计要求。

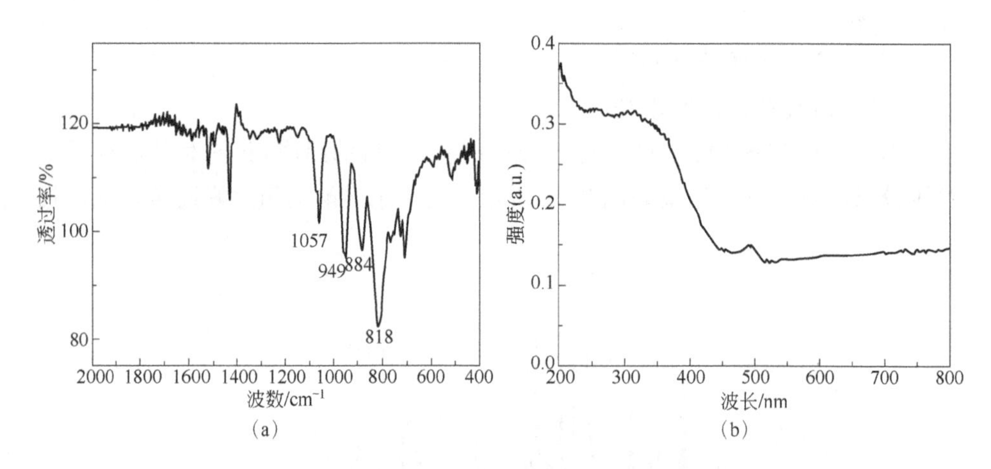

图 3-24 PW_{12}/4% Ag/6% ZnO 的红外光谱图（a）和紫外-可见吸收光谱图（b）

3.2.3 PW_{12}/Ag/ZnO 复合材料的光催化性能

（1）标准曲线

配制多种浓度的罗丹明 B 标准溶液，调节 721 分光光度计波长为 554 nm，测得其吸光度值，并以浓度（c）为纵坐标，吸光度（A）为横坐标作标准曲线（图 3-25）。经拟合标准曲线方程为 $y = 27.117x - 0.6079$，$R^2 = 0.9981$。结果表明，在 0～10 mg/L 和 10～60mg/L 两个浓度范围内，都呈良好的线性关系。

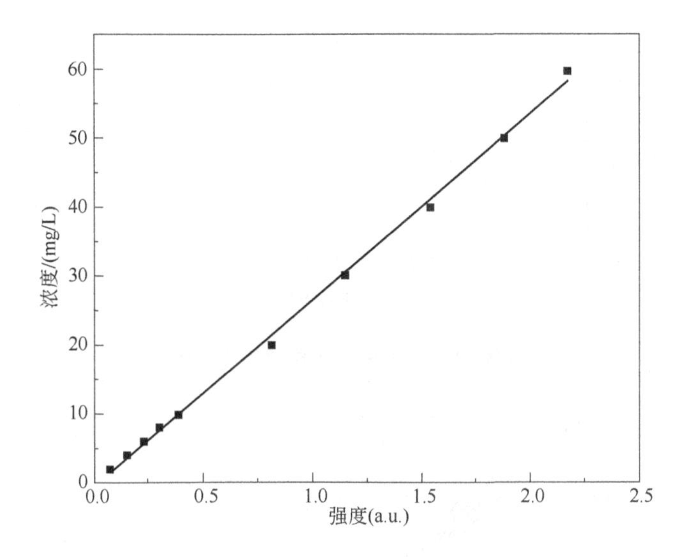

图 3-25 罗丹明 B 溶液标准曲线

（2）空白实验

① 罗丹明 B 染料的直接光解实验及 PW_{12} 对照实验

在罗丹明 B 染料的直接光解催化实验过程中，每间隔一定时间取样，并对其进行测试（图 3-26）。当光照一定时间后罗丹明 B 溶液的浓度基本不再发生变化。结果表明，在没有光催化剂存在的情况下，光照条件下罗丹明 B 也会发生一定程度的直接光解，但是光解程度较小，降解率仅达到 4.9% 左右。

② 催化剂吸附实验

在复合材料用量为 20 mg，pH 值为 6 条件下，50 mg/L 的罗丹明 B 染料进行暗光吸附实验，考察催化剂最终吸附量（图 3-27）。结果表明，120 min 吸附量与 30 min 吸附量相近，无明显增加，由此可以确定 30 min 时，复合材料即可达到饱和吸附。

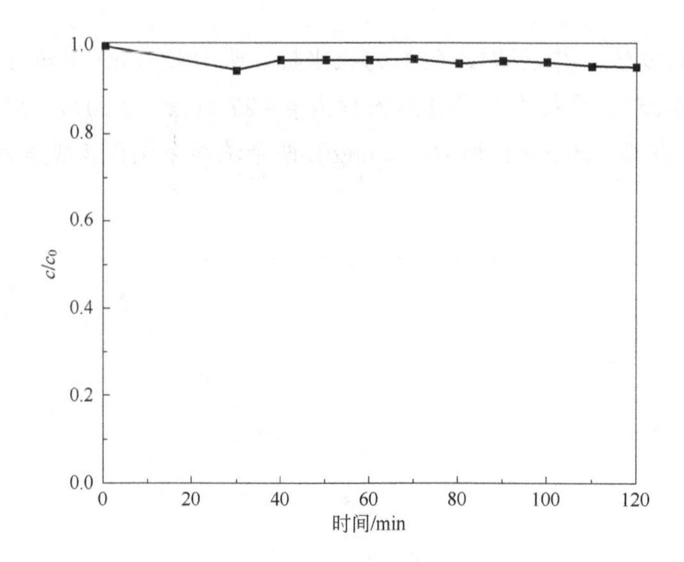

图 3-26　罗丹明 B 直接光解曲线

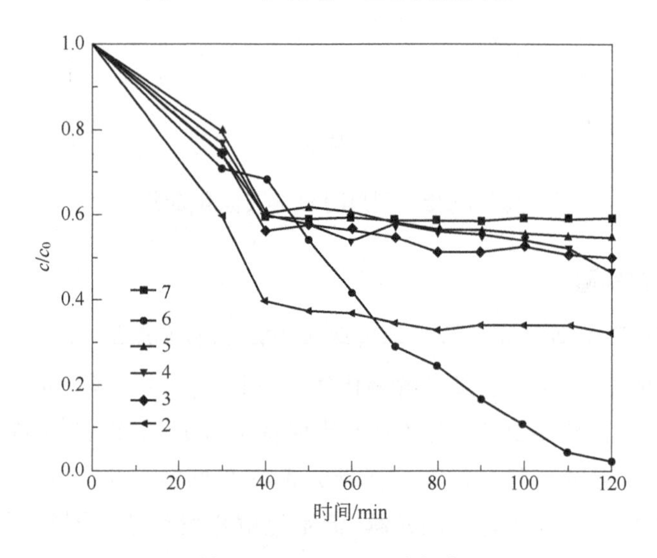

图 3-27　暗光吸附实验

（3）复合材料光催化对比

为了证明不同复合材料中独特的光生电子转移方式有利于实验在催化过程中的差异，设计了使用 PW_{12}、PW_{12}/4% Ag、PW_{12}/6% ZnO、PW_{12}/4% Ag/6% ZnO 单独进行对比实验（图 3-28）。结果表明，单独使用 PW_{12} 进行光催化时，最终光降解率为 43.5%，未能体现出很好的光催化性能。单独使用

PW_{12}/4%Ag 进行光催化时，最终光降解率为 97.72%。单独只使用 PW_{12}/6%ZnO 进行光催化，催化作用仍不明显，最终光降解率为 63.2%，同样未能体现出很好的光催化性能。而使用 PW_{12}/4%Ag/6%ZnO 复合材料进行光降解反应时，光降解作用明显，最终降解率达到 99.93%，体现出很好的光催化性能。对比以上实验数据结果表明，复合材料 PW_{12}/4%Ag/6%ZnO 的三元结构有利于光催化中载流子的转移，表现出明显的光催化活性。

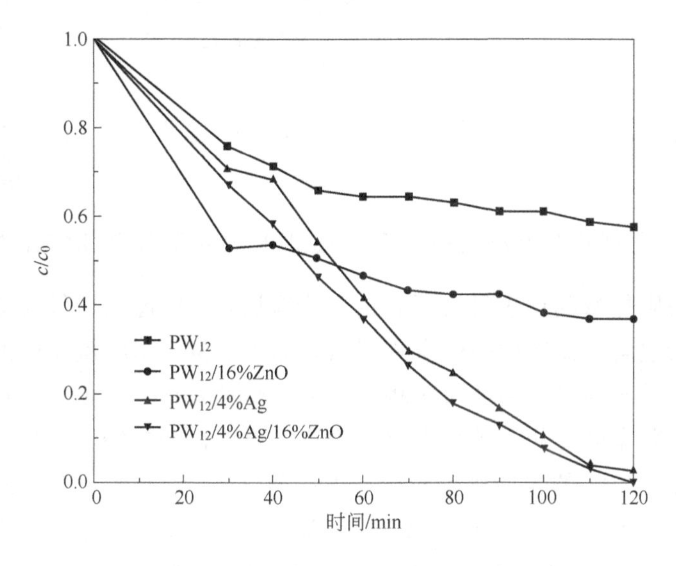

图 3-28 复合材料光催化对比

（4）光催化机理测试

① PW_{12}/ZnO 光催化机理测试

在反应体系中加入三乙醇胺，光催化掩蔽光生空穴条件时罗丹明 B 浓度随时间降解变化如图 3-29（a）所示。可以看出，复合材料 PW_{12}/ZnO 光催化作用几乎消失，仅体现 PW_{12}/ZnO 二元复合体系的吸附作用，吸附率为 26% 左右，表明光生空穴是该催化剂光催化反应的主要活性物种。将异丙醇加入罗丹明 B 染料中，光催化掩蔽˙OH 时罗丹明 B 浓度随时间降解变化如图 3-29（b）所示。复合材料 PW_{12}/ZnO 光催化性能同样无明显差异，最终的降解率为 63%，说明˙OH 不是该光催化过程的活性物种。在以对苯醌作为掩蔽剂掩蔽 O_2^{-}˙时，罗丹明 B 浓度随时间降解变化如图 3-29（c）所示。与未加入掩蔽剂相比，催化效率对比无明显差异，复合材料 PW_{12}/ZnO 光催化最终降解率约为 62%，表明 $O_2^{-•}$不是光催化降解罗丹明 B 的活性物种。综上所述，PW_{12}/ZnO 复合材料光催化性能测试中，三乙醇胺对光催化性能影响最大，光生空穴为本复合材料降解有机染料的主要活性物种。

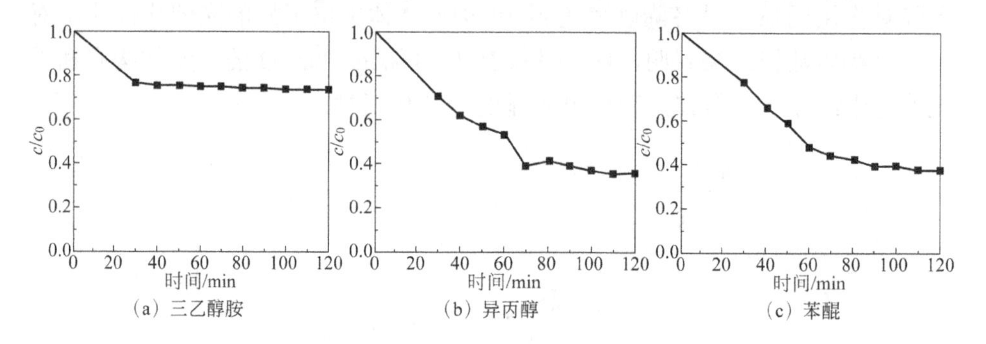

图 3-29　在 PW_{12}/ZnO 光催化体系中分别加入三种不同掩蔽剂的催化效果对比

通过带隙能量测试表征各材料的禁带宽度，在经过循环伏安测试表征各材料的导带位置。ZnO 循环伏安测试结果如图 3-30，图中氧化锌的导带位置为−0.28 V，这与常规材料的价带相似。通过上述两个实验可以确定 ZnO 的导带位置和带隙宽度，从而计算出价带位置，再结合杂多酸的数据可以得到复合材料 PW_{12}/ZnO 的光催化反应机理图（图 3-31）。首先，杂多酸与氧化锌被能量大小为 $h\upsilon$ 的光子照射后激发，杂多酸 POM 由基态变为激发态 POM^*，产生光生电子（e^-）和空穴（h^+）。其次，氧化锌受光激发同样产生电子和空

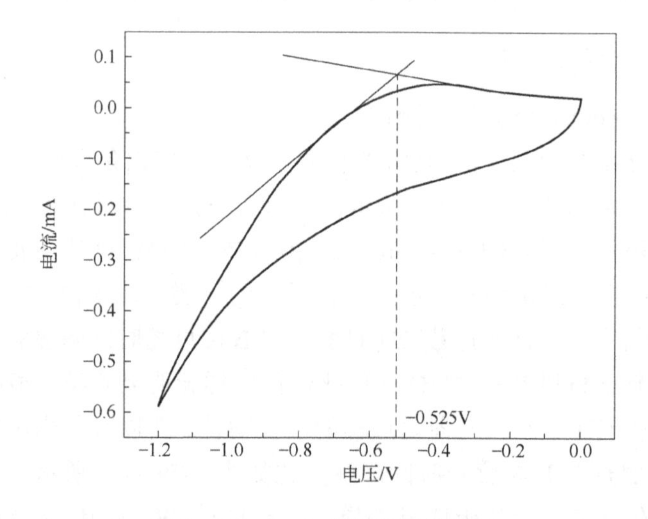

图 3-30　ZnO 循环伏安测试图

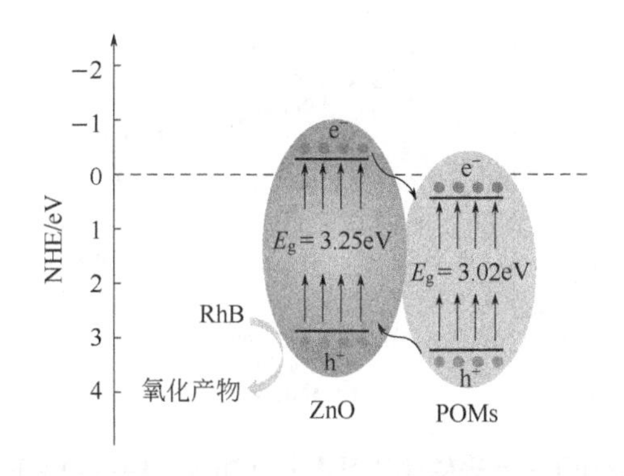

图 3-31　复合材料 PW_{12}/ZnO 的光催化反应机理图

穴，氧化锌上的光生电子迁移到杂多酸的导带位置，同时，杂多酸的光生空穴移动到氧化锌的价带位置，构成Ⅱ型催化剂。由于杂多酸导带位置高于超氧自由基的电极电势，所以无法产生超阳自由基。继而由光生空穴直接氧化有机污染物，降解染料。

② PW_{12}/Ag/ZnO 光催化机理测试

在三元复合体系 PW_{12}/Ag/ZnO 催化降解罗丹明 B 过程中，为进一步探讨其光催化机理，同样进行了活性物种掩蔽实验。首先，加入三乙醇胺掩蔽光生空穴时，罗丹明 B 浓度随时间变化如图 3-32（a）所示。可以看出，复合材料 PW_{12}/Ag/ZnO 光催化效率与未加掩蔽剂时基本相同，处理罗丹明 B 的量可达 99.31%，说明三乙醇胺对复合材料 PW_{12}/Ag/ZnO 光催化效率影响不大，此催化过程不是利用光生空穴降解有机污染物。其次，将异丙醇加入罗丹明 B 染料中掩蔽$^{\bullet}$OH 时，罗丹明 B 浓度随时间降解变化如图 3-32（b）所示。对比发现，复合材料 PW_{12}/Ag/ZnO 光催化降解罗丹明 B 效率大幅降低，对染料处理结果仅为 39.3%，所以异丙醇所掩蔽的$^{\bullet}$OH 在光催化过程中起到重要作用，羟基自由基为降解有机污染物的活性物质。最后，以对苯醌作为掩蔽剂时，罗丹明 B 浓度随时间降解变化如图 3-32（c）所示。光降解率与未加入掩蔽剂，未掩蔽 $O_2^{-\bullet}$时的光催化效率对比有所降低，但降低幅度相对较小，表明复合材料 PW_{12}/Ag/ZnO 光催化降解罗丹明 B 时，$O_2^{-\bullet}$是其活性物质，但不是复合材料 PW_{12}/Ag/ZnO 的主要活性物质。综上所述，在复合材料 PW_{12}/Ag 光催化性能测试中，羟基自由基对光催化性能影响最大，为本复合材料 PW_{12}/Ag 降解有机染料的主要活性物质。

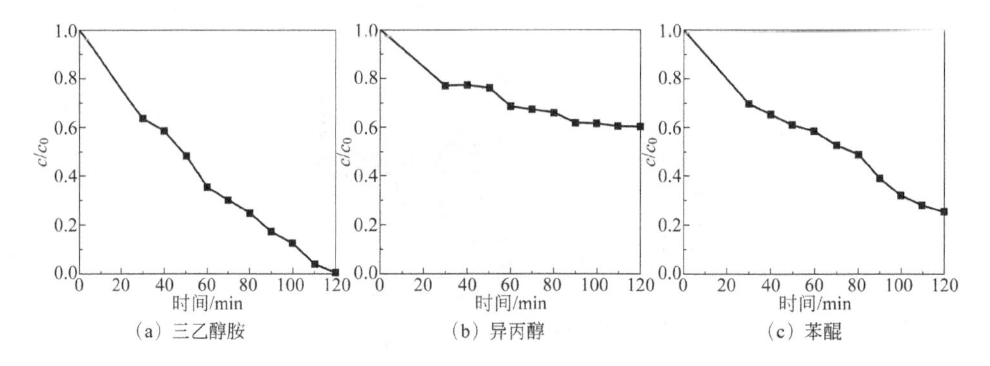

（a）三乙醇胺　（b）异丙醇　（c）苯醌

图 3-32　$PW_{12}/Ag/ZnO$ 三元光催化体系中分别加入三种不同掩蔽剂后的催化效果对比

结合紫外-可见吸收光谱、循环伏安测试和掩蔽剂实验结果绘制复合材料光催化机理图，如图 3-33 所示。可以清晰地看出，杂多酸 HOMO 位置在 3.36 V、LUMO 位置在 0.58 V、带隙宽度为 3.02 eV，ZnO 的价带位置为 2.97 V、导带位置为−0.28 V、带隙宽度为 3.25 eV。首先，当光照在复合材料 $PW_{12}/Ag/ZnO$ 表面，复合材料受到吸收光子能量被激发，变为激发态杂多酸 POM^*，杂多酸被激发后其电子由价带跃迁至导带位置，光生电子和光生空穴发生分离。同时，氧化锌受光激发也会产生光生电子和光生空穴，结合其电极电势分析，氧化锌上的光生电子移动到杂多酸的导带位置，最后在转移到银表面产生等离子共振，与氧气反应生成 $O_2^{-\bullet}$，部分 $O_2^{-\bullet}$ 可再与 H_2O 反应生成 $^\bullet OH$。电子转移的同时杂多酸的光生空穴随即移动到氧化锌的价带位置。光生空穴与氧化锌表面的水反应生成 $^\bullet OH$。反应生成的 $^\bullet OH$ 和未转化的 $O_2^{-\bullet}$ 依靠其强氧化能力共同作用将有机物氧化降解，分析复合材料 $PW_{12}/Ag/ZnO$ 在催化过程中的可能转化过程如图 3-33 所示。

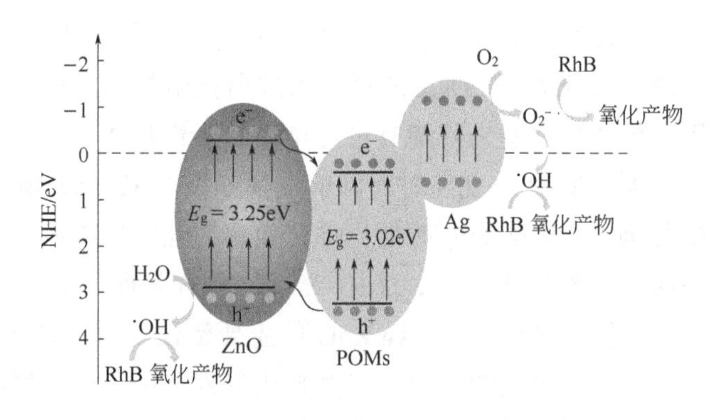

图 3-33　复合材料光催化机理图

可以得到羟基自由基机理反应式为：

$$POM \xrightarrow{h\upsilon} POM\ (h^+ + e^-)$$

$$POM\ (h^+ + e^-) + H_2O \longrightarrow POM\ (e^-) + {}^{\bullet}OH + H^+$$

$${}^{\bullet}OH + Org \longrightarrow \text{氧化产物}$$

$$POM\ (e^-) + O_2 \longrightarrow POM + O_2^{-\bullet}$$

$$O_2^{-\bullet} + H_2O \longrightarrow {}^{\bullet}OH$$

$${}^{\bullet}OH + Org \longrightarrow \text{氧化产物}$$

超氧自由基机理反应式为：

$$POM \xrightarrow{h\upsilon} POM\ (h^+ + e^-)$$

$$POM\ (e^-) + O_2 \longrightarrow POM + O_2^{-\bullet}$$

$$O_2^{-\bullet} + Org \longrightarrow \text{氧化产物}$$

（5）循环利用实验

通过 $PW_{12}/Ag/ZnO$ 复合材料催化循环稳定性实验评估该催化剂的稳定性。在 $PW_{12}/Ag/ZnO$ 用量为 0.2 g/L，溶液 pH 为 6 的光催化条件下，光催化降解浓度为 25 mg/L 的罗丹明 B 染料。将每次活化后的催化剂进行光催化降解，实验结果如图 3-34（a）所示。结果表明，$PW_{12}/Ag/ZnO$ 复合材料进行光催化循环实验过程中，降解率仍然略有降低，多次循环后，有机物的光催化降解率仍在 90%左右。

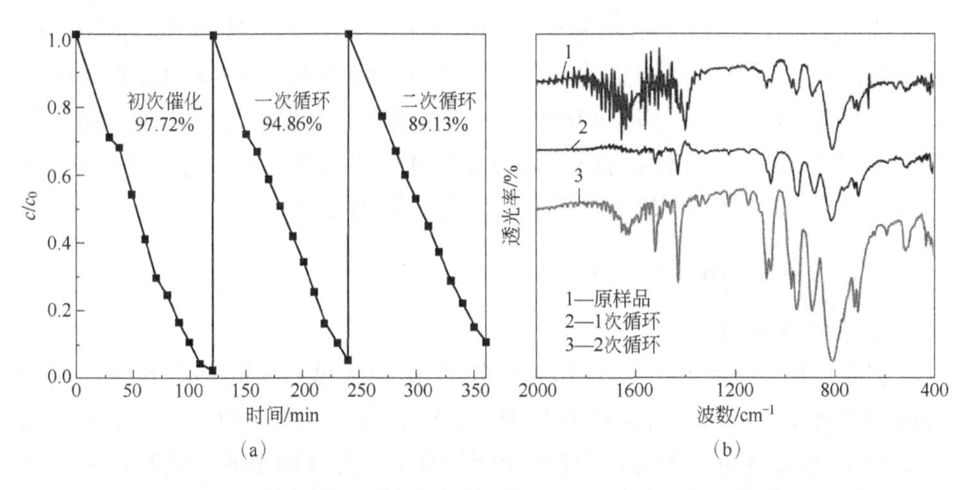

图 3-34 $PW_{12}/Ag/ZnO$ 循环实验图（a）和循环实验红外光谱图（b）

分别将催化前后的样品红外光谱图进行对比，观察其循环催化前后的结构变化情况。如图 3-34（b）所示，经过两次循环实验后，$PW_{12}/Ag/ZnO$ 复合材料的红外光谱吸收峰未发生改变，表明该催化剂结构未发生改变，仍保留完整的 Keggin 结构。综上所述，$PW_{12}/Ag/ZnO$ 复合材料具有良好的稳定性和催化循环能力。

3.3 $SiW_{12}/\alpha\text{-}Fe_2O_3$复合材料

通过分别合成纳米级杂多酸 SiW_{12} 和 $\alpha\text{-}Fe_2O_3$，并将两种材料进行复合，制备得到 $SiW_{12}/\alpha\text{-}Fe_2O_3$ 复合材料。通过光催化性能测试，证明该复合材料对一定浓度亚甲基蓝染料具有良好的光催化效果。复合材料催化循环实验证明，该复合材料在循环 3 次后仍能保持较高的催化活性。同时，通过掩蔽剂实验、电化学测试和多种谱学表征等对复合材料的光催化机理进行了系统的研究。

3.3.1 $SiW_{12}/\alpha\text{-}Fe_2O_3$的制备

（1）$\alpha\text{-}Fe_2O_3$ 的合成[11]

称取 $FeCl_3$ 2.67 mmol 溶解于 10 mL 水中，加入一定量的 NaH_2PO_4，待完全溶解后，再加入一定量的 Na_2SO_4，保持 NaH_2PO_4 与 Na_2SO_4 的比例为 1∶3.1。充分反应后，溶液呈亮黄色，将溶液转移至反应釜中，在 220℃条件下反应 48 h，得到红色悬浊液。离心分离并用去离子水和乙醇交替洗样后，将沉淀放入 50℃烘箱中烘干，得到红色固体即为 $\alpha\text{-}Fe_2O_3$。

（2）杂多酸 SiW_{12} 的合成

① $\beta_2\text{-}SiW_{11}$ 合成[12]

称取硅酸钠 5 mmol，溶于 10 mL 水中，记为 A 液，待用。称取 61.74 mmol 钨酸钠溶解于 30 mL 水中，记为 B 液。待 B 液完全溶解后加入一定浓度 HCl 16.5 mL，对溶液进行酸化，全部溶液在 10 min 内滴加完成。此时，加入 A 液并逐滴滴加盐酸保持 pH 保持在 5～6 之间。溶液在该 pH 值下反应 100 min

后，加入大量 KCl，直至产生白色固体沉淀，离心分离白色固体沉淀物，并用 1 mol/L KCl 溶液洗涤样品，得到纯 β_2-SiW_{11} 杂多酸。

② γ-SiW_{10} 合成[13]

取一定量 β_2-SiW_{11} 杂多酸溶解于 85 mL 水中，加入一定浓度的 K_2CO_3 溶液，将 pH 调节至 9.23 并持续反应一定时间。反应结束后加入 20 g KCl，缓慢搅拌至大量白色固体沉淀产生。离心分离洗样后，放入 50℃烘箱内干燥，收集粉末，得到 γ-SiW_{10} 杂多酸。

③ SiW_{12} 合成

称取 γ-SiW_{10} 0.75g，溶解于 10 mL 0.5 mol/L KCl 溶液中，滴加一定量的 HNO_3 溶液调节 pH 至 1。待溶液澄清后，加入硝酸钴 2.73 mmol，溶液变为红色，充分搅拌后，将溶液转移至反应釜中，180℃反应 24 h，待反应釜与炉温共同降至室温后，得到亮红色溶液。将溶液转移至烧杯中，放在阴凉处，大约 5 天之后产生了短棒状金色晶体。对晶体进行过滤分离，即为产物 SiW_{12}。

（3）复合材料 SiW_{12}/α-Fe_2O_3 的合成

称取 SiW_{12} 1.0 g，溶解于 10 mL 水中，加入 α-Fe_2O_3 0.03 g，充分搅拌混合。30 min 后，配制一定浓度的四丁基溴化铵水溶液，全部滴加完毕后持续反应 24 h，反应结束后，离心分离样品，并用去离子水和乙醇反复洗样，得到红色粉末状材料，放入 50℃烘箱中烘干，得到最终复合材料，产率 71%左右。

3.3.2 SiW_{12}/α-Fe_2O_3 复合材料的表征

杂多酸 SiW_{12} 的表征主要通过傅里叶变换红外光谱、X 射线晶体衍射、SEM 测试和紫外-可见吸收光谱进行。

（1）SiW_{12} 的表征

① 红外光谱表征

杂多酸的主要吸收峰集中在 1200 cm^{-1} 以下（图 3-35），1021 cm^{-1} 处可归属于 Si—O_a 反对称伸缩振动的特征吸收峰，974 cm^{-1} 为 W═O_d 的伸缩振动峰，912 cm^{-1} 和 880 cm^{-1} 是 W—O_b—W 的伸缩振动峰，790 cm^{-1} 是 W—O_c—W

的弯曲振动峰。通过与文献中数据进行对比，证明合成的最终产物为 Keggin 型 SiW_{12} 结构。

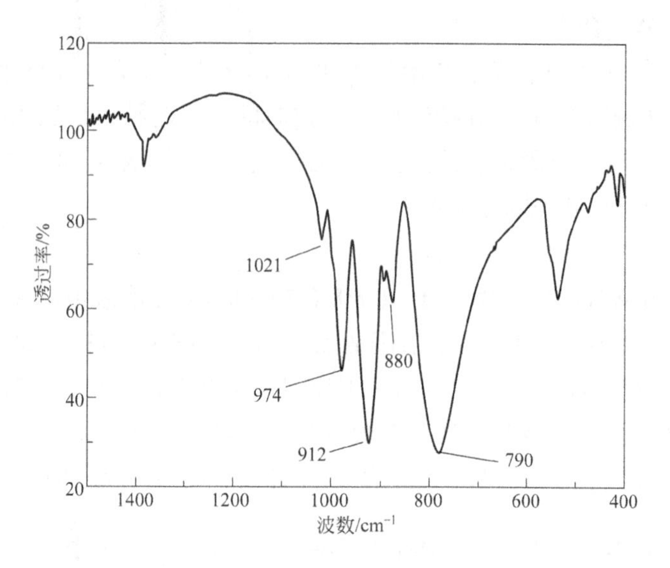

图 3-35 杂多酸 SiW_{12} 的红外光谱图

② X 射线单晶衍射

X 射线晶体学衍射结果表明，该 SiW_{12} 杂多化合物属于三方晶系，空间群为 *P*32，其簇阴离子结构如图 3-36 所示。簇阴离子为经典的 Keggin 结构，该化合物由 1 个硅氧四面体和 12 个钨氧八面体组成。其中杂原子 Si 位于核心，与周边的氧原子构成 Si—O 四面体结构。该 Si—O 四面体与邻近的十二个钨氧八面体共角连接，构成经典的 Keggin 结构。所有 Si—O 键的键长在 1.5146～1.7242Å，W—O 键的键长在 1.2350～2.4526Å 之间，其键长键角范围与已报道的经典 Keggin 结构相符合。

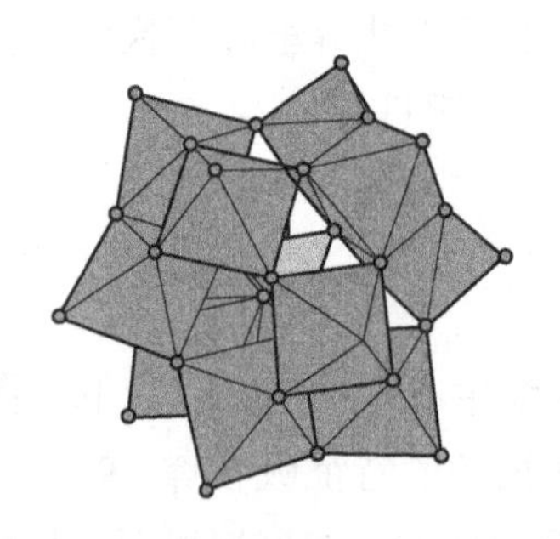

图 3-36 杂多酸离子的多面体图

③ SEM 测试

杂多酸的扫描电镜测试结果如图 3-37（a）所示，杂多酸呈现不规则的形貌。通过以硅片为基底的 mapping 扫描可见［图 3-37（b）～（d)]，与选取图对比，样品中 Si、W 元素相对集中在中心区且密度较大，结合 X 射线单晶衍射、XPS 等表征结果，证明了在该杂多酸主要元素为 Si 和 W 元素。

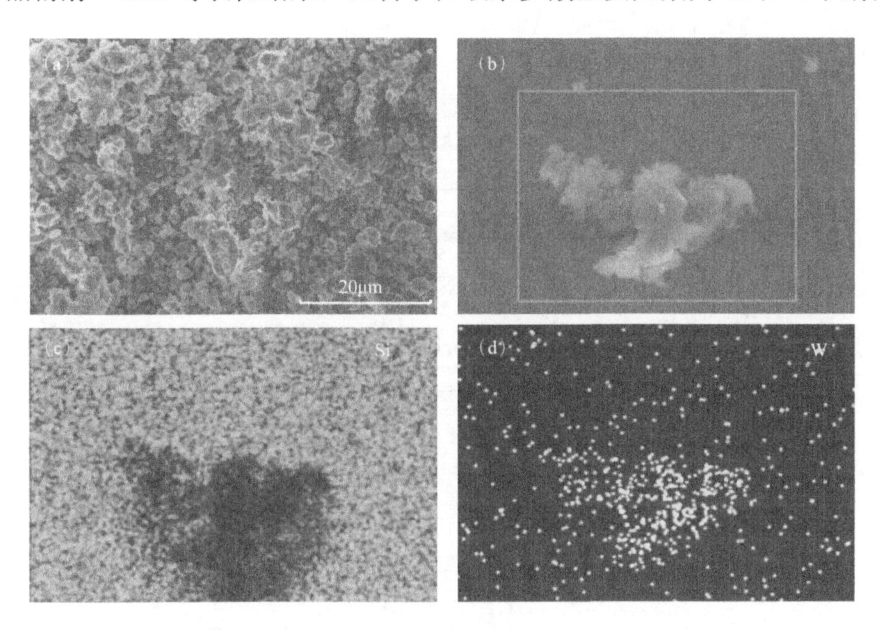

图 3-37　多金属氧酸盐 SEM 及 EDS 图

④ 紫外-可见吸收光谱表征

从紫外-可见吸收光谱测试结果（图 3-38）可以看出，该杂多酸主要吸收峰出现在 200～600 nm 区间内，当波长大于 400nm 时，吸收强度急剧下降。在 250 nm 处的吸收峰可以归属为 $O_t \rightarrow W$ 的 pπ-dπ 荷移跃迁产生的，340 nm 处的吸收峰可以归属为 $O_{b,c} \rightarrow W$ 的 pπ-dπ 荷移跃迁产生的[14]。

（2）α-Fe_2O_3 的表征

α-Fe_2O_3 的表征主要通过 X 射线粉末衍射、紫外-可见吸收光谱、扫描电子显微镜进行。由其 X 射线粉末衍射图（图 3-39）可以明显看出，X 射线衍射数据与标准卡片 PDF#99-0060 是完全对应的，该 α-Fe_2O_3 归属于三方晶系，167 号空间群。在图中共显现出 11 个晶面，其中（1 0 4）晶面、（1 1 0）晶面和（1 1 6）晶面的强度最强，这也与文献报道的相一致。

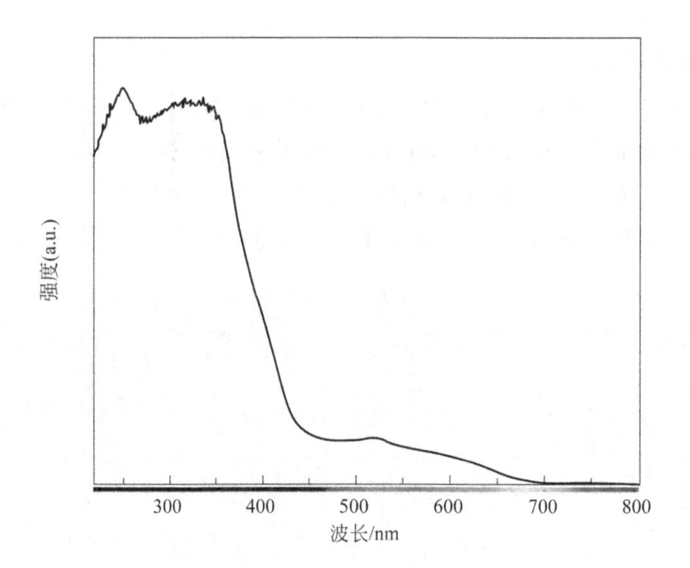

图 3-38　杂多酸 SiW_{12} 的紫外-可见吸收光谱图

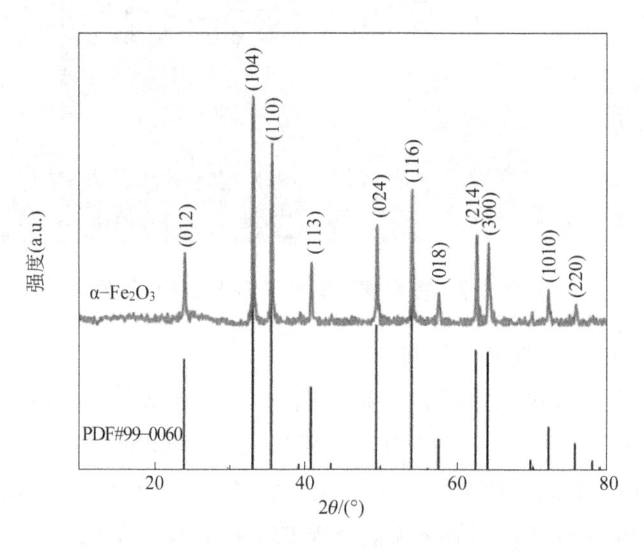

图 3-39　α-Fe_2O_3 的 X 射线粉末衍射图

由 α-Fe_2O_3 的紫外-可见吸收光谱图（图 3-40）可以发现，其吸收范围在从紫外区至可见光区约 550 nm 处仍可以保持较高的吸收强度。众所周知，200～400 nm 为紫外光区，而 400 nm 以上为可见光区，该 α-Fe_2O_3 可以成功地将光吸收范围扩大到可见光范围，其带边可以覆盖整个可见光区，极大地提高了光催化过程中太阳光的利用率。将图 3-40（a）中的紫外-可见吸收光谱图数据通过 Kubelka-Munk 方程进行计算，得到图 3-40（b）的带隙能量图。图中 α-Fe_2O_3 的带隙宽度为 2.03 eV，与计算所得的 2.067 eV 基本相同[15]。

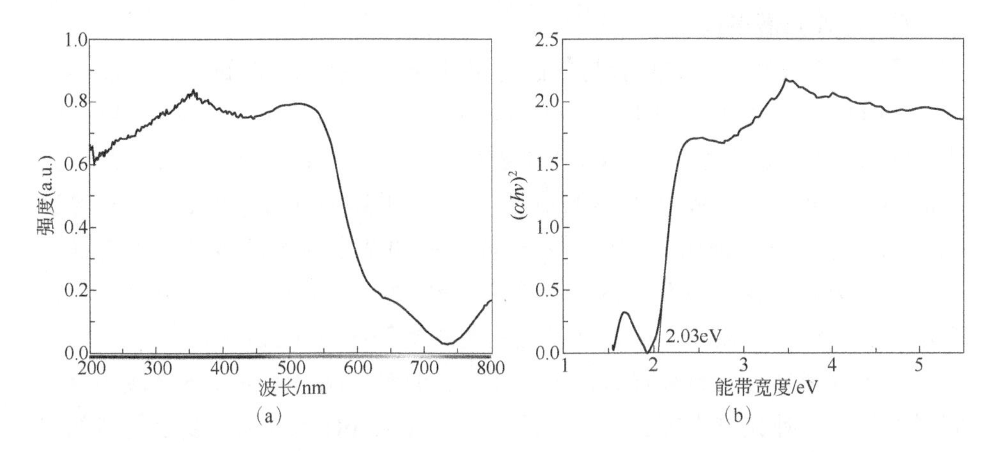

图 3-40　α-Fe_2O_3的紫外-可见吸收光谱图（a）和带隙能量图（b）

α-Fe_2O_3 的扫描电子显微镜测试结果如图 3-41 所示。图中可见 α-Fe_2O_3 呈环形结构，且分散均匀，孔径与边界较为清晰，该纳米环的长度约为 150 nm 左右，其中环的内孔径为 50～100 nm，环的壁厚约为 25～50 nm，尺寸均一，分散性好，表面光滑。

图 3-41　α-Fe_2O_3的扫描电子显微镜图

（3）复合材料 SiW_{12}/Fe_2O_3 的表征

复合材料 SiW_{12}/Fe_2O_3 的表征主要通过傅里叶变换红外光谱、X 射线粉末衍射、紫外-可见吸收光谱、X 射线电子能谱、扫描电子显微镜、电化学交流阻抗等进行。

① 红外光谱表征

不同 pH 条件下合成复合材料的傅里叶变换红外光谱测试结果如图 3-42 所示。1021 cm^{-1} 处可归属于 Si—O_a 反对称伸缩振动的特征吸收峰，974 cm^{-1} 为 W═O_d 的伸缩振动峰，912 cm^{-1} 和 880 cm^{-1} 是 W—O_b—W 的伸缩振动峰，790 cm^{-1} 是 W—O_c—W 的弯曲振动峰。该图与前述的 SiW_{12} 杂多酸红外光谱图出峰位置一致，证明在复合材料合成过程中杂多酸的基本结构没有被改变，没有因为负载实验而破坏杂多酸的结构。由于 α-Fe_2O_3 在红外光谱中没有特征吸收峰，所以通过红外光谱无法判断是否存在 α-Fe_2O_3。

为了探索复合材料最佳合成 pH 值，我们对不同 pH 条件下合成的复合材料进行了红外光谱表征。图中可见，pH 为 6 和 pH 为 7 时，复合材料的红外光谱图皆出现了相同的吸收峰，证明该条件下复合材料均能成功合成。而在 pH = 8 的条件下，由于碱性条件存在，杂多酸的红外出峰已经发生变化，杂多酸的结构本身被破坏。因此复合材料的最佳合成条件是 pH 为 6 和 7，本实验采用 pH 为 7 条件进行合成。

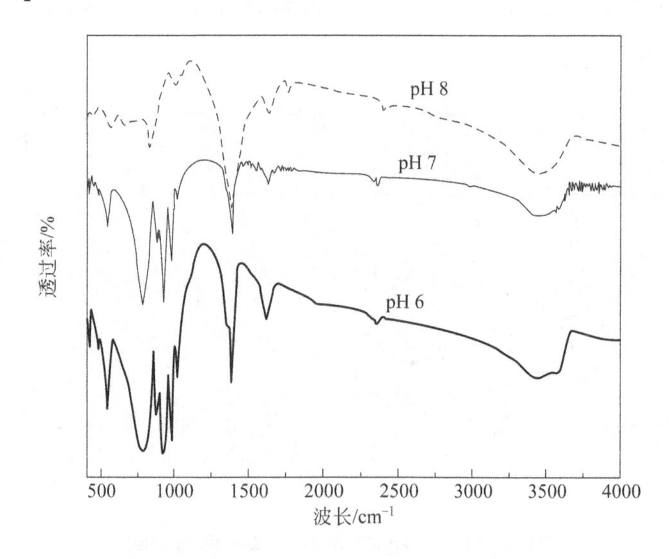

图 3-42　不同 pH 条件下合成复合材料的傅里叶变换红外光谱图

② XRD 测试

由复合材料的 XRD 图谱（图 3-43 和图 3-44）可见，由于杂多酸没有标准 PDF 卡片可以对比，所以通过 XRD 测试仅能证明杂多酸为晶体结构，而对比复合材料的数据图与杂多酸的数据图可以看出，两个图形之间没有明显差别，衍射峰位置和强度基本保持一致，这是因为复合材料中的 α-Fe_2O_3 仅占 3%左右，由于杂多酸的衍射峰过强，掩蔽了部分 α-Fe_2O_3 的衍射峰，但依然可以判断复合材料中的 α-Fe_2O_3 结构未发生变化（*为 α-Fe_2O_3 峰位置）。

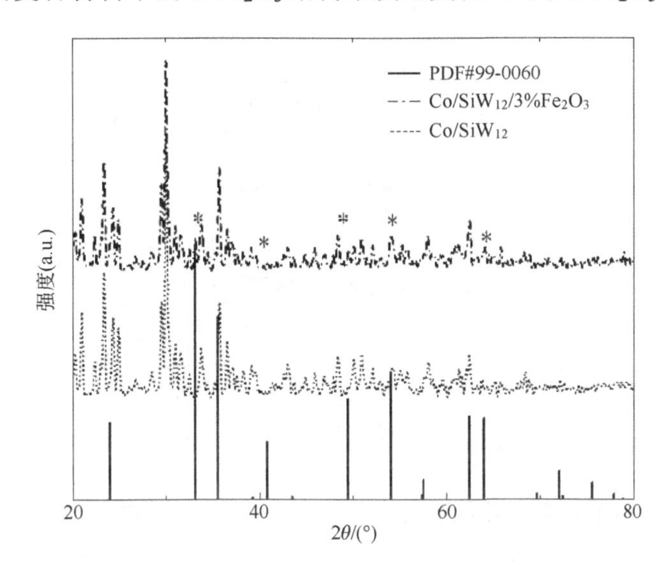

图 3-43 复合材料的 X 射线粉末衍射图

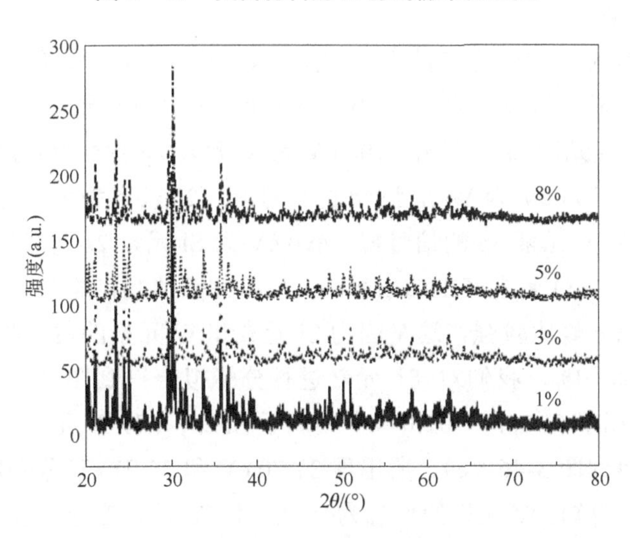

图 3-44 不同 α-Fe_2O_3 比例的复合材料 XRD 图

加入不同浓度 α-Fe_2O_3 复合材料的 XRD 测试结果如图 3-44 所示，所有材料的衍射峰主峰几乎相同，在复合材料中，由于杂多酸的含量远高于 α-Fe_2O_3，故在复合材料的 XRD 衍射图中，α-Fe_2O_3 所产生的峰强度变化并不是很大，但是通过样品的表观颜色足以判断复合材料中的 α-Fe_2O_3 含量是增加的（图 3-45）。

图 3-45 不同浓度 α-Fe_2O_3 条件下复合材料样品图

A—1% α-Fe_2O_3；B—3% α-Fe_2O_3；C—5% α-Fe_2O_3；D—8% α-Fe_2O_3

③ XPS 测试

复合材料的 X 射线电子能谱图如图 3-46 所示，由 X 射线电子能谱全谱图［图 3-46（a）］可以看出，Si、W、Fe 元素皆可以找到其信号峰。其中，151.05 eV 为 Si 元素 2s 信号峰，100 eV 为 Si 元素 2p 信号峰；32 eV 为 W 元素 4f 信号峰，244 eV 为 W 元素 4d 的信号峰，256 eV 为 W 元素 4d 的信号峰，423 eV 为 W 元素 4p 的信号峰，490 eV 为 Si 元素 2s 信号峰；其余峰分别为 Fe、C、N、O 元素产生的信号峰。值得注意的是，能谱中 Si 元素和 W 元素产生的信号峰比较强，这是因为 Si 元素和 W 元素的占比相对较大。为了显示得更加清晰，我们对 Si 元素进行分峰拟合得到图 3-46（b），其中 102.71 eV 归属于 Si $2p_{1/2}$, 102.04 eV 归属于 Si $2p_{3/2}$；对 W 元素的信号峰进行拟合处理，得到图 3-46（c），所出现 37.70 eV 和 35.91 eV 分别归属于 W 2p 和 W 4f，可以得知，W 元素的价态为+6 价；对 Fe 元素信号峰进行分峰拟合，得到图 3-46（d）。其中 725.27 eV 为 Fe $2p_{1/2}$，711.68 eV 为 Fe $2p_{3/2}$。

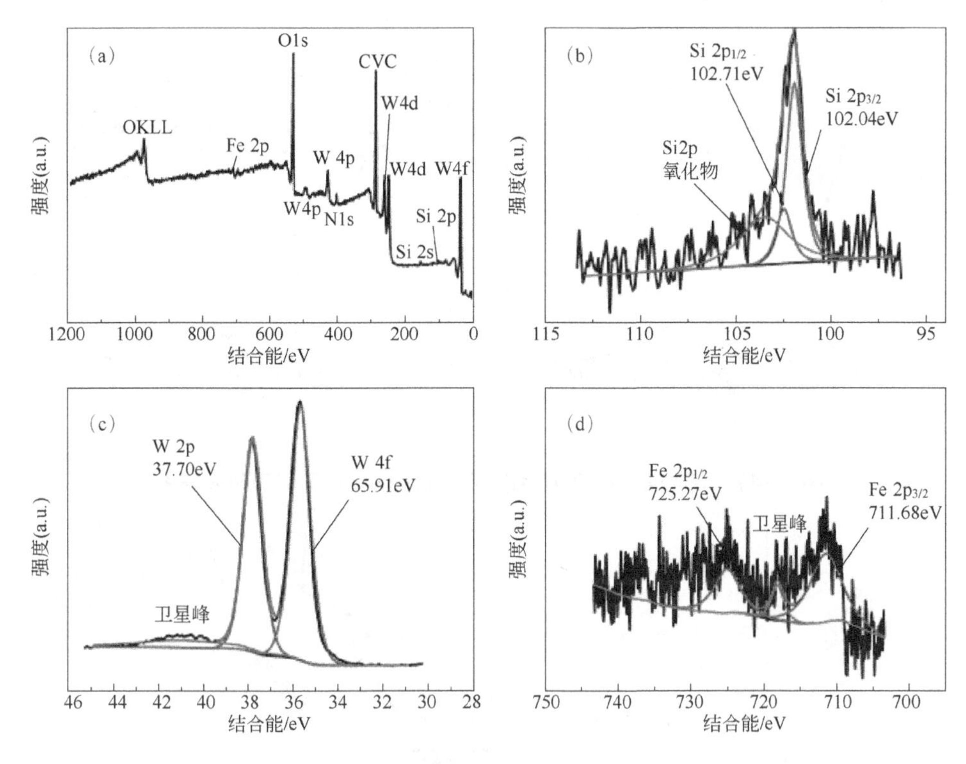

图 3-46　复合材料的 X 射线电子能谱图

④ 复合材料紫外-可见吸收光谱表征

不同 α-Fe_2O_3 比例的复合材料紫外-可见吸收光谱如图 3-47 所示。图 3-47（a）中复合材料的紫外-可见光谱图在 200～400 nm 范围内的吸收主要是由杂多酸产生的，最高可以吸收至紫外光，由于与 α-Fe_2O_3 复合的原因，光谱数据整体发生蓝移，在 275 nm 处的吸收峰可以归属为 $O_{b,c}\rightarrow W$ 的 pπ-dπ 荷移跃迁产生。与 α-Fe_2O_3 复合后，光吸收范围被扩展至黄绿光区，此处的出峰位置也与纯 α-Fe_2O_3 的出峰位置一致，证明在复合过程中 α-Fe_2O_3 稳定存在。图 3-47（b）为不同 α-Fe_2O_3 含量复合材料的紫外-可见吸收光谱图，展示出复合材料对光的良好吸收能力。图中加入 8% α-Fe_2O_3 与加入 1% α-Fe_2O_3 组，其复合材料吸收范围没有变化，因此判断复合材料中纳米 α-Fe_2O_3 的负载量对光吸收范围没有明显影响。

⑤ 复合材料电化学交流阻抗测试

α-Fe_2O_3 配比为 1%、3%、5%、8%、10%条件下复合材料的电化学交流阻抗测试结果如图 3-48 所示。在 EIS-Nyquist 图上的圆弧半径大小反映在电

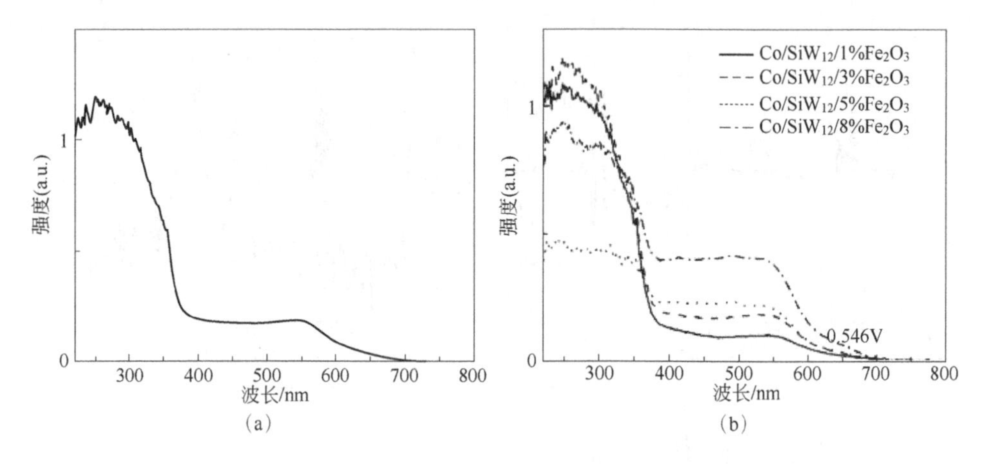

图 3-47　不同 α-Fe_2O_3比例复合材料的紫外-可见吸收光谱图

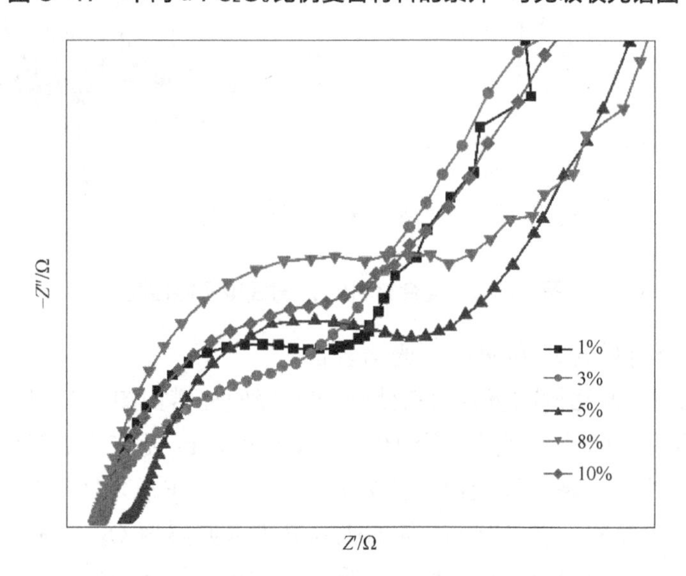

图 3-48　不同 α-Fe_2O_3配比复合材料的电化学交流阻抗图

极表面的反应速率快慢，较小半圆对应于低电荷转移电阻（R_{ct}）[10]。基于此可以判断出在 α-Fe_2O_3 含量为 3%时，复合材料的 R_{ct} 最低。α-Fe_2O_3 配比为 1%时的 R_{ct} 比 3%时大，这主要是因为 α-Fe_2O_3 含量过低，在与杂多酸进行电子转移过程中电子移动距离过长，所以其电阻相对较大。而 α-Fe_2O_3 占比 5%、8%、10%组，由于纳米材料含量的提高，导致 α-Fe_2O_3 之间相对距离减小，部分区域的杂多酸与纳米材料之间产生微弱的静电屏蔽作用，从而提高了复合材料电荷转移过程的阻力。静电屏蔽作用会根据纳米材料负载量的增大而增大，极限情况下会使复合材料失去光催化性能。所以，通过电化学阻抗测试证明含有 3% α-Fe_2O_3 组最好。

电化学阻抗测试数据图及模拟电路分析结果如图 3-49 所示。其中，图 3-49（a）为在湿磨条件下杂多酸和纳米三氧化二铁的电化学阻抗图。从曲线的趋势可以看出，拐点处的电阻接近 4000 Ω，这证明晶胞内电阻和晶界电阻较大。图 3-49（b）是在四丁基溴化铵取代钾离子条件下合成的复合材料。在此图中可以看出，阻抗曲线的拐点约为 350 Ω，其环形尺寸明显小于湿磨条件下的环形尺寸，证明四丁基溴化铵在整个反应过程中起到了破除晶界电阻、将两个晶胞连通的作用，通过该作用可以极大地减少杂多酸与 α-Fe_2O_3 之间电子转移的阻力，从而提高其光催化性能。为进一步解释两种材料的电子传递性能，我们对整个过程进行了模拟，通过电化学元件的阻抗来表示晶胞内外的阻抗大小。模拟结果表明，湿磨条件下材料的晶胞内阻和晶界电阻分别为 561.7 Ω 和 286.3 Ω。图 3-49（b）复合材料的晶胞内阻和晶界电阻分别为 157.5 Ω 和 26.65 Ω。显然，通过四丁基溴化铵复合的材料具有较低的晶胞内阻和晶界电阻。在光生电子转移过程中，与湿法研磨相比，四丁基溴化铵所消耗的能量更少，这样可使更多的电子参与反应。因此，在这种条件下合成的复合材料更有利于光催化的进行。

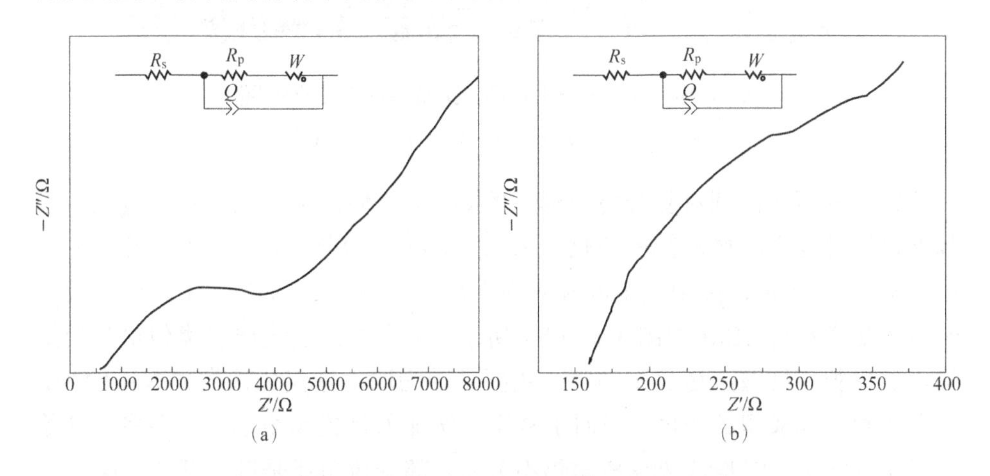

图 3-49　电化学阻抗测试数据图及模拟电路图

⑥ 扫描电子显微镜测试

将不同浓度的 α-Fe_2O_3 加入多金属氧酸盐中，得到 α-Fe_2O_3 占比为 1%、3%、5%、8%的复合材料，通过扫描电子显微镜测试，得到相应的 SEM 图

（图 3-50）。从图中可以看出，图（a）中 α-Fe_2O_3 含量最低，几乎看不到纳米铁环的存在，图（b）、（c）、（d）则呈现出纳米铁环逐渐增多的趋势，证明在加入不同比例的 α-Fe_2O_3 后，复合材料电镜图中会有明显的差别。同时可以看出杂多酸在上述 4 个 SEM 图中皆为块状结构，说明在加入不同浓度的 α-Fe_2O_3 时杂多酸的结构不会发生改变。

图 3-50　不同比例 α-Fe_2O_3 复合材料 SEM 图

α-Fe_2O_3 占比：（a）1%；（b）3%；（c）5%；（d）8%

针对表面活性剂对复合材料形貌的影响，我们探讨了加入不同量的四丁基溴化铵时复合材料形貌的变化。未加入四丁基溴化铵的杂多酸 SEM 图如图 3-51（a）所示，图中杂多酸没有固定形貌。加入 2.5 mL 四丁基溴化铵水溶液的复合材料 SEM 如图 3-51（b）所示，杂多酸已经出现了类似块状的结构，但形貌不规整，边界不清晰，主要是因为四丁基溴化铵的加入量较少，没有达到全部成型的浓度。当四丁基溴化铵加入量提高至 5mL，杂多酸开始出现块状结构，但是其边缘棱角仍不分明，部分棱角还是圆角状态［图 3-51（c）］。当加入 10 mL 的四丁基溴化铵水溶液时［图 3-51（d）］，杂多酸已经出现了形貌均一、分散性好、规则的长条块状结构，棱角分明。同时，环状 Fe_2O_3 亦清晰可见，均匀分布于体系中。因此，复合材料最佳合成条件选择在加入 10 mL 四丁基溴化铵水溶液条件下合成。

综上所述，复合材料 SiW_{12}/Fe_2O_3 的最佳合成条件为 pH = 7，四丁基溴化铵水溶液用量 10 mL，Fe_2O_3 配比 3%。本章中光催化使用的复合材料皆在该条件下合成的。

图 3-51　不同四丁基溴化铵含量的复合材料 SEM 图

四丁基溴化铵含量：(a) 0；(b) 2.5mL；(c) 5mL；(d) 10mL

3.3.3　$SiW_{12}/\alpha\text{-}Fe_2O_3$ 复合材料的光催化性能

复合材料的光催化性能与 pH 值、染料初始浓度、矿化度等条件有关，因此，我们针对上述内容进行了单因素实验，同时对复合材料的循环实验和光催化机理进行了研究。

(1) pH 值对光催化的影响

对于 pH 值对光催化的影响实验，我们设计了 pH 为 1、2、3、4、5、6、7 的 7 组平行实验。复合材料在不同 pH 值下的光催化分解亚甲基蓝性能及不同 pH 条件下光催化分解亚甲基蓝速率分析如图 3-52 所示。亚甲基蓝的光催化速率在不同的 pH 值下呈现出不同的变化趋势。在 pH 为 1 时，最终的光催化降解率为 84.5%，而在 pH 为 2 时，最终的光催化降解率为 87.5%。这是因为在光催化过程中，较低的 pH 值使杂多酸产生不利影响，过量的氢离子浓度会影响杂多酸的催化效果，因此在 pH 值较低的条件下催化性能不能充分发挥。在 pH 为 1 和 2 的条件下，暗光吸附率分别为 19.3%和 20.9%，可见较低的 pH 值会同时影响催化剂的暗光吸附效果和光催化效果。在所有吸附数据中，可以清楚地看到，在 pH 3～7 条件下暗光吸附相对稳定，主要集中在 35%～40%的区间内。这表明当 pH 大于 2 时，氢离子的存在不会继续对杂多酸的结构造成影响，因此杂多酸的暗光吸附趋于稳定。在 pH 为 3、4、5、6、7 的条件下，亚甲基蓝的最终光催化降解率为 92%、95%、97.1%、96.7%。光催化效率随 pH 值的增加而增加，但是在 pH 为 7 时，光催化效果低于 pH 为 6 时，这是因为在光催化过程中，完全没有氢离子的情况下也是不利的。因此，在光催化过程中需要一些氢离子来提高复合材料的催化性能。同时，我们使用 α-Fe_2O_3 进行催化对照实验，结果表明，单独使用 α-Fe_2O_3 时吸附率为 6%，最终光解率为 10.2%，未能体现出很好的光催化性能。而在不加任何催化剂，仅在光照条件下亚甲基蓝不发生分解。根据以上实验结果可以看出，复合材料的二元结构有利于光催化中光生载流子的转移，从而提高材料的光催化性能。从不同 pH 条件下的光催化速率图可以明显地看出，pH 为 6 条件下光催化分解速率远高于其余组，这可能是因为该 pH 条件下，适量的 H^+可以促进复合材料中载流子的传输，而 pH 为 7 和 pH 为 5 条件下，过高或过低的 H^+浓度都会抑制载流子的迁移，从而不利于催化反应的进行。

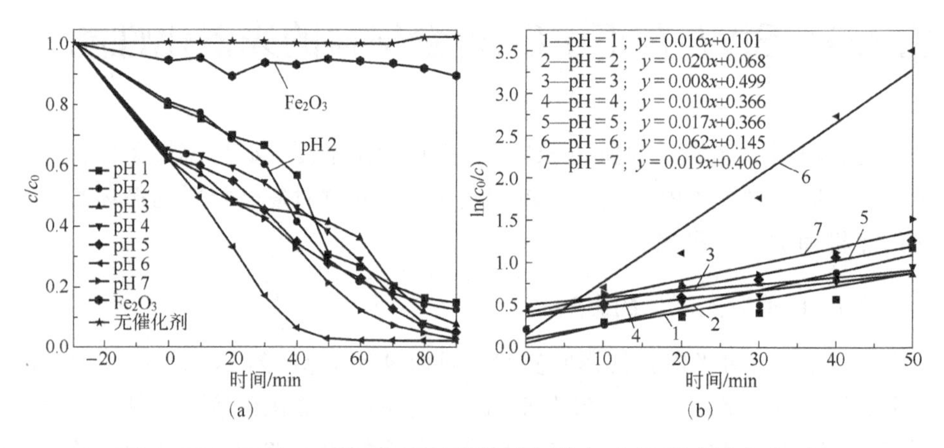

图 3-52　不同 pH 值下亚甲基蓝降解率图（a）及反应速率（b）

通过紫外-可见吸收光谱对催化效果的表征过程中，我们选择具有最佳催化效果的实验组进行测试，即 pH 为 6 的实验组（图 3-53）。从图中可以清晰地看出，亚甲基蓝的紫外-可见吸收光谱数据随着时间的推移持续降低，证明亚甲基蓝的浓度在该光催化条件下持续降低，即亚甲基蓝逐渐分解。值得注意的是，在 pH 为 6 条件下，相同时间间隔内亚甲基蓝在光催化过程中的降解几乎相等，也就是说，亚甲基蓝均匀分解而没有突然下降，这也反映了在光催化过程中复合材料对亚甲基蓝的分解是稳定的，说明复合材料的光催化性能稳定。至光催化结束时，最终分解了约 95%的亚甲基蓝，这也与 721 分光光度法测定的结果基本相同。

综上所述，该复合材料在 pH 为 6 时具有较强的光催化分解能力，因而该复合材料光催化的最优条件为 pH = 6。

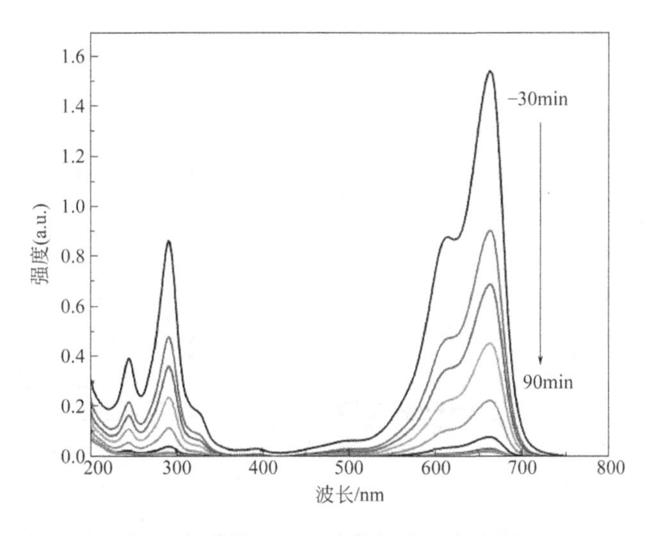

图 3-53　pH 为 6 条件下复合材料分解亚甲基蓝紫外-可见吸收光谱

（2）亚甲基蓝初始浓度对光催化性能的影响

当亚甲基蓝浓度分别为 5 mg/L、10 mg/L、15 mg/L、20 mg/L 时，光催化分解数据显示出明显的不同（图 3-54）。亚甲基蓝的暗光吸附效率和光催化效率在 20 mg/L 时均表现较差，这是因为亚甲基蓝浓度太高，超过了其光催化剂处理极限。在 15 mg/L 亚甲基蓝时，吸附和光催化数据好于 20 mg/L，约 84%的亚甲基蓝被光催化分解。值得注意的是，当光催化进行了 20%之后，15 mg/L 亚甲基蓝的光催化效率显著增加，并最终趋于平缓。通过对比分析，该复合材料适用于 15 mg/L 及更低浓度的亚甲基蓝进行光催化实验。10 mg/L 和 5 mg/L 亚甲基蓝的吸附率接近 40%，光催化分解的最终终点相似，但可以清楚地看出，5 mg/L 亚甲基蓝的光催化率明显高于 10 mg/L 组。因此可以得知，当亚甲基蓝浓度较低时，更有利于复合材料进行光催化。

从图 3-54（a）对比结果发现，当亚甲基蓝初始浓度为 5 mg/L 和 10 mg/L 时，光催化反应初期亚甲基蓝浓度变化趋势为 5 mg/L 组大于 10 mg/L 组，随着催化反应的进行，5 mg/L 组催化速率逐渐下降，最终与 10 mg/L 组速率趋于一致。反应速率拟合结果如图 3-54（b）所示，拟合后的催化速率 5 mg/L 为 0.060，而 10 mg/L 为 0.062，略微大于初始浓度为 5 mg/L 组。这也证明了该催化剂可以有效地催化分解该浓度下的亚甲基蓝溶液。而随着亚甲基蓝初始浓度的增大，光催化速率也随之下降，当亚甲基蓝初始浓度为 20 mg/L 时，分解速率极低。

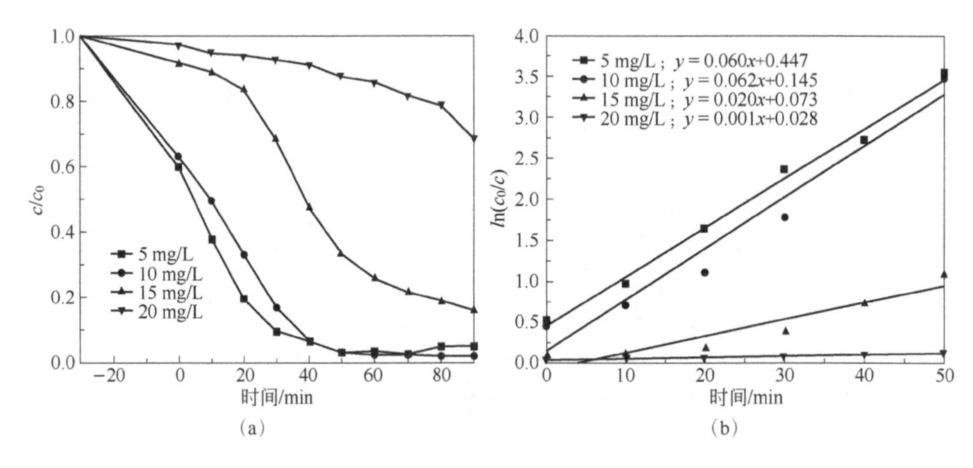

图 3-54　pH 为 6 时不同亚甲基蓝浓度条件下浓度变化曲线（a）及反应速率（b）

（3）氯离子浓度对光催化性能的影响

pH 为 6 时复合材料在不同氯离子（Cl^-）浓度条件下的光催化效率及 pH 为 6 时复合材料催化速率如图 3-55 所示。图 3-55（a）为在不同 Cl^-浓度条件下亚甲基蓝的光催化过程，当溶液中 NaCl 浓度达到 1000 mg/L 时亚甲基蓝的分解效率最低，为 82%。当 NaCl 浓度达到 7000 mg/L 时，光催化最终可分解 94.98%的亚甲基蓝，这与去离子水中分解亚甲基蓝的最终结果 97.1% 十分相似。这种趋势的主要原因是溶液中的氯离子导致的。

$$Cl^- + OH^\bullet \longrightarrow Cl^\bullet + OH^-$$

$$Cl^\bullet + Cl^\bullet \longrightarrow Cl_2$$

在溶液中氯离子含量较低时，氯离子与自由基发生反应，生成氯自由基和氢氧根负离子。氯自由基进一步和有机物之间发生加成或取代反应，因此降低了光催化效率。随着溶液中 NaCl 浓度增大，氯自由基的浓度也不断增大，氯自由基之间碰撞的概率升高。氯自由基碰撞后发生耦合反应生成氯气，氯气具有一定的氧化能力，从而使体系的催化能力提高。

图 3-55（b）在不同 NaCl 浓度条件下，光催化分解亚甲基蓝速率几乎保持一致，在催化反应进行 50 min 之内，分解速率最高的为矿化度 3000 mg/L 组，分解速率最低的为 NaCl 浓度 500 mg/L 组。单独对光催化 40～50 min 期间进行分析发现，这几组的光催化分解速率为 7000 mg/L>5000 mg/L>3000 mg/L>500 mg/L>1000 mg/L，该结果也与光催化分解最终结果基本相同。

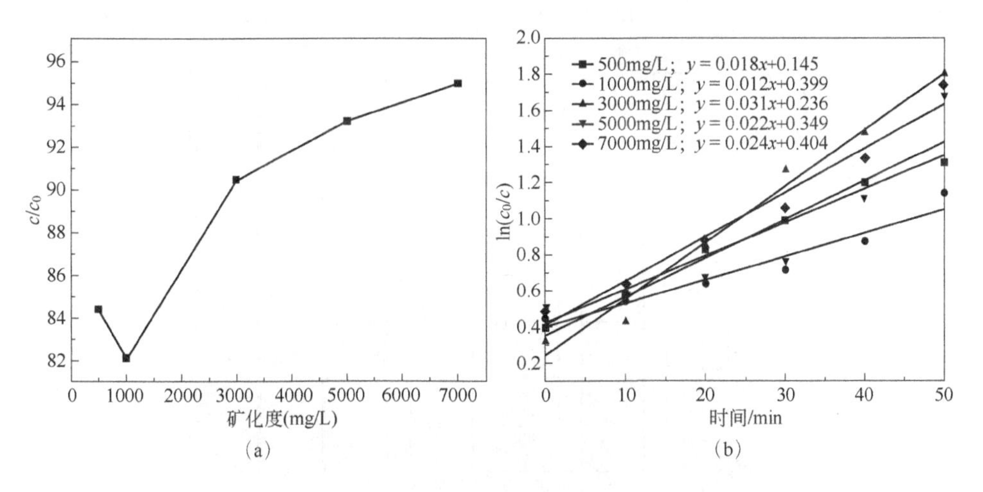

图 3-55　pH 为 6 时复合材料在不同 NaCl 浓度下的光催化过程（a）及反应速率图（b）

（4）复合材料光催化循环实验

光催化循环实验是判断光催化剂性能是否稳定的重要因素，而光催化循环中至关重要的实验步骤就是对已经进行完光催化的复合材料进行活化，使其恢复或部分恢复光催化性能，从而延长材料的使用时间和使用频率。为了能够选择更合理的活化方式，我们对进行过光催化的复合材料进行了 X 射线电子能谱测试，发现主要元素的结合能发生了微弱的变化。因此得知在经过光催化反应后，复合材料中部分杂多酸价态发生了变化，一部分被还原为杂多蓝。基于此，我们通过不同的方法进行了活化，并对活化效果进行了对比。

对于复合材料的活化，我们分别进行了 5 组对比试验。①直接采用未进行活化的复合材料进行光催化实验，结果暗光吸附为 25.2%，最终光催化为 43.9%；②通过乙醇进行活化，活化后暗光吸附为 36.6%，最终光催化为 59%；③使用乙醇和水进行活化，活化结果为暗光吸附 37%，最终光催化为 47.7%；④采用乙醇、水和紫外光辐照协同进行活化，暗光吸附为 39.8%，最终光催化为 62.9%。上述四种活化方法均不够理想。最终，我们使用将待活化复合材料直接装入管式炉中并在 450℃下灼烧 3 h 的方法进行活化。该活化方法可以将催化剂重新氧化为杂多酸。循环实验中复合材料的光催化活性分别为 93.7%和 91.6%，接近原始复合材料的光催化活性。同时，证明复合材料的光催化稳定性很高，如图 3-56 所示。

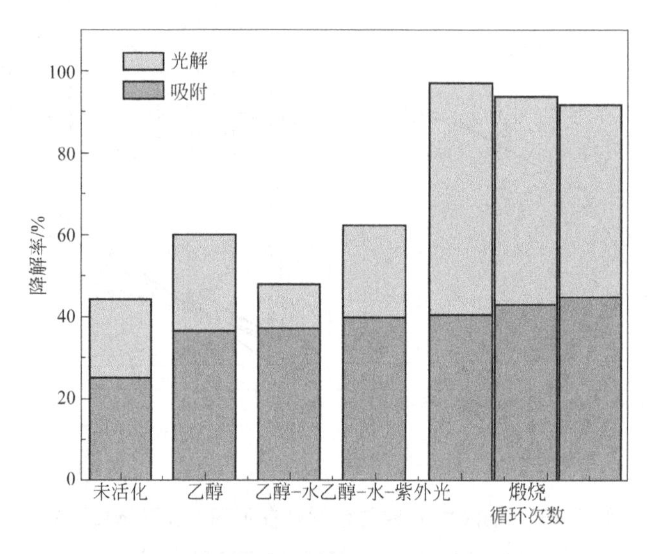

图 3-56　不同方法活化后的复合材料光催化数据柱状图

通过与之前所示的红外光谱图进行对比，我们发现在 1000 cm^{-1} 左右的杂多酸特征吸收峰基本没有发生任何变化，两次活化后的杂多酸红外特征峰也没有较大差别，故可知活化过程中对杂多酸的结构未产生破坏［图 3-57（a）］。如图 3-57（b）为初次使用的复合材料 SEM 图，图中杂多酸棱角分明，分散性好。图 3-57（c）为一次循环后样品的 SEM 图，可以看出杂多酸的块状结构边缘已经呈现出破碎的趋势，部分边缘棱角开始消失，这也就是复合材料在一次循环后其光催化性能下降的原因。图 3-57（d）为复合材料二次循环后的电镜图，可以看到杂多酸的棱角基本消失，取而代之的是不规则的孔洞，并且杂多酸有明显的团聚现象，这是因为二次循环后样品的表面能已经被完全改变，无法继续保持原有的结构，虽然经过红外光谱表征，证明此时杂多酸依然为 SiW_{12}，但是其形貌已经改变，这也就是复合材料在二次循环过程中光催化降解率下降至 91.6%的原因；同时复合材料的吸附性明显提高是归因于表面产生的孔洞。孔洞提高了复合材料的比表面积，促进了亚甲基蓝在复合材料表面的吸附。

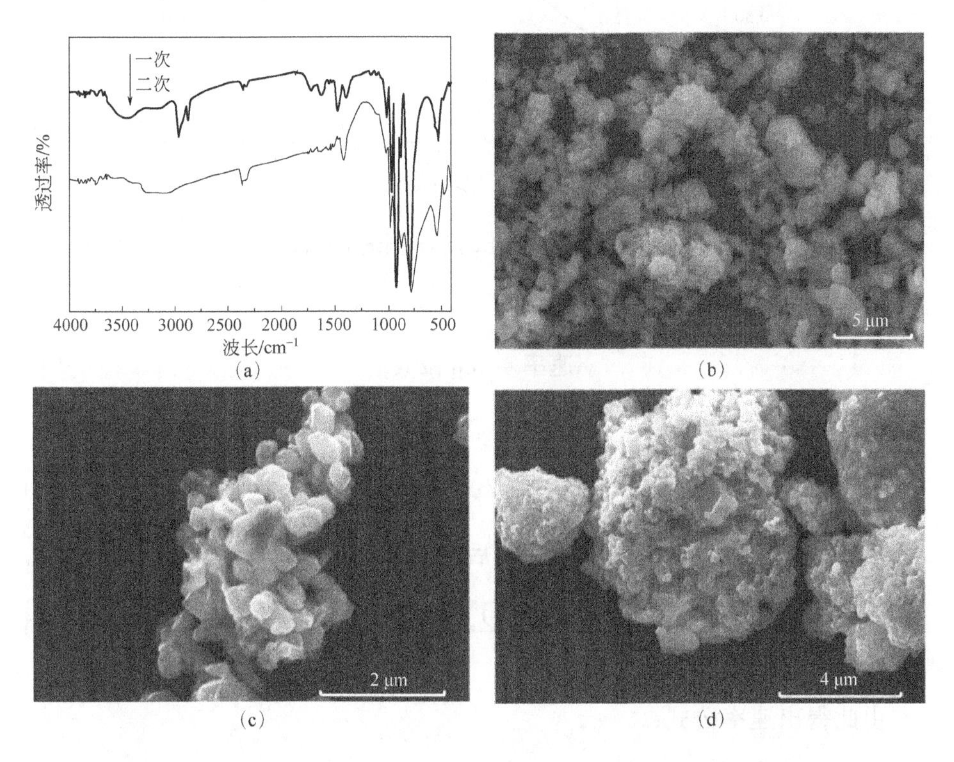

图 3-57　复合材料循环实验红外光谱图（a）及 SEM 图（b~d）

（5）动力学及光催化机理测试

① 动力学测试

在 pH = 6 时，光催化动力学测试结果如图 3-58 所示。从图中可以看出，整体光催化数据点较为稳定，经过拟合之后，数据点与拟合线偏移不大，拟合方差为 0.989，在误差范围之内。

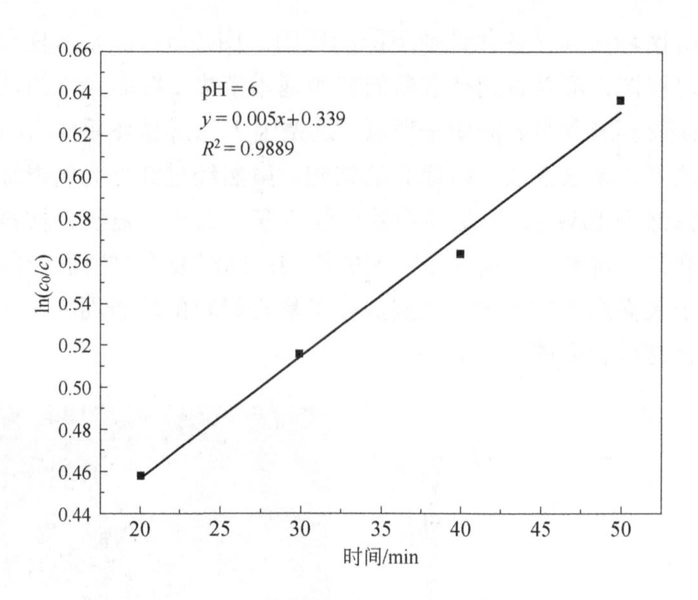

图 3-58 光催化动力学测试数据图

根据动力学公式可知：

$$速率 = kc_{H_2O}c_Ac_B \tag{1}$$

由已有假设可知：

$$K = kc_{H_2O}c_B \tag{2}$$

反应速率用单位时间内染料分解后的分光光度来表示。

$$c_A = \frac{2m_{PET}(1-X)}{m_{PET}M_{PET}} = \frac{2(1-X)}{M_{PET}}(mol/g) \tag{3}$$

由此得出速率公式：

$$速率 = \frac{dc_A}{dt} = kc_{H_2O}c_Ac_B = Kc_A \tag{4}$$

所得反应为准一级反应，由以上整理可得：

$$\ln(1-X) = -Kt \tag{5}$$

$$K = -\frac{\ln(1-X)}{t} \tag{6}$$

根据上述公式，可以明确地判断出该复合材料的光催化符合一次动力学模型，整个催化过程中亚甲基蓝分解均匀，该动力学拟合数据证明了实验中合成的复合材料性能稳定。

② 光催化机理测试

掩蔽实验结果表明（图 3-59），在加入三乙醇胺条件下，光催化分解率保持不变，证明在催化过程中，光生空穴不是该光催化反应的主要活性物种。在加入异丙醇的条件下，羟基自由基被掩蔽，复合材料的光催化结果出现明显的降低，此时降解率约 80%，证明羟基自由基是亚甲基蓝光催化分解的活性物种。而在加入对苯醌条件下，当超氧化物自由基被掩蔽时，最终的光催化结果保持不变，仍为 97%，因此超氧自由基也不是影响亚甲基蓝光催化分解的主要因素。综上，我们推测在光催化分解亚甲基蓝的实验中，影响光催化速率的主要因素是羟基自由基。

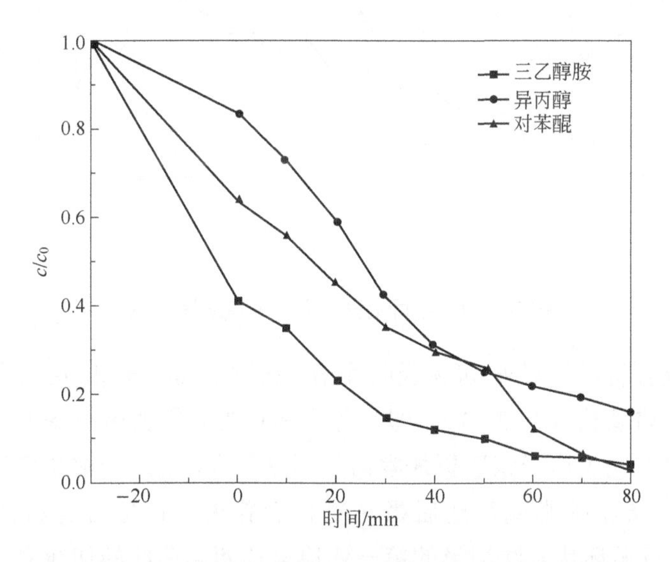

图 3-59　光催化机理测试数据图（加入三种掩蔽剂比较）

在不同的 pH 条件下，复合材料的光催化过程呈现不同的变化趋势（图 3-60）。通过与 pH 为 6 时的光催化结果对比发现，在 pH 1～7 区间内，羟基自由基始终表现出较高的催化活性，对模拟污染物的降解始终起到决定性的作用。相比而言，超氧自由基则呈现出不同的变化趋势，在 pH<3 时呈现出一定的反应活性，当 pH 值持续升高，其对模拟污染物的降解能力几乎消失。

分析原因，在 pH 较低时，适量的 H^+可以有效地与超氧自由基结合，转化为羟基自由基；而当 pH 较高时，由于 H^+离子浓度的下降，转化效率降低，从而使其降解能力下降。氢离子的传输过程如下所示：

$$^{\bullet}O_2^- + H^+ \longrightarrow HOO^{\bullet}$$

$$2HOO^{\bullet} \longrightarrow H_2O_2 + O_2$$

$$H_2O_2 + e^- \longrightarrow OH^{\bullet} + OH^-$$

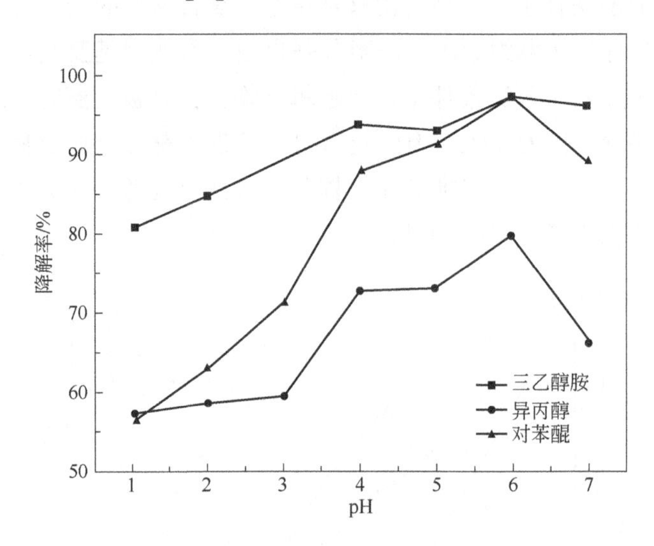

图 3-60　不同 pH 条件下掩蔽剂实验图

根据复合材料的紫外-可见吸收光谱，通过 Kubelka-Munk 方程可计算得到复合材料带隙值（图 3-61），即为导带和价带之间的带隙宽度，适宜的带隙宽度可以使光生电子跃迁更加容易且不易复合，反之带隙宽度过大或过小则会使电子跃迁困难或跃迁后极易复合而猝灭。该复合材料的总带隙为 2.49 eV。通过循环伏安法测量的第一还原电位两侧曲线的切线交点位置的垂线与 *X* 轴的交点为该材料导带位置[16]。图 3-61 中杂多酸的导带为 0.786 eV，这与常规杂多酸的价带相似。通过上述两种手段，确定杂多酸的导带位置和带隙宽度，从而计算出价带位置，再结合 α-Fe_2O_3 的相关实验结果，得到复合材料的光催化机理图如图 3-62 所示。

从复合材料光催化机理图（图 3-62）中可以清晰地看出杂多酸价带位置在 3.276 eV 左右，导带位置在 0.786 eV 左右，带隙宽度为 2.49 eV。α-Fe_2O_3

的价带位置为 1.7 eV 左右，导带位置为−0.5 eV 左右，带隙宽度为 2.02 eV。在杂多酸中产生的光生电子跃迁到导带后，移到 α-Fe_2O_3 的价带上，与 α-Fe_2O_3 产生的光生空穴发生猝灭，消耗掉 α-Fe_2O_3 的空穴，从而 α-Fe_2O_3 产生的光生电子不会因为重新跨过带隙而发生猝灭。从图中可以看出，一方面，活性物种羟基自由基存在两种转化路径，其一为光生空穴与溶液中水分子直接结合生成，其二为溶液中的超氧自由基转化而来。另一方面，杂多酸与 Fe_2O_3 的复合抑制了电子与空穴复合猝灭的概率，促进了载流子的转移，从而提高了光催化性能。

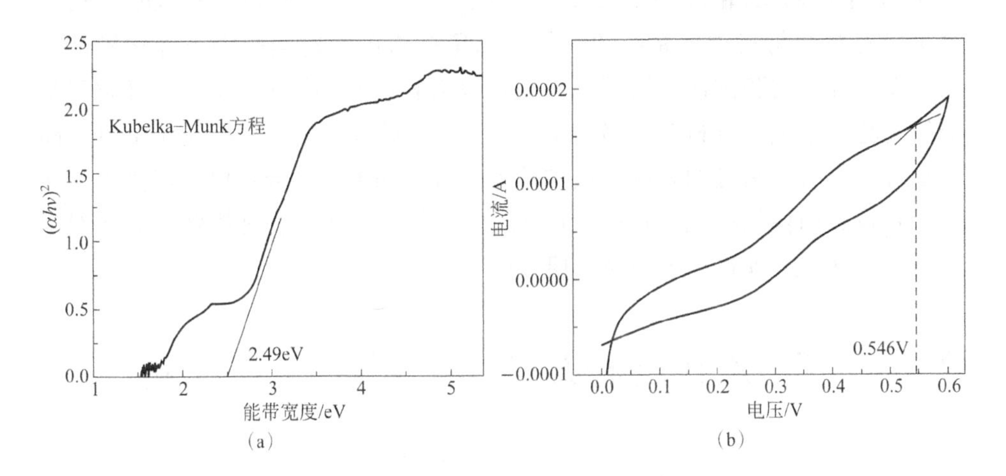

图 3-61　复合材料带隙能量测试（a）及循环伏安测试图（b）

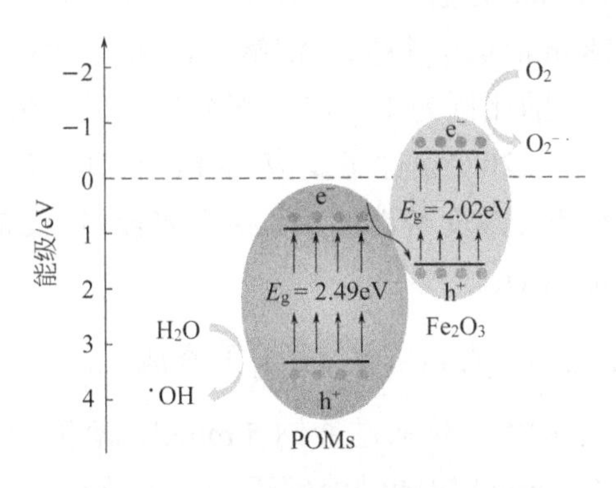

图 3-62　复合材料光催化机理图

3.4 $Co_2Co_4(SiW_{10}O_{37})_2/\alpha\text{-}Fe_2O_3$ 复合材料

本部分介绍了纯无机结构杂多酸夹心型杂多酸 $Co_2Co_4(SiW_{10}O_{37})_2$ 与纳米三氧化二铁复合材料的合成与表征，并通过共晶方法制备复合材料 $Co_2Co_4(SiW_{10}O_{37})_2/\alpha\text{-}Fe_2O_3$，通过红外光谱、紫外-可见吸收光谱、XRD、SEM 等手段对复合材料进行系统的表征。以甲基橙的降解实验为光催化模型反应，在光催化实验的研究过程中，通过复合材料在不同 pH 条件下降解甲基橙的实验确定该复合材料的最佳 pH 值为 1，通过不同甲基橙初始浓度判断该复合材料对甲基橙的分解的最佳浓度为 10 mg/L，复合催化剂在多次循环后仍有较高的催化活性。同时，通过动力学拟合、活性物种掩蔽实验等对复合材料光催化机理进行了系统的研究。

3.4.1 $Co_2Co_4(SiW_{10}O_{37})_2/\alpha\text{-}Fe_2O_3$的制备

（1）$\alpha\text{-}Fe_2O_3$ 的合成[11]

称取 $FeCl_3$ 2.67 mmol 溶解于 10 mL 水中，加入一定量的 NaH_2PO_4 使溶液中的磷酸根为 0.18 mmol/L，待完全溶解后，加入一定量的 Na_2SO_4，并保持 NaH_2PO_4 与 Na_2SO_4 的比例为 1∶3.1。充分反应后，溶液呈亮黄色，将溶液转移至反应釜中，在 220℃条件下反应 48 h，得到红色悬浊液，将溶液离心分离并用去离子水和乙醇交替洗样后，将沉淀转移至 50℃烘箱中烘干，得到的红色固体即为 $\alpha\text{-}Fe_2O_3$。

（2）多金属氧酸盐 $Co_2Co_4(SiW_{10}O_{37})_2$ 的合成

① $\beta_2\text{-}SiW_{11}$ 的合成[12]　称取硅酸钠 5 mmol，溶于 10 mL 水中，记为 A 液，待用。称取 61.74 mmol 钨酸钠溶解于 30 mL 水中，记为 B 液。待 B 液完全溶解后加入一定浓度盐酸对溶液进行酸化。此时，加入 A 液并逐滴滴加盐酸使 pH 保持在 5～6 之间。在该 pH 值下反应 100 min 后，向反应液中加

入大量 KCl 至产生白色固体沉淀，离心分离白色固体沉淀物，并用 1 mol/L KCl 溶液洗涤样品，得到纯 β_2-SiW_{11} 杂多酸。

② γ-SiW_{10} 的合成[13]　取一定量 β_2-SiW_{11} 杂多酸，溶解于 85 mL 水中，然后加入一定浓度的 K_2CO_3 溶液，将 pH 调节至 9 左右。反应结束后加入 20 g KCl 并缓慢搅拌至产生白色沉淀。洗涤、离心分离后，放入 50℃烘箱内干燥，得到 γ-SiW_{10} 杂多酸。

③ $Co_2Co_4(SiW_{10}O_{37})_2$ 的合成　称取 γ-SiW_{10} 0.5 g 溶于 10 mL 水中，加入 $Co(NO_3)_2$ 1.2 mmol，充分搅拌，待硝酸钴完全溶解后加入一定浓度的氢氧化钠溶液，调节 pH 至 9，室温搅拌 24 h 后，离心分离固体产物，用去离子水洗样，50℃烘干 8 h，得到最终产物 $Co_2Co_4(SiW_{10}O_{37})_2$。

（3）复合材料 $Co_2Co_4(SiW_{10}O_{37})_2$/$\alpha$-$Fe_2O_3$ 的合成

将上述实验中得到的固体产物重新溶解至 10 mL 去离子水中，加入一定量的 α-Fe_2O_3，充分搅拌待混合均匀后，转移至表面皿中，50℃干燥 8 h，得到深紫色产物为 $Co_2Co_4(SiW_{10}O_{37})_2$/$\alpha$-$Fe_2O_3$。

3.4.2 $Co_2Co_4(SiW_{10}O_{37})_2$/$\alpha$-$Fe_2O_3$ 的表征

（1）杂多酸 $Co_2Co_4(SiW_{10}O_{37})_2$ 的表征

从杂多酸的红外光谱图［图 3-63（a）］可以清晰地看出其典型的特征峰，993 cm^{-1} 处为 Si—O_a 键的伸缩振动峰，950 cm^{-1} 处为 W═O_d 键的伸缩振动峰，894 cm^{-1} 和 796 cm^{-1} 为 W—O_b—W 的伸缩振动峰，697 cm^{-1} 为 W—O_c—W 的弯曲振动峰。其中 993 cm^{-1}、950 cm^{-1}、894 cm^{-1}、796 cm^{-1}、697 cm^{-1} 所构成的峰型符合 Keggin 型杂多酸的基本特征峰，通过与文献中所报道的杂多酸红外光谱进行对比，我们得知该方法合成的多金属氧酸盐为夹心型杂多酸，分子式为 $Co_2Co_4(SiW_{10}O_{37})_2$[17]。该杂多酸结构上下分别为一个缺位型 SiW_{10} 型杂多酸[18]，中间为 4 个 Co 原子和两个水分子通过配位键与簇阴离子相连，另外 2 个 Co 离子和 12 个水分子作为抗衡离子。在红外光谱中 1400 cm^{-1} 和 3400 cm^{-1} 处为水分子的特征峰，其中宽峰 3400 cm^{-1} 为结晶水所体现的特征峰，1400 cm^{-1} 为配位水。为了进一步讨论该杂多酸的最佳合成条件，我们进行了不同 pH 条件下的合成对照实验。从图 3-63（b）中可以清晰地看出 pH 为 8、9、10 时，Keggin 型杂多酸的特征峰较为明显，说明在 pH 为 8、9、10 时杂多酸皆可成功合成；而将 pH 调至 11 时，杂多酸的红外特征峰开始减弱，部分特征峰消失，说明在该 pH 条件下，无法得到相同结构的夹心型杂多酸，含有部分未成形的杂质存在；而将 pH 调节至 12 时，杂多酸的 Keggin 型特征峰完全消失，说明在该条件下不能合成出目标产物。综上，将本实验合成条件 pH 选定为 9。

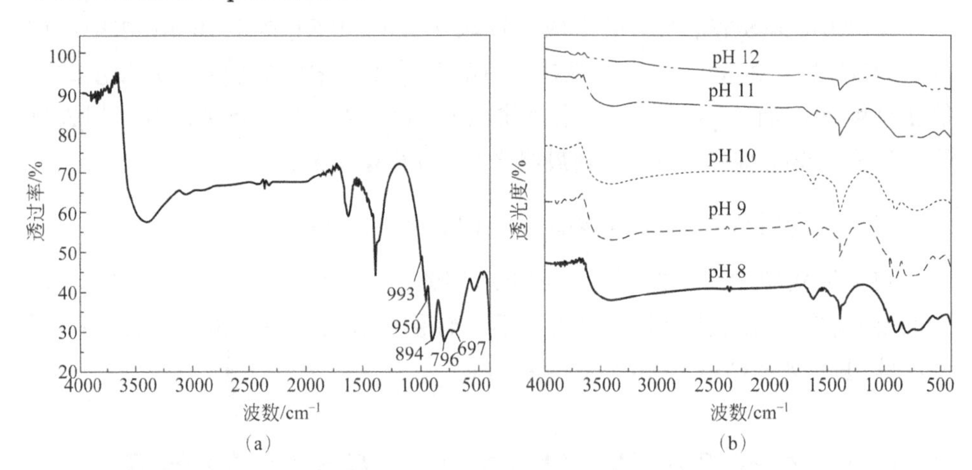

图 3-63 $Co_2Co_4(SiW_{10}O_{37})_2$的红外光谱图（a）和不同 pH 值下的红外光谱对比图（b）

图 3-64（a）为不同 pH 条件下杂多酸的紫外-可见吸收光谱图。可以看出，pH 为 8 和 9 时，紫外-可见吸收光谱强度几乎一致，在低于 400 nm 区域内，主要为杂多酸的特征吸收峰，在 520 nm 处产生的吸收是 Co 元素的特征吸收峰，由于 Co 元素含量较高，故其出峰强度相对较高。在整个杂多酸结晶过程中，没有引入大量的碱金属离子作为抗衡阳离子（K^+、Na^+等），不同结构单元的夹心型杂多酸之间通过 Co 与 H_2O 共同作用形成桥联基团，将多个杂多酸连接在一起，组成结构复杂的杂多酸团簇，由于团簇的存在，使紫外-可见吸收光谱的出峰宽度发生红移，从而该杂多酸的紫外-可见吸收光谱可以覆盖整个可见光区。

图 3-64（b）为根据不同条件下制备的杂多酸的 XRD 图。可以看出，当 pH 为 8、9、10、11 时，杂多酸的 XRD 衍射峰基本一致，其主要的出峰位置基本相同；而在 pH = 12 的条件下，XRD 在 20°～30°范围内明显出现了几个特殊的强峰，因此可以证明当 pH 为 12 时，该体系杂多酸的结构已经发生

了明显的变化。结合红外光谱和紫外-可见吸收光谱分析结果，在 pH 为 12 的条件下，合成的材料已经不属于目标产物。

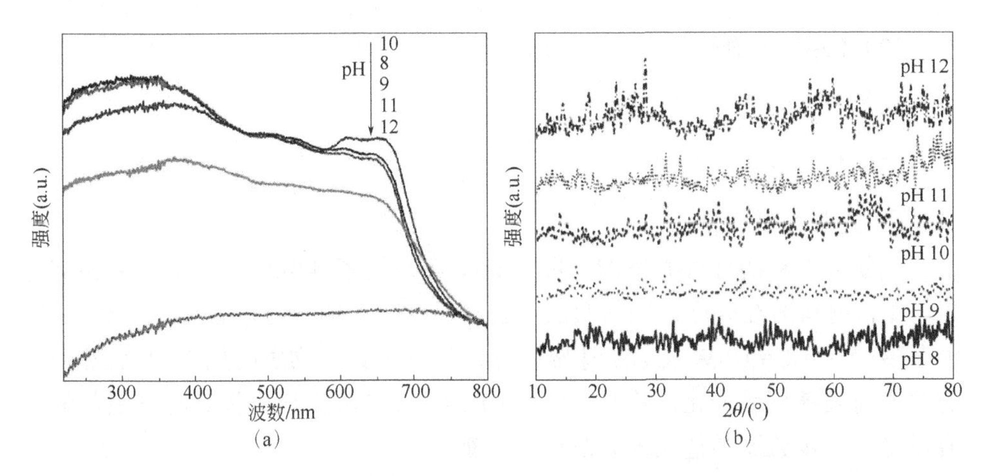

图 3-64　不同 pH 条件下杂多酸的紫外-可见吸收光谱图（a）和 XRD 图（b）

图 3-65 为该杂多酸在 pH 为 8、9、10、11、12 条件下的 SEM 图。其中分图（a）～（e）分别为 pH＝8～12 所制备样品的扫描电镜测试结果。在图中可以明显地看出，pH 为 8～11 的样品中所合成的杂多酸化合物呈现不规则块状，棱角较为分明，大小平均为 10 μm，整体的块状杂多酸表面光滑。而

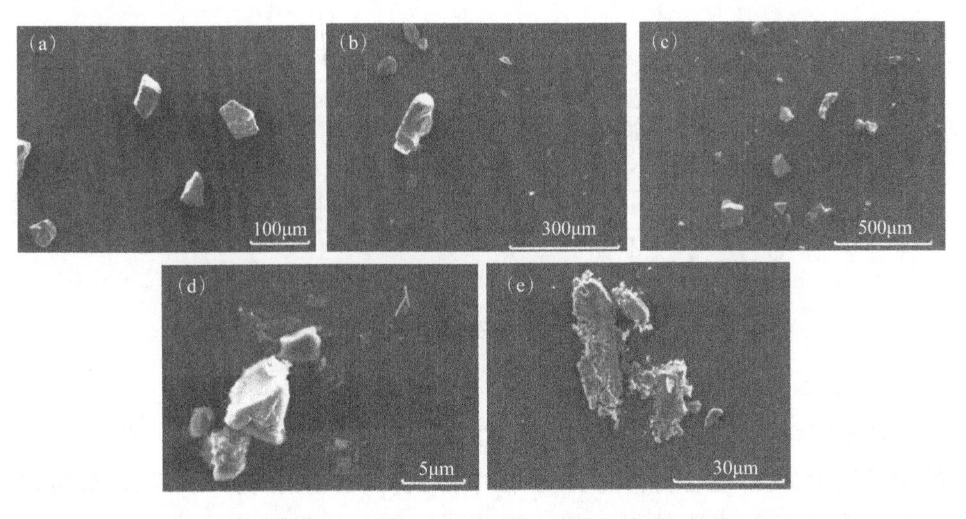

图 3-65　不同 pH 条件下杂多酸 SEM 图

在 pH 为 12 时，该杂多酸的整体块状形貌已经消失，而红外光谱与紫外-可见吸收光谱同样证明该杂多酸的结构发生了转化。

（2）Fe_2O_3 的表征

表征方法同 3.3.2 节中的（2）。

（3）复合材料的表征

① 红外光谱表征

从复合材料的红外光谱图（图 3-66）可以清晰地看出，在加入 α-Fe_2O_3 后，复合材料的红外光谱图与负载前没有变化，证明该方法合成的复合材料中杂多酸 $Co_2Co_4(SiW_{10}O_{37})_2$ 骨架完好，没有因其他物质的加入和反应环境的改变而被破坏或变化。另外，由于 α-Fe_2O_3 在红外光谱中没有特征吸收峰，所以将进一步通过其他表征方法进行表征。

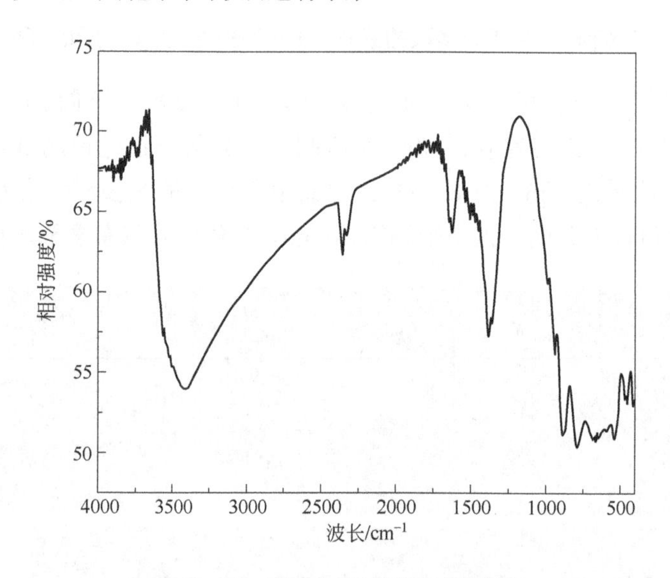

图 3-66　复合材料的红外光谱图

② 复合材料 XRD 测试

从不同含量 α-Fe_2O_3 复合材料的 XRD 图（图 3-67）可以看出，当 α-Fe_2O_3 的含量为 1%时，复合材料的 XRD 图中 α-Fe_2O_3 的衍射峰并不明显，这是因为杂多酸的衍射峰比较强，部分掩蔽了 α-Fe_2O_3 相对较弱的衍射峰；当 α-Fe_2O_3 负载量进一步增加至 3%、5%、8%时，α-Fe_2O_3 的衍射峰强度则相对较为明显。综上可得，在加入不同含量 α-Fe_2O_3 时，除因其负载比例不同引起 Fe_2O_3 的衍射峰强度部分被掩蔽外，杂多酸盐的衍射峰没有发生改变，证明该体系复合材料的复合成功。

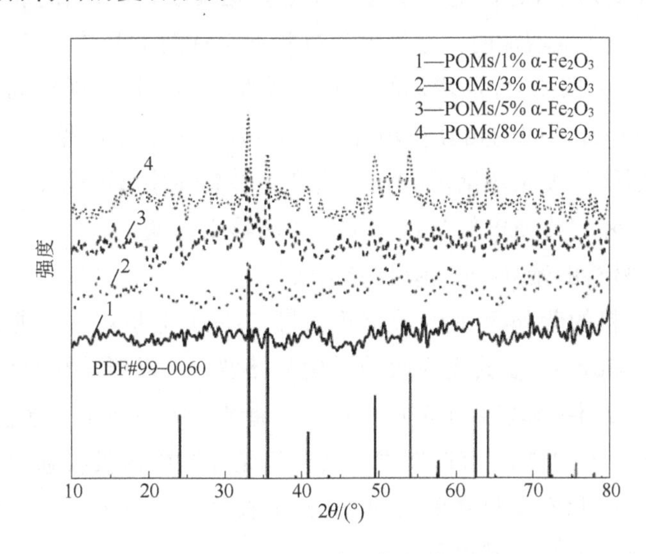

图 3-67　不同含量 α-Fe_2O_3 复合材料的 XRD

③ 电化学阻抗测试

通过不同含量铁复合材料的电化学阻抗图（图 3-68）可以清晰地看出，复合材料的电化学阻抗数据随 α-Fe_2O_3 含量不同有一定的差异，当 α-Fe_2O_3

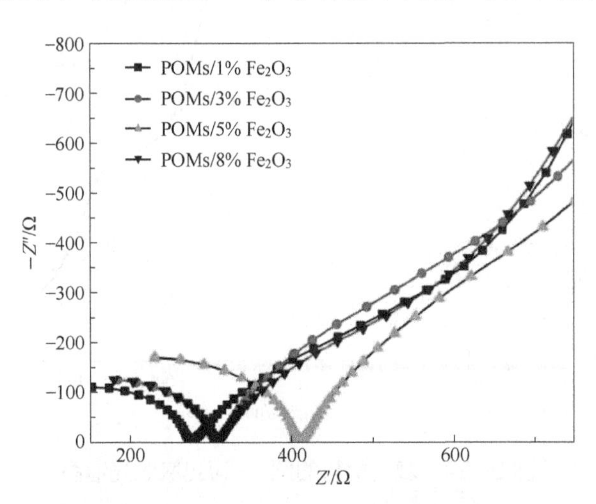

图 3-68　不同含量铁复合材料的电化学阻抗图

含量为1%时，阻抗数据拐点最小，为276 Ω；当α-Fe_2O_3含量为3%时，阻抗拐点处的电阻为307 Ω；当α-Fe_2O_3含量为5%时，阻抗拐点数据最大；而当α-Fe_2O_3含量为8%时，电化学阻抗拐点数据变小，与3%时相同。因此可知，在α-Fe_2O_3含量增加时，电化学阻抗数据是逐渐上升的，在5%时达到最大，而后随着α-Fe_2O含量增加其阻抗又重新减小，这个现象的产生可能是POMs与α-Fe_2O_3之间的相互作用导致的，α-Fe_2O_3易于团聚，随着α-Fe_2O_3含量增加，团聚程度也逐渐增大，导致在整体材料中α-Fe_2O_3与POMs的接触面积略有下降，致使电化学过程中电子转移阻力变大。

④ 复合材料的紫外-可见吸收光谱表征

由复合材料的紫外-可见吸收光谱（图3-69）分析可知，通过在杂多酸体系中引入α-Fe_2O_3，使其光吸收范围明显拓宽，可以覆盖整个可见光范围，且在600nm前均保持较高的可见光响应。通过查阅中国东北地区（长春市）的太阳光光谱（图3-70）可以发现，其在可见光范围内吸收强度最强区域在580 nm左右，因此本实验中引入的α-Fe_2O_3在很大程度上提高了复合材料的光能利用率[19]，增强了其可见光响应。

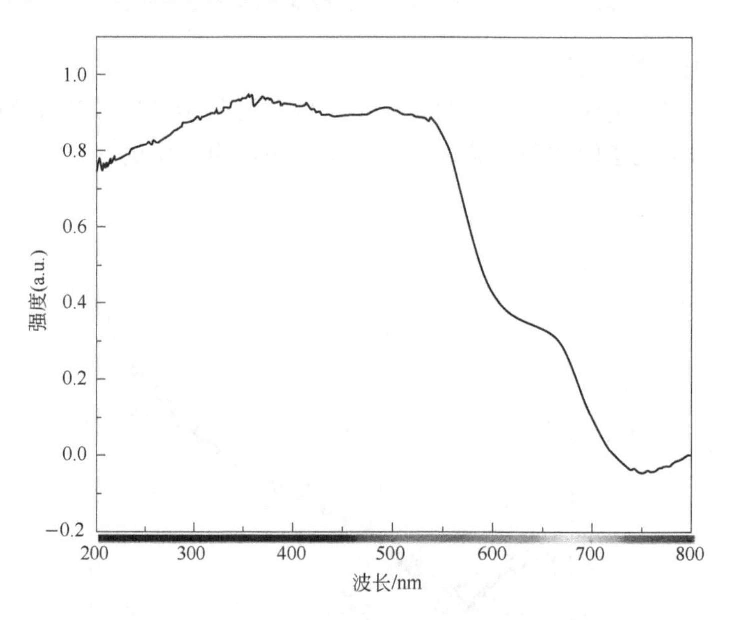

图3-69 复合材料的紫外-可见吸收光谱图

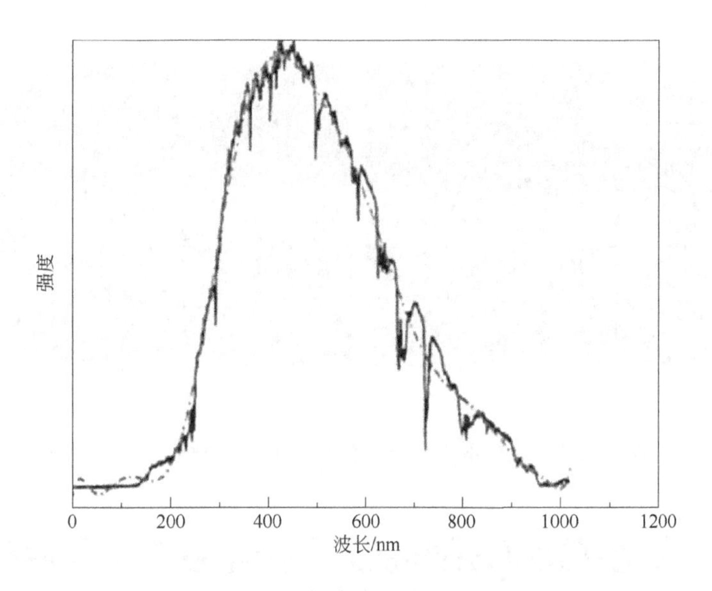

图 3-70　长春市太阳光光谱图

⑤ 扫描电子显微镜表征

负载不同比例纳米 α-Fe_2O_3 复合材料的 SEM 图如图 3-71 所示，其中分图（a）为含 1% α-Fe_2O_3 的复合材料，（b）为含有 3% α-Fe_2O_3 的复合材料，（c）为含 5% α-Fe_2O_3 的复合材料，（d）为含 8% α-Fe_2O_3 的复合材料。（a）中的 α-Fe_2O_3 并不明显，是因为其 α-Fe_2O_3 含量相对较低；而（b）、（c）、（d）电镜图片中的 α-Fe_2O_3 含量较高，可以看到图片中有明显的环形 α-Fe_2O_3 存在，并且 α-Fe_2O_3 含量随着其投加量的增加而增多，因此证明复合材料的合成是成功的。综上所述，复合材料的最佳合成条件为 pH = 9，α-Fe_2O_3 配比为 3%。后续光催化实验中所用复合材料均通过该条件合成。

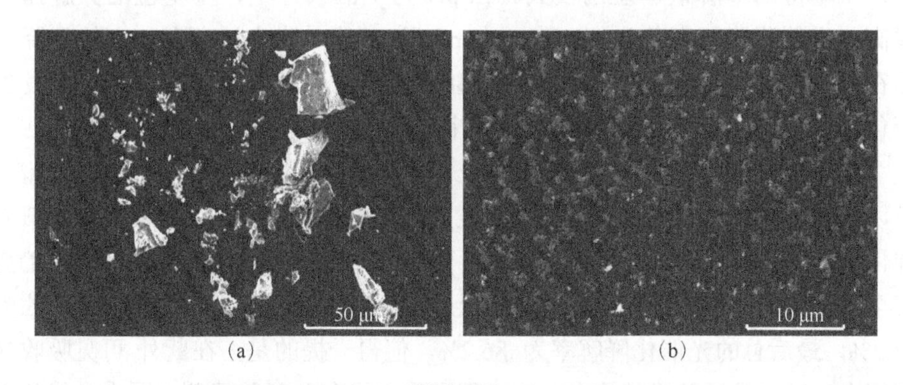

图 3-71

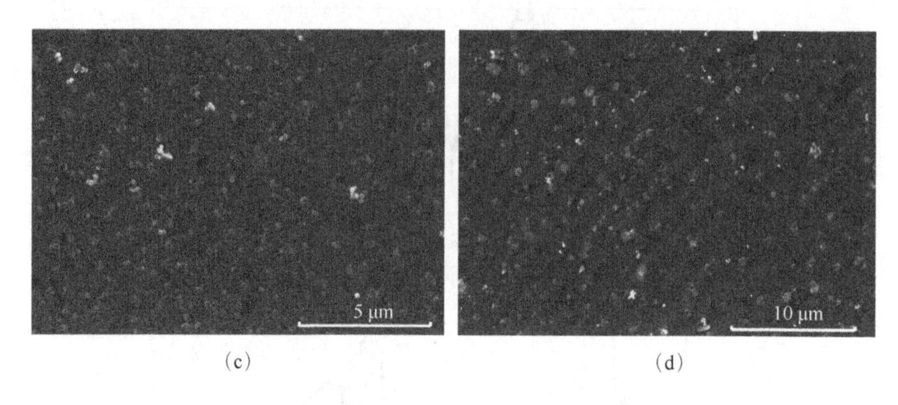

图 3-71 复载不同含量 α-Fe_2O_3的复合材料 SEM 图

3.4.3 $Co_2Co_4(SiW_{10}O_{37})_2$/α-$Fe_2O_3$ 复合材料的光催化性能研究

（1）pH 值对光催化的影响

为进一步探讨该光催化剂的催化性能和反应机理，本实验选择甲基橙作为光催化模型反应，对复合材料的光催化性能进行测试。复合材料降解甲基橙在不同 pH 条件下的响应效果如图 3-72 所示。其中，分图（a）为在不同 pH 条件下复合材料对甲基橙的降解数据图，（b）为在最佳条件（pH＝1）时，复合材料降解甲基橙的紫外-可见吸收光谱图。可以看出，在不同的 pH 条件下，甲基橙的降解效率差别较大。在 pH 为 1 的条件下，甲基橙的分解速率最高，光催化降解率约为 86.2%。在 pH 为 2 时，催化效率有一定的下降，而在 pH 值为 3 及以上情况下，由于氢离子的减少，甲基橙的电子结构发生变化，杂多酸对甲基橙的催化作用越来越弱，甚至不再产生催化作用。

图 3-72（b）为在 pH＝1 条件下光催化分解甲基橙的紫外-可见吸收光谱。可以看出，在吸附后，光催化的分解是以均匀的速率下降，证明该复合材料光催化性能的稳定性较好，在 0～90 min 范围内，甲基橙的浓度呈逐渐降低趋势直至到达光催化反应终点。在光催化反应过程中，达到吸附平衡式吸附率约为 23.3%，最后总的光催化降解率为 86.2%。值得一提的是，在紫外-可见吸收光谱图中，我们发现了甲基橙在分解过程中的主峰存在蓝移现象。图中虚线的变

化趋势为甲基橙主峰蓝移的状况，随着反应的进行，主峰逐渐蓝移，且蓝移程度逐渐变大，最终主峰从 506 nm 移动至 460 nm 左右，变化了 40 nm 左右。

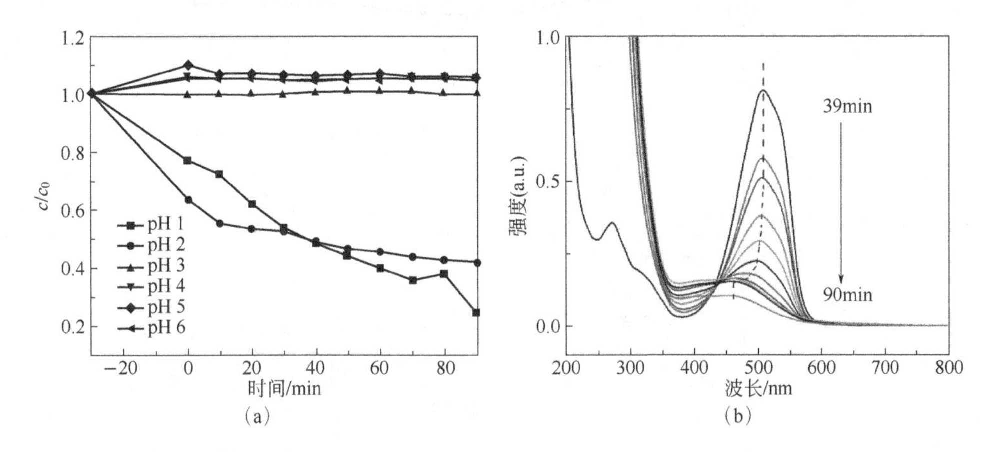

图 3-72　复合材料在不同 pH 条件下的光催化降解甲基橙性能数据图（a）及 pH 为 1 条件下光催化降解甲基橙的紫外-可见吸收光谱图（b）

（2）甲基橙初始浓度对光催化性能的影响

不同初始浓度甲基橙光催化实验结果如图 3-73 所示，在不同甲基橙初始浓度条件下，复合材料的光催化结果产生了较大的差别。从吸附效果来看，甲基橙吸附效果随浓度的降低而增加，10 mg/L 最好，15 mg/L 次之，20 mg/L 相对最差。这是由于在没有光照条件下，随着浓度的增大，吸附的甲基橙没法分解或脱除，所以，在复合材料用量相等的条件下，甲基橙浓度越低，达到吸附平衡时的甲基橙剩余浓度越低。从光催化阶段数据分析可以看出甲基橙浓度越低，光催化的效果越明显，15 mg/L 时的光催化效果与 10 mg/L 时相差较大，这是由于甲基橙的浓度增高后，复合材料产生的活性物质不足以完全处理高浓度甲基橙，因此导致甲基橙的光催化效果降低很多。

（3）光催化循环实验

通过活化的复合材料与活化之前的复合材料之间的红外特征峰一致（图 3-74），在 993cm^{-1}、950 cm^{-1}、894 cm^{-1}、796 cm^{-1}、697 cm^{-1} 所产生的 Si—O$_a$ 键的伸缩振动峰，W═O$_d$ 键的伸缩振动峰，W—O$_b$—W 的伸缩振动峰和 W—O$_c$—W 的弯曲振动峰与活化前完全相同。同时，在活化后的复合材料中没有发现甲基橙的特征峰。

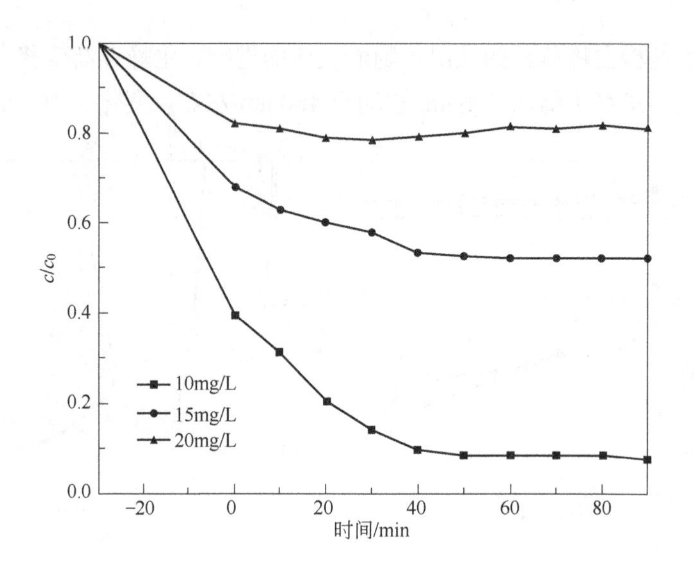

图 3-73　不同初始浓度甲基橙光催化实验数据图

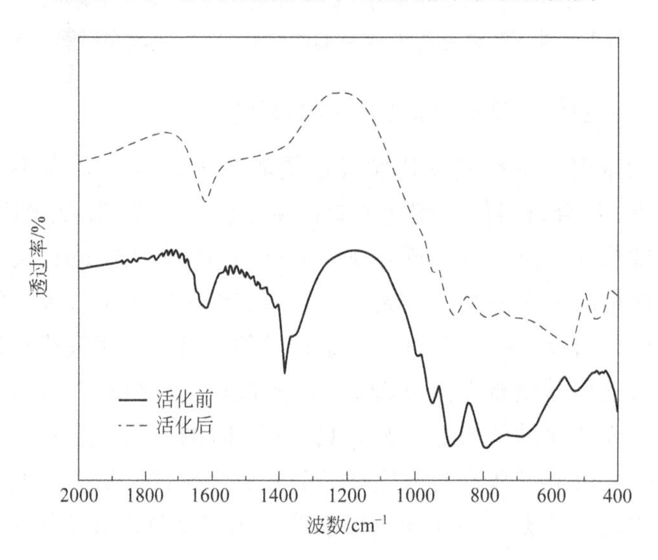

图 3-74　复合材料活化前后的红外光谱图

通过该复合材料的光催化循环实验结果（图 3-75）可以看出，第一次实验过程中，光催化速率下降较为明显，其中吸附占整个过程的 23.34%，最终分解结果为 75.65%。二次循环实验过程中，吸附占整个过程的 23.85%，最终分解结果为 73.08%。第二次的分解结果略低于第一次的，这是因为在二次循环过程中，光催化剂通过活化后，会产生一定的团聚现象，同时自身形貌也会不同程度的坍塌，因此在整个光催化过程中，吸附阶段的吸附率会略有升高，而由于其本身形貌的破损，光催化的效果会有一定的下降。在第三次循环过程中，复合材料的吸附为 27.95%，最终分解结果为 69.49%，第三次循环过程中的吸附效果要比第二次还要高，这主要是因为复合材料的团聚已经比较严重，因此其吸附效果要明显高于第一次和第二次的吸附数据，而在光催化方面，三次循环的复合材料其形貌破损较为严重，因此其光催化的性能下降也最为严重。

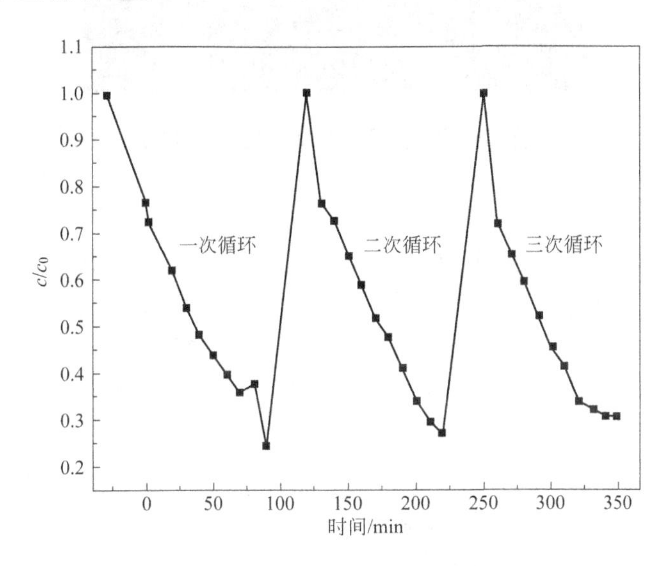

图 3-75　复合材料光催化循环实验数据图

复合材料在经过催化循环后，材料的整体块状结构受到一定的破坏，在其边缘出现明显的破碎现象，这是光催化后经过循环的复合材料其性能要低于原始复合材料的原因（图 3-76）。由此可见，在二次循环和三次循环过程中，复合材料的光催化能力下降、吸附能力上升与其本身形貌改变有很大的关系。

（4）动力学及光催化机理测试

① 动力学测试

从 pH 为 1 条件下的光催化动力学数据图（图 3-77）可以看出，光催化基本是按照固定的反应速率进行的，互相接近的两点之间距离的大小几乎相同，因此可以大体判断出材料的光催化性质相对稳定。

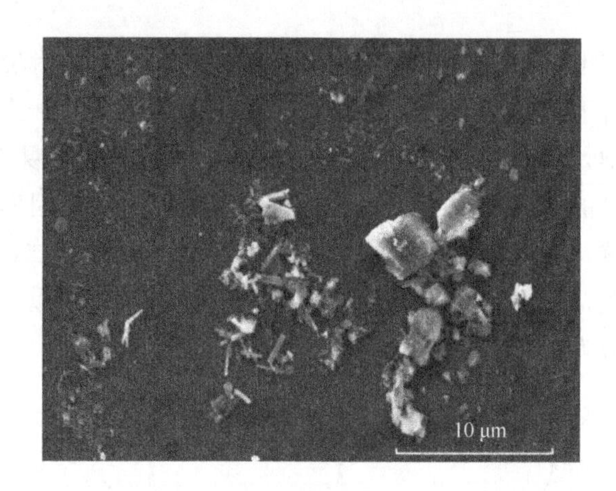

图 3-76 复合材料循环后 SEM 图

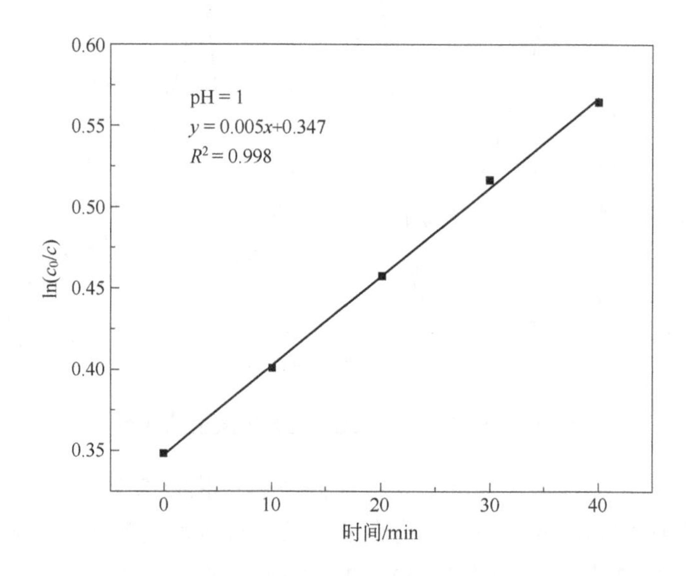

图 3-77 复合材料光催化降解甲基橙的动力学数据图

依据 3.3.3 节（5）动力学测试中公式（1）～公式（6），经拟合可知，在光催化过程中分解速率方差为 0.998，分解速率基本相同，符合光催化过程中对催化剂的要求，同时证明了催化剂的光催化过程稳定连续、降解速率具有较好的保持性。

② 机理测试

光催化机理测试主要是通过在光催化过程中加入掩蔽剂，通过不同的掩蔽剂产生不同的光催化结果来判断光催化机理（图 3-78）。图中以三乙醇胺作为掩蔽剂掩蔽光生空穴的实验，在光催化实验过程中，吸附过程占比为35%，而几乎没有光催化分解过程。由此可以证明该体系复合材料的光催化过程主要是由光生空穴进行的，在掩蔽掉光生空穴后，催化几乎不发生，仅有吸附作用。当用异丙醇掩蔽羟基自由基时，在光催化过程中，整体光催化结果并没有受到影响，因此可以认为在该体系的复合材料中，光催化过程的发生与羟基自由基没有关系，即在该催化过程中，羟基自由基对甲基橙的分解没有响应。当用对苯醌掩蔽超氧自由基的情况下，光催化过程没有受到影响，因此可以证明超氧自由基也不是该复合材料光催化过程中的活性物种。

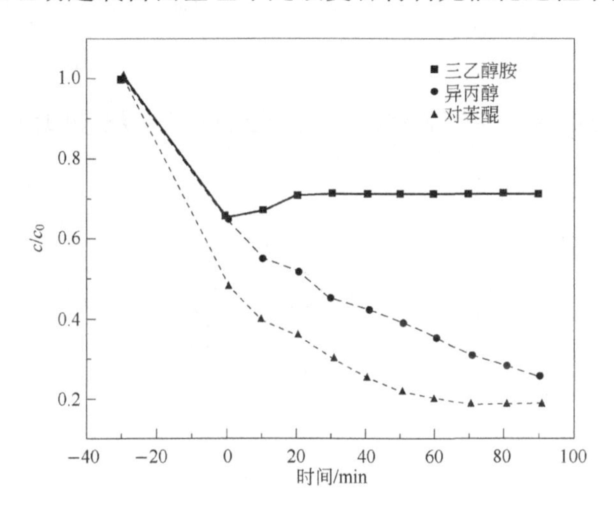

图 3-78　复合材料光催化机理测试数据图

③ 光催化反应机理

通过紫外-可见吸收光谱测试和循环伏安测试得到该复合材料中杂多酸的带隙宽度（图 3-79）。从图中可以清晰地看出杂多酸带隙位置的切线与横坐标的交点为 1.99 eV，表明该体系中杂多酸的导带与价带之间的带隙宽度为 1.99 eV，符合杂多酸的基本带隙宽度。同时，通过循环伏安测试确定该体系杂多酸的导带位置为 0.675 V。因此，可以通过数据绘制复合材料光催化机理图（图 3-80）。从该机理图可以初步推测出杂多酸和 α-Fe_2O_3 之间的电子转移过程，在光照条件下，光生电子产生的同时，从杂多酸上跃迁到导带的电子与 α-Fe_2O_3 上产生的光生空穴之间进行复合，从而延长了整体复合材料上空穴与电子间实际带隙的宽度，抑制了空穴与电子的猝灭，提高了载流子的分离效率和光催化性能。

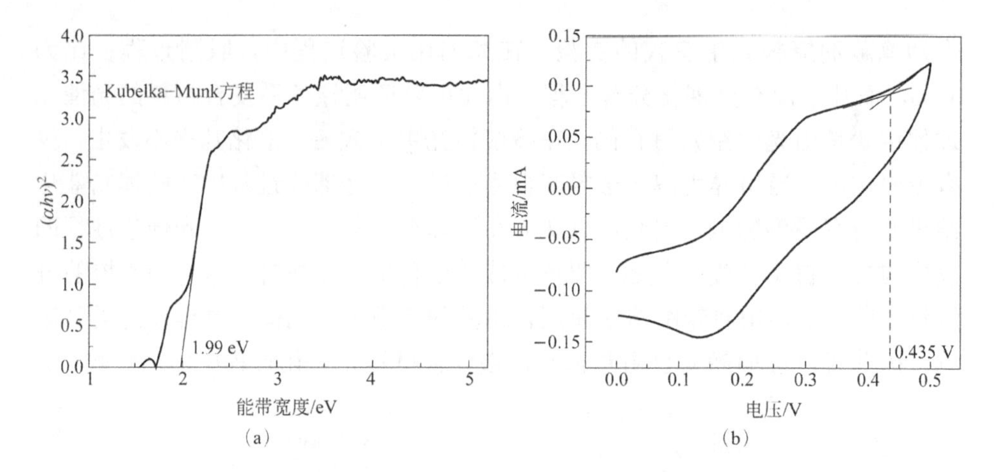

图 3-79 杂多酸带隙宽度（a）及复合材料循环伏安测试图（b）

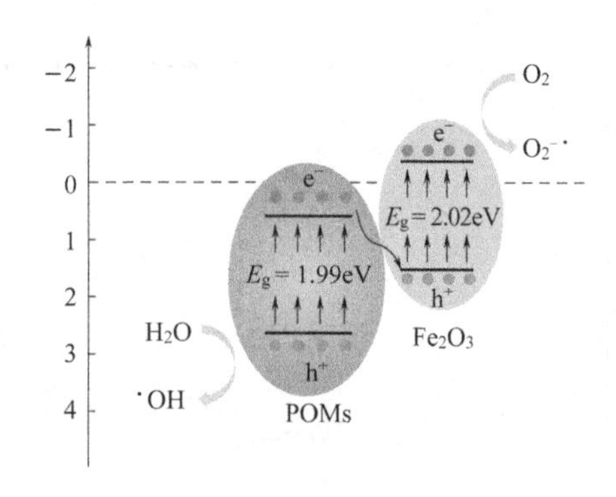

图 3-80 复合材料光催化机理图

参考文献

[1] Xiong Y, Washio I, Chen J, et al. Poly (vinyl pyrrolidone): A Dual Functional Reductant and Stabilizer for the Facile Synthesis of Noble Metal Nanoplates in Aqueous Solutions[J]. Langmuir, 2006, 22: 8563-8570.

[2] Washio I, Xiong Y, Yin Y, et al. Reduction by the End Groups of Poly (vinyl pyrrolidone): A New and Versatile Route to the Kinetically Controlled Synthesis of Ag Triangular Nanoplates[J]. Adv. Mater., 2006, 18: 1745-1749.

[3] Cao Z, Fu H, Kang L, et al. Rapid Room-temperature Synthesis of Silver Nanoplates

with Tunable in-plane Surface Plasmon Resonance from Visible to Near-IR[J]. J. Mater. Chem., 2008, 18: 2673-2678.

[4] 曹艳丽. 银纳米结构的合成及光学性质的研究[D]. 南京：南京航空航天大学, 2012.

[5] Gupta R K, Dueby M, Li P Z, et al. Size-Controlled Synthesis of Ag Nanoparticles Functionalized by Heteroleptic Dipyrrinato Complexes Having meso-Pyridyl Substituents and Their Catalytic Applications[J]. Inorg. Chem., 2015, 54(6): 2500-2511.

[6] 曹艳丽. 银纳米结构的合成及光学性质的研究[D]. 南京：南京航空航天大学, 2012.

[7] Cao Z, Fu H, Kang L, et al. Rapid Room-temperature Synthesis of Silver Nanoplates with Tunable in-plane Surface Plasmon Resonance from Visible to Near-IR[J]. J. Mater. Chem., 2008, 18: 2673-2678.

[8] Shi H F, Yu Y, Zhang Y et al. Polyoxometalate/TiO_2/Ag composite nanofibers with enhanced photocatalytic performance under visible light[J]. Appl. Catal. B, 2018.

[9] Li J S, Sang X J, Chen W L, et al. Enhanced Visible Photovoltaic Response of TiO_2 Thin Film with an All-Inorganic Donor-Acceptor Type Polyoxometalate[J]. ACS. Appl. Mater. Interfaces, 2015, 7(24): 13714-13721.

[10] Shi H F, Yu Y, Zhang Y, et al. Polyoxometalate/TiO_2/Ag composite nanofibers with enhanced photocatalytic performance under visible light[J]. Appl.Catal. B, 2018, 221: 280-289.

[11] Jia C J, Sun L D, Luo F, et al. Large-Scale Synthesis of Single-Crystalline Iron Oxide Magnetic Nanorings[J]. J. Am. Chem. Soc.,2008, 130: 16968-16977.

[12] Tézé A, Hervé G. Relationship between structures and properties of undecatungstosilicate isomers and of some derived compounds[J]. J. Inorg. Nucl. Chem., 1977, 39(12): 2151-2154.

[13] Canny J, Teze A, Thouvenot R, et al. Disubstituted tungstosilicates. 1. Synthesis, Stability, and Structure of the Lacunary Precursor Polyanion γ-$SiW_{10}O_{36}^{8-}$[J]. Inorg. Chem., 1986, 25(13): 2114-2119.

[14] Niu J, Shen Y, Wang J. A novel Keggin-type polyoxoanion supported by copper(II) coordination cations[J]. J. Mol. Struct., 2005, 733(1-3): 19-23.

[15] Lin Z, Pu L, Yan J, et al. Matching energy levels between TiO_2 and α-Fe_2O_3 in a core–shell nanoparticle for visible-light photocatalysis[J]. J. Mater. Chem. A, 2015, 3(28): 14853-14863.

[16] Li J S, Sang X J, Chen W L, et al. Enhanced Visible Photovoltaic Response of TiO_2

Thin Film with an All-Inorganic Donor-Acceptor Type Polyoxometalate[J]. ACS. Appl. Mater. Interfaces, 2015, 7(24): 13714-13721.

[17] 李雷. 缺位杂多钨酸为前驱体的新型多酸化合物的调控合成及性能研究[D]. 河南大学, 2015.

[18] Tézé A, Hervé G. Formation et isomerisation des undeca et dodeca tungstosilicates et germanates isomeres[J]. J. Inorg. Nucl. Chem., 1977, 39(6): 999-1002.

[19] 王丽玲. 太阳光谱测温处理方法与校正技术的研究[D]. 长春: 长春理工大学, 2013.

第 4 章

混配型杂多酸复合材料

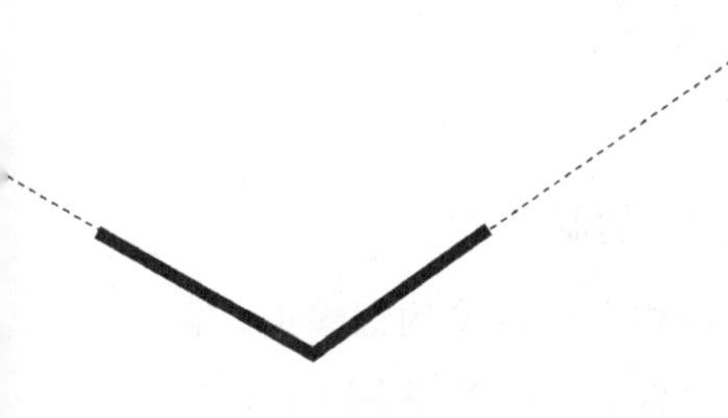

4.1 $PMo_{11}V/Ag$ 复合材料

本节采用水热合成法[1-3]制备得到磷钼钒酸盐，并将所制备的磷钼钒酸盐与贵金属银纳米材料进行复合，在模拟可见光照射下对罗丹明 B 染料进行光催化降解实验，考察复合材料的光催化性能，并通过实验结果分析其光催化降解机理。结果表明，复合光催化剂 $PMo_{11}V/Ag$ 光催化性能高于单独的 $PMo_{11}V$。但在光催化降解过程中，$PMo_{11}V$ 及 $PMo_{11}V/Ag$ 的降解率都呈降低趋势，单独的 $PMo_{11}V$ 进行光催化反应时，降解率会由 92.01%降至 86.43%，$PMo_{11}V/Ag$ 进行光催化反应时，降解率会由 96.25%降至 90.01%。分析结果表明，降解率降低与 $PMo_{11}V$ 自身的光催化活性有关，进一步研究结果表明其光催化活性发生改变与掺入的钒原子价电子层有关。$PMo_{11}V$ 和纳米银具有协同作用，可以抑制光生电子和空穴的重组，并且产生的活性物种对罗丹明 B 分子进行催化降解。

4.1.1 $PMo_{11}V/Ag$ 复合材料的制备

（1）取代型 Keggin 结构磷钼钒酸盐（$PMo_{11}V$）的制备

采用水热合成法制备 $PMo_{11}V$ 前驱体[4-6]：准确称取一定量的钼酸钠、偏钒酸铵和移取一定体积的磷酸，溶解在适量去离子水中恒温搅拌 30 min，继而加入盐酸（6 mol/L）酸化至 pH = 2～3。继续恒温加热搅拌 10 min 后，加入一定量的氯化钴和邻菲啰啉并且一直进行搅拌，再过 10 min 后用饱和碳酸钠溶液调节 pH 至 6～7。继续恒温搅拌反应 30 min 后将混合液倒入体积为 15 mL 带有聚四氟乙烯内衬的不锈钢反应釜中，在 180℃条件下反应 5～6 h。冷却、离心、干燥得到取代型磷钼钒酸盐前驱体，记作 $PMo_{11}V$。

（2）银纳米材料的制备

银纳米材料的合成方法同 2.1.1 节（2）。

（3）取代型 Keggin 结构磷钼钒酸盐/银纳米复合材料（$PMo_{11}V/Ag$）的制备

本实验探索了原位生长法、一步水热法、机械搅拌法等多种方法制备 $PMo_{11}V/Ag$ 复合材料，最终确定使用原位生长法：先采用 2.1.1 节（2）中水热合成法制备 $PMo_{11}V$ 前驱体，待其冷却后，去除上层溶液，将下层混合液与一定体积的银纳米混合液复合，并在一定温度下搅拌 30 min 后，将混合液封装入 15 mL 带有聚四氟乙烯内衬的不锈钢反应釜中，180℃下反应 5～6 h。冷却、离心、干燥得到磷钼钒酸盐/银纳米复合材料，记作 $PMo_{11}V/Ag$。

4.1.2 $PMo_{11}V/Ag$ 复合材料的表征

（1）红外光谱表征

采用红外光谱测试对所制备样品结构进行表征（图 4-1）。$PMo_{11}V$ 前驱体的红外吸收峰分别在 1056 cm^{-1}、956 cm^{-1}、874 cm^{-1}、798 cm^{-1} 处。与完整的 Keggin 型杂多酸的红外吸收峰对照一致[7]，四个吸收峰分别归属为：$P—O_a$ 键的伸缩振动，$Mo═O_d$ 键的伸缩振动，$Mo—O_b—Mo$（$V—O_b—V$）键的伸缩振动，$Mo—O_c—Mo$（$V—O_c—V$）的弯曲振动，样品中各个钒氧键的振动峰频率与钼氧键的振动峰频率基本相同，并且两个峰重叠在一起。此外，位于 1420～1630 cm^{-1} 区间内的吸收峰可归属为邻菲啰啉的 C═C 和 C═N

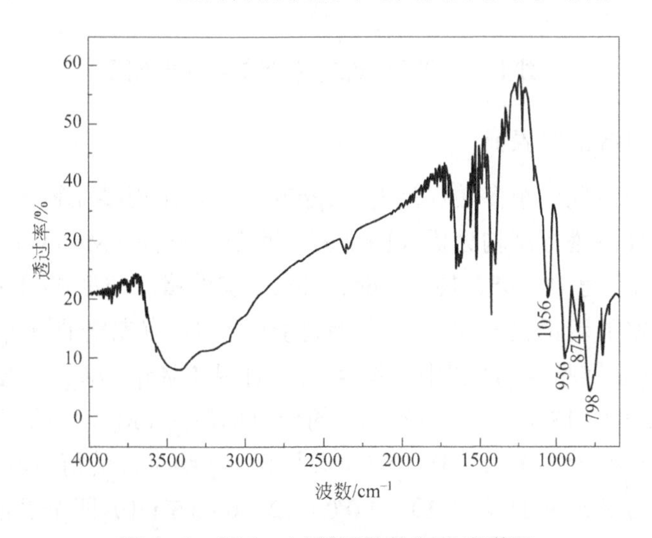

图 4-1　$PMo_{11}V$ 前驱体的红外光谱图

键的伸缩振动。结果表明，制备的 $PMo_{11}V$ 前驱体具有 Keggin 结构。红外光谱分析表明，与 PMo_{12} 红外吸收峰相比，$PMo_{11}V$ 前驱体中 Mo—O_b—Mo 和 Mo—O_c—Mo 键振动峰频率减小，这是由于 V 的电负性比 Mo 小，因此与同簇内共用氧和不同簇内共用氧形成的 Mo—O_c—Mo 键和 Mo—O_b—Mo 键会变弱，说明$[PMo_{11}VO_{40}]^{4-}$杂多阴离子中 Mo 原子逐步地被 V 原子取代，生成新的 V—O_b—V 键和 V—O_c—V 键[8]。$PMo_{11}V$/Ag 样品在 1056 cm^{-1}、956 cm^{-1}、874 cm^{-1}、798 cm^{-1} 处出现明显的吸收峰（图 4-2），与典型的 Keggin 型杂多酸的红外吸收峰位置一致，表明所制备的复合样品具有经典的 Keggin 结构。

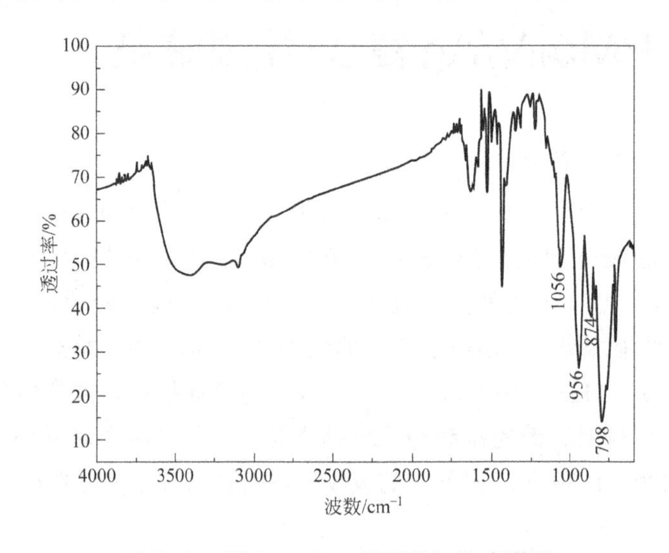

图 4-2　$PMo_{11}V$/Ag 样品的红外光谱图

（2）X 射线衍射表征

为了进一步证明杂多酸样品的 Keggin 结构，采用多晶粉末 X 射线衍射仪对所制备样品进行结构分析（图 4-3）。所制备样品 $PMo_{11}V$ 的 XRD 衍射峰显示，在 2θ 为 7°、9°、18°、26°、29°、33°的峰，与经典的 Keggin 结构杂多酸衍射峰显示位置一致，表明制备的化合物具有完整的 Keggin 结构。在 $PMo_{11}V$/Ag 样品 XRD 图中（图 4-4），样品 $PMo_{11}V$/Ag 的 XRD 衍射峰在 2θ 为 7°、9°、18°、26°、29°、33°的峰可归属为 $PMo_{11}V$ 的衍射峰[6]；当衍射峰在 2θ 为 38°、44°、64°、77°可归属为 Ag 纳米片的衍射峰，且分别对应于面心立方银纳米的（1 1 1）（2 0 0）（2 2 0）（3 1 1）四个晶面（JCPDS: 87-0597），与标准卡片相吻合，表明制备的复合样品中含有纳米银。

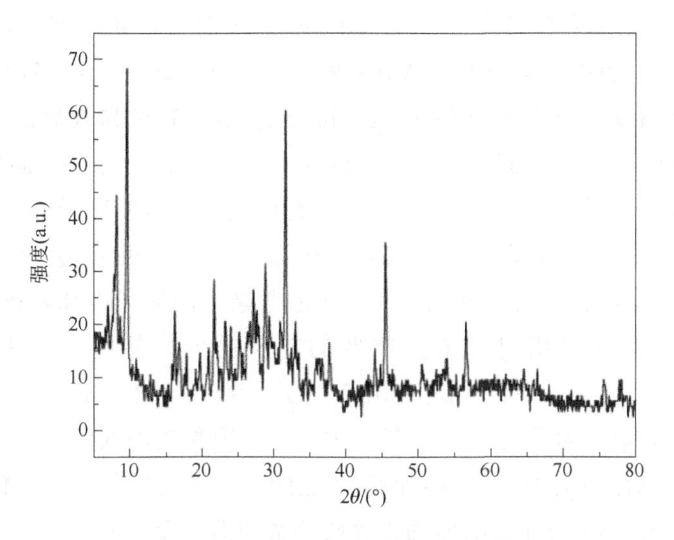

图 4-3　$PMo_{11}V$ 前驱体 XRD 图

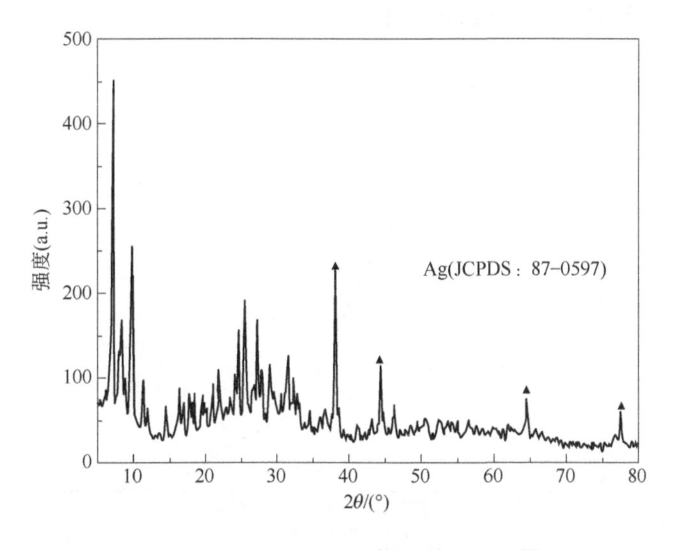

图 4-4　$PMo_{11}V/Ag$ 样品的 XRD 图

（3）紫外-可见吸收光谱表征

通过紫外-可见吸收光谱测试对样品光吸收范围和光响应强度进行分析（图 4-5）。在磷钼酸盐（PMo_{12}）中加入钒原子之后，生成的磷钼钒酸盐（$PMo_{11}V$）与 PMo_{12} 相比，在 300～350 nm 之间出现了新的吸收谱带。在

200 nm 处产生的吸收峰是由 O_d—Mo/V 之间的荷移跃迁产生，在 300～350 nm 处产生的吸收峰由 O_b—Mo/V 和 O_c—Mo/V 之间的荷移跃迁产生。此外，O_d 与 Mo/V 之间有双键存在，因此跃迁会发生在能量较高的区域，谱带较强。而 O_b、O_c 与 Mo/V 之间是单键形式存在，跃迁发生在能量较低的区域，谱带较弱。钒原子的 3d 轨道处于未充满状态，而钼原子的 3d 轨道是半充满状态，所以 O_d—V 之间的荷移跃迁比 O_d—Mo 之间的荷移跃迁相对更容易，所需要的能量会更少。因此，在磷钼酸盐杂多阴离子中加入钒原子之后，荷移跃迁就会变得相对容易，需要的能量更少，从而导致端氧金属键（O_d═Mo/V）、桥氧金属键（O_b—Mo/V，O_c—Mo/V）之间的化学键更容易断裂，尤其是端氧与金属之间的双键。因此，磷钼酸盐加入钒原子之后，给氧能力增强，氧化性会增强，也使得杂多酸的光化学活性降低。$PMo_{11}V$/Ag 复合材料在 600～800 nm 范围内的光吸收明显增强，从而扩大了光响应范围。同时，在 200～400 nm 范围内 $PMo_{11}V$/Ag 复合材料光响应强度保持不变，表明复合材料仍然保留 Keggin 结构。

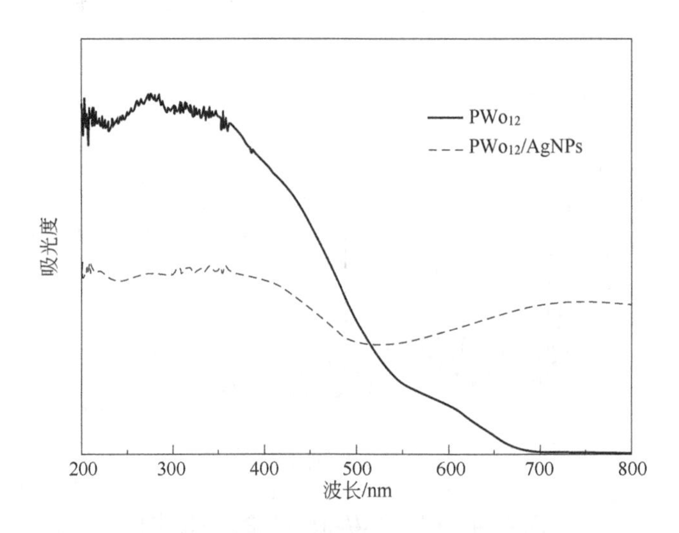

图 4-5　$PMo_{11}V$/Ag 样品的紫外-可见吸收光谱图

（4）电镜表征

通过 SEM 和 TEM 测试对所制备样品的形貌和结构组成进行表征（图 4-6）。$PMo_{11}V$ 前驱体的 SEM 图［图 4-6（a）］中样品呈较均匀的立体块状分布，粒径分布约 100～200 nm，且 EDS 分布图［图 4-6（b）］显示样品中含有 P、Mo、V 元素，说明所制备的样品为 $PMo_{11}V$。$PMo_{11}V/Ag$ 复合材料的 SEM 图［图 4-6（c）］中样品为块状分布，分布界限清晰，直径大小不均，分布在 100～200 nm 范围内，且其 EDS 分布图［图 4-6（d）］显示样品中含有 P、Mo、V、Ag 元素，表明样品中含有银。图 4-6（e）～（i）是 $PMo_{11}V/Ag$ 复合材料的 TEM-EDS 元素映射测试图，结果表明，复合样品中含有 P、Mo、V、Ag 元素，且分布均匀，进一步确证了 $PMo_{11}V$ 与纳米银成功复合制备得到 $PMo_{11}V/Ag$。

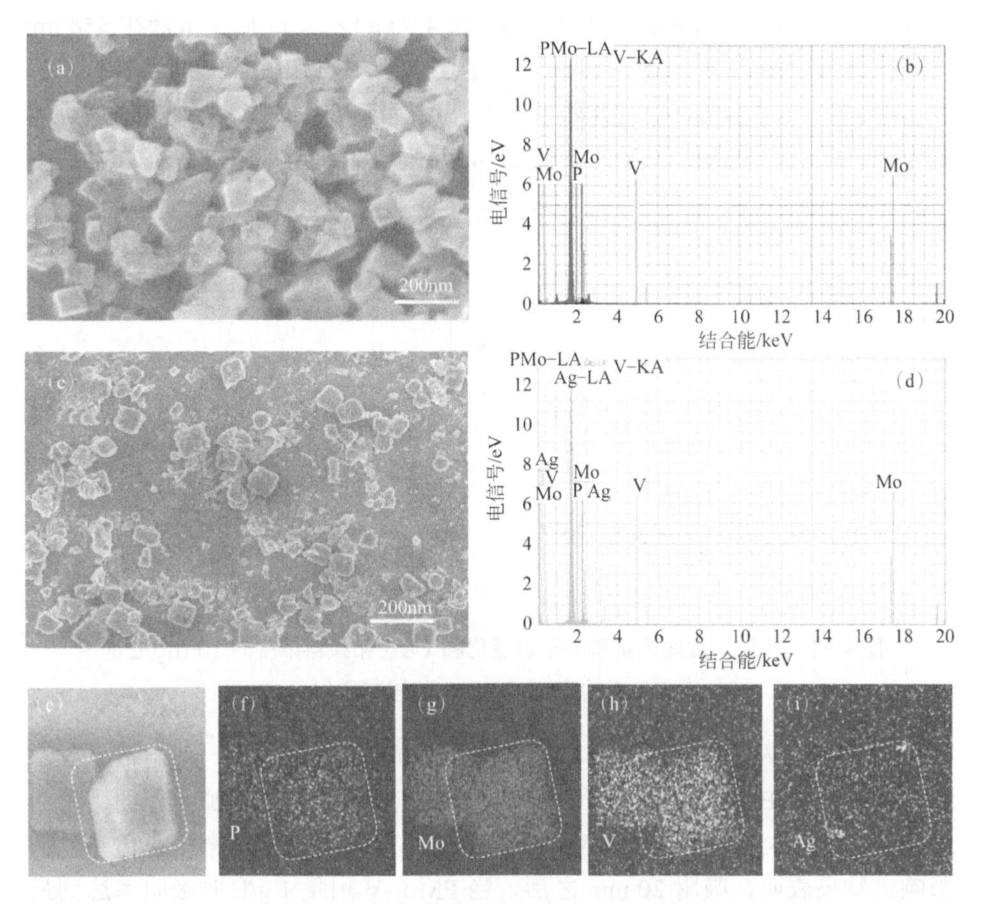

图 4-6　$PMo_{11}V$ 及复合材料的电镜表征结果

（a）$PMo_{11}V$ 扫描电镜图；（b）$PMo_{11}V$ EDS 图；（c）$PMo_{11}V/Ag$ 扫描电镜图；（d）$PMo_{11}V/Ag$ EDS 图；（e）～（i）$PMo_{11}V/Ag$ 样品的 TEM-EDS 元素映射图及 P、Mo、V、Ag 元素分布图

4.1.3 $PMo_{11}V$/Ag 复合材料的光催化性能

（1）$PMo_{11}V$ 光催化降解罗丹明 B 染料的实验结果及分析

① 染料浓度对降解率的影响

在 $PMo_{11}V$ 用量为 1 g/L，pH 为 6 的条件下，对不同浓度的罗丹明 B 染料进行光催化降解，考察染料浓度对降解率的影响。在本实验条件下吸附 20 min 之后，染料浓度为 10 mg/L 时吸附率最高达到 92.03%，当光照一定时间之后，$PMo_{11}V$ 的降解率逐渐降低［图 4-7（a）］。罗丹明 B 溶液在 554 nm 处的紫外吸收峰主要是由于 $n \rightarrow \pi^*$ 电子跃迁产生，随着光照时间的延长，反应 140 min 后，554 nm 处的紫外吸收峰强度逐渐升高［图 4-7（b）］，这可能是由于 $PMo_{11}V$ 的光催化活性发生变化，从而导致降解率降低。

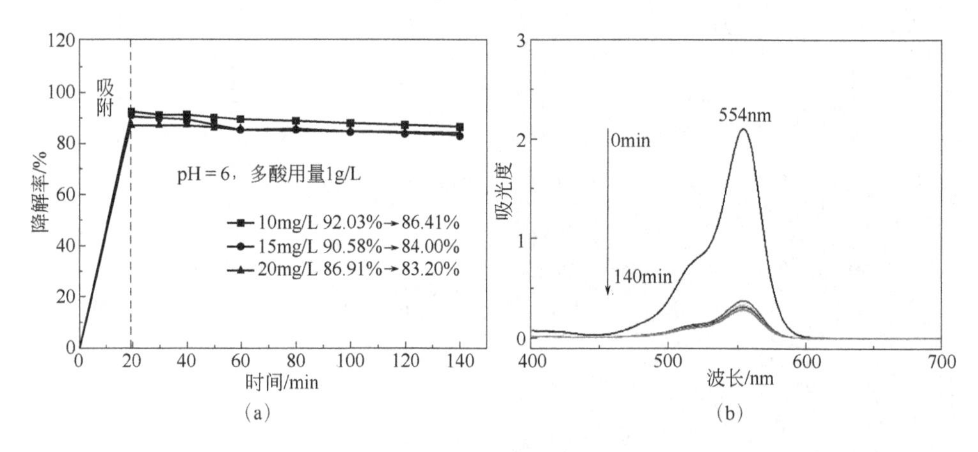

图 4-7　染料浓度对降解率的影响变化图（a）和染料浓度为 10 mg/L 时反应体系的紫外-可见吸收光谱图（b）

② $PMo_{11}V$ 用量对罗丹明 B 染料降解率的影响

在罗丹明 B 染料浓度为 10 mg/L，pH 值为 6 条件下，加入不同用量的 $PMo_{11}V$ 前驱体进行光催化降解，考察 $PMo_{11}V$ 用量对降解率（脱色率）的影响。结果表明，吸附 20 min 之后，当 $PMo_{11}V$ 用量 1 g/L 时吸附率达到最高为 92.01%，当光照一定时间之后，$PMo_{11}V$ 的降解率逐渐减小，由原来吸附率 92.01%降至 86.43%［图 4-8（a）］。图 4-8（b）中 $PMo_{11}V$ 前驱体在 554 nm 处的紫外吸收峰主要是由于 $n \rightarrow \pi^*$ 电子跃迁产生，反应 140 min 后，554 nm

处的紫外吸收峰强度略有升高，可能由于催化剂 $PMo_{11}V$ 在反应过程中光催化活性发生改变，从而导致降解率降低。

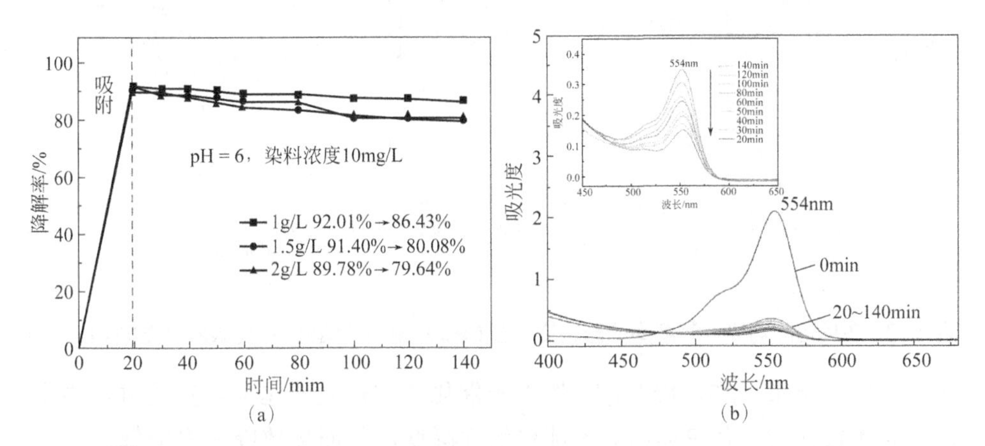

图 4-8 $PMo_{11}V$ 用量对降解率的影响变化图（a）和 $PMo_{11}V$ 用量 1.5 g/L 时反应体系的紫外-可见吸收光谱（b）

③ 溶液 pH 值罗明丹 B 染料降解率的影响

在罗丹明 B 染料浓度为 10 mg/L，$PMo_{11}V$ 用量为 1 g/L 的条件下，调节溶液 pH 值并对其进行光催化降解实验，考察溶液 pH 值对降解率的影响。结果表明，$PMo_{11}V$ 前驱体光催化性能随着 pH 值的增大而不断减弱［图 4-9（a)］。反应 140 min 后，$PMo_{11}V$ 前驱体在 554 nm 处的紫外吸收峰强度增大，这可能由于反应过程中催化剂 $PMo_{11}V$ 的光催化活性发生改变导致的［图 4-9（b）～（d)］。

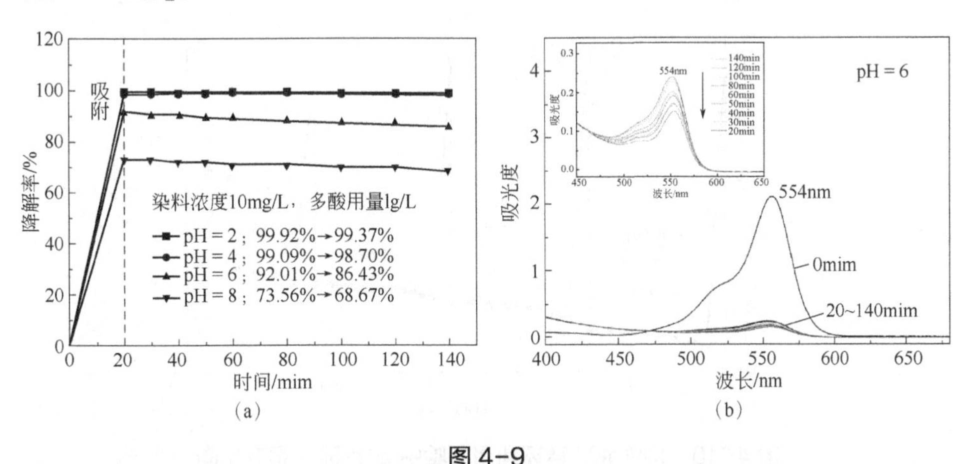

图 4-9

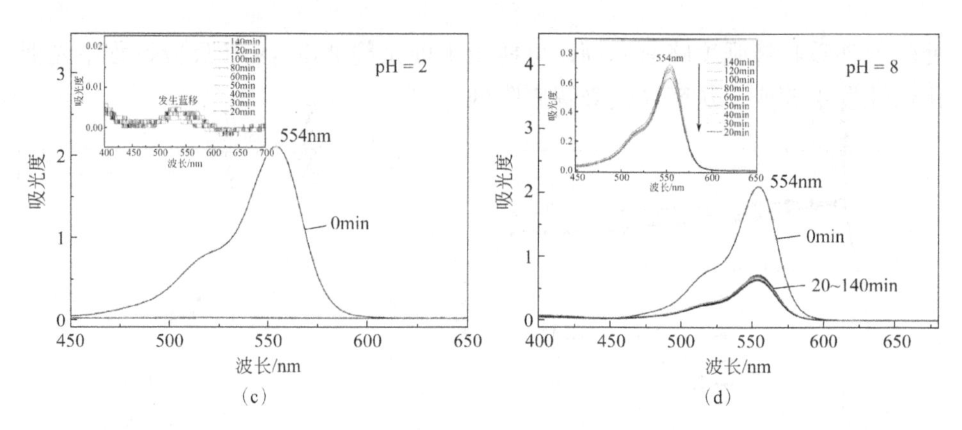

图 4-9　不同 pH 对染料降解率的影响变化图（a）及染料的紫外-可见吸收光谱图（b～d）

由以上结果可得，$PMo_{11}V$ 作为光催化剂进行光催化降解实验时，由于钒元素比较活泼，使 $PMo_{11}V$ 光催化活性降低，从而导致降解率降低。

④ $PMo_{11}V$ 光催化循环利用实验

通过多次循环利用 $PMo_{11}V$ 前驱体对罗丹明 B 染料进行光催化降解实验，考察杂多酸催化剂的催化循环稳定性。在 $PMo_{11}V$ 用量 1 g/L，溶液 pH = 6 的最佳条件下，光催化降解浓度为 10 mg/L 的罗丹明 B 染料。在每次催化反应结束后，用无水乙醇搅拌清洗催化剂数小时，随后再用去离子水洗涤，离心分离，取下层 $PMo_{11}V$ 前驱体，将其放置在 60℃条件下烘干 4～5 h，继续用于循环催化实验。结果表明，$PMo_{11}V$ 前驱体在进行光催化过程中，三次光催化循环后降解率降至 65.31%（图 4-10）。

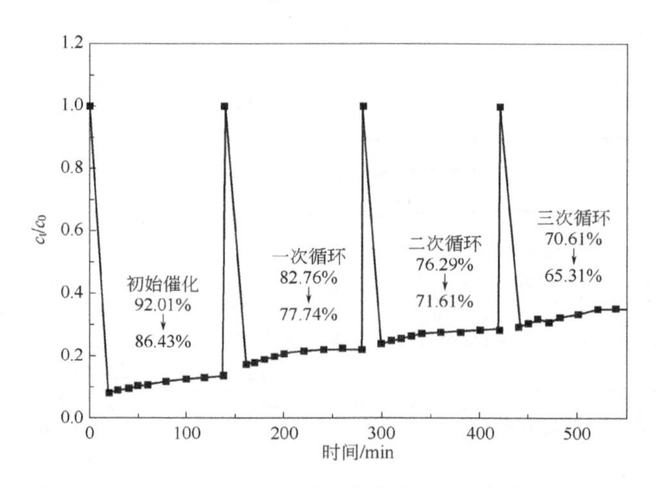

图 4-10　$PMo_{11}V$ 循环利用实验中 c_t/c_0 随时间变化图

（2）$PMo_{11}V/Ag$ 光催化降解罗丹明 B 染料的实验结果及分析

① $PMo_{11}V/Ag$ 光催化实验

在模拟可见光条件下，考察复合材料 $PMo_{11}V/Ag$ 的光催化活性。光催化降解实验在 $PMo_{11}V/Ag$ 样品用量为 1 g/L，染料 pH 值为 6，染料初始浓度为 10 mg/L 的条件下进行。在相同实验条件（催化剂用量、溶液 pH 值、染料浓度）下，$PMo_{11}V/Ag$ 复合样品的吸附率和降解率都会略高于单独的 $PMo_{11}V$ 前驱体，因为复合光催化剂表面积增大，从而使其吸附率增大（图 4-11）。由于杂多酸与纳米银之间具有协同作用，所以其降解率会有所提高。但是整体的光催化过程中降解率呈降低趋势，说明磷钼钒酸盐复合材料在光催化过程中催化活性降低，从而导致降解率降低（图 4-12）。

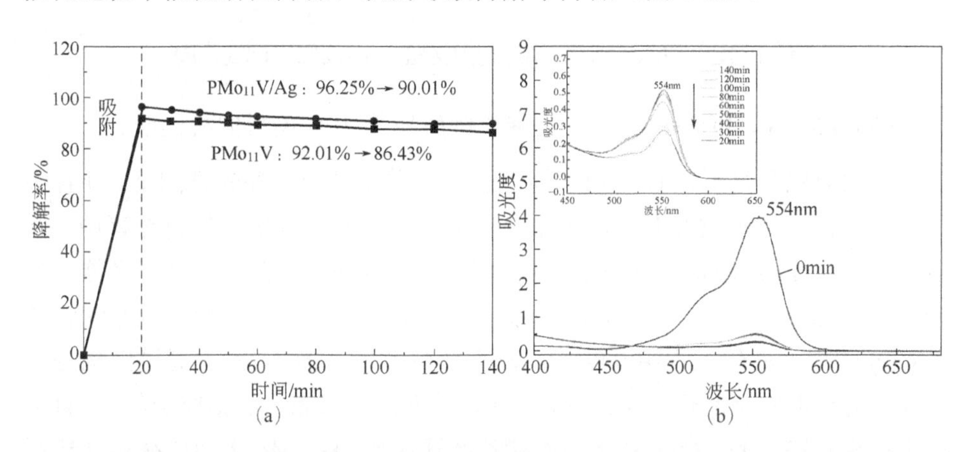

图 4-11　$PMo_{11}V/Ag$ 复合样品对降解率的影响（a）及其紫外-可见吸收光谱图（b）

② $PMo_{11}V/Ag$ 循环光催化实验

本实验通过多次循环利用 $PMo_{11}V/Ag$ 复合样品，对罗丹明 B 染料进行光催化降解实验，探究 $PMo_{11}V/Ag$ 样品的催化循环利用能力。在 $PMo_{11}V/Ag$ 用量 1 g/L，溶液 pH = 6 的最佳条件下，光催化降解浓度为 10 mg/L 的罗丹明 B 染料。每次催化反应结束后，采用无水乙醇和去离子水对催化剂洗涤数小时，离心分离取下层 $PMo_{11}V/Ag$ 样品，将其放置在 60℃条件下烘干 4～5 h，继续用于循环催化实验。

结果表明，$PMo_{11}V/Ag$ 复合材料进行光催化循环实验过程中，降解率仍然呈降低趋势，并且三次循环后降解率降至 71.39%（图 4-12）。因此，需要进一步探究 $PMo_{11}V/Ag$ 结构在催化过程中是否发生了变化。

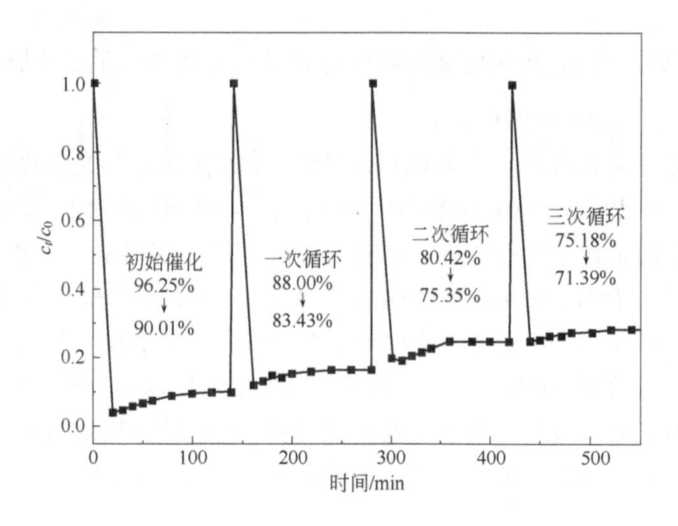

图 4-12　$PMo_{11}V/Ag$ 循环利用实验中 c_t/c_0 随时间变化图

（3）$PMo_{11}V$ 和 $PMo_{11}V/Ag$ 光催化降解罗丹明 B 染料的机理研究

通过对吸附之后的样品和光催化之后的样品进行红外光谱测试，并且跟原样品进行红外吸收峰对照，从而进一步确定在催化剂发生解析过程中，杂多酸的 Keggin 结构是否发生了变化。在 $PMo_{11}V/Ag$ 复合材料进行光催化实验之后，红外吸收峰位置未发生改变，说明该复合材料仍然具备完整的 Keggin 结构，催化过程中其结构并没有发生改变（图 4-13）。通过结构分析可知，由于钒原子的价电子层 3d 轨道处于未充满状态，而钼原子的 3d 轨道是半充满状态，所以 O_d—V 之间的荷移跃迁会比 O_d—Mo 之间的荷移跃迁更容易，消耗的能量也更少，因此会导致磷钼钒酸盐中形成的端氧金属键（O_d═W）、桥氧金属键（O_b—W，O_c—W）更容易断裂，尤其是端氧与金属之间双键的断裂。最终使磷钼钒酸盐的杂多酸阴离子给氧能力增强，增强其氧化能力的同时，使杂多酸化合物的光催化活性变差[8]，也进一步解释了磷钼钒酸盐在光催化过程中降解率逐渐降低的现象。

根据以上分析，初步探讨了 $PMo_{11}V/Ag$ 复合材料光催化降解的机理。$PMo_{11}V/Ag$ 受光激发后，$PMo_{11}V$ 和纳米银都会产生光生空穴和电子。$PMo_{11}V$ 产生的空穴直接氧化罗丹明 B 染料分子，部分空穴会与电子给体水分子发生反应生成羟基自由基，氧化罗丹明 B 染料分子。而 $PMo_{11}V$ 产生的电子会与纳米银的电子形成光生电子空穴对。随后纳米银的电子可以被表面吸收的电子受体 O_2 捕获，形成的 $O_2^{-\bullet}$活性物质可将罗丹明 B 分子直接氧化成降解产物。因此，我们认为在光催化降解过程中，主要起促进作用的是 $O_2^{-}\cdot$ 和光生空穴 h^+，羟基自由基 $\cdot OH$ 也会产生轻微的作用。

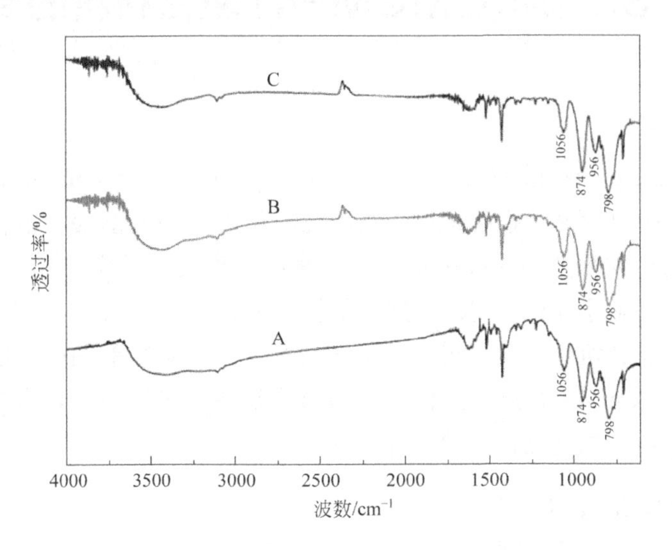

图 4-13 $PMo_{11}V/Ag$ 光催化过程红外光谱图

A—吸附前样品；B—吸附后的样品；C—光催化后的样品

4.2 SiW_9Mo_3/MCM-41 复合材料

本部分使用不同负载方法将所制备的取代型杂多酸盐和 MCM-41 分子筛纳米材料进行复合，同时探索其在光催化降解亚甲基蓝有机染料过程中的催化活性，考察染料浓度 pH 值和配料比等因素对光催化实验的影响，确定最佳催化降解条件，并且通过动力学测试和自由基捕获实验研究其光催化降解机理等问题。

采用亚甲基蓝染料为模拟有机污染物，在模拟可见光条件下考察两种复合材料的光催化性能。结果表明，复合材料 SiW_9Mo_3/MCM-41 的光催化性能整体强于复合材料 SiW_9Mo_3/MCM-41/NH_2，降解率可达 97.6%，并且经过循环实验之后降解率仍可维持在 93.1%左右；然后通过动力学测试和自由基捕获实验对复合材料的光催化机理进行测试，进一步探讨光催化降解机理。结果表明，在光催化降解过程中，光致激发产生的活性物种 $O_2^{-}\cdot$ 和 $\cdot OH$ 对亚甲基蓝的降解起重要作用，其中 $\cdot OH$ 影响作用最大。

4.2.1 SiW_9Mo_3/MCM-41 复合材料的制备

（1）α-SiW_9 的制备[9]

称取 18.2 g 的钨酸钠（0.55 mol）和 1.1 g 的硅酸钠（50 mmol）溶于 20 mL 热水（80～100℃）中，搅拌混合。然后逐滴加入 13 mL 盐酸溶液（6 mol/L），待溶液沸腾至体积变为 30 mL 时，过滤离心以除去未反应的 Si。再将 5 g 的无水碳酸钠溶解于 15 mL 水中，然后缓慢加入之前的溶液中，沉淀慢慢形成，一段时间后待其沉淀完全，过滤分离出固体，并将其与前期配好的氯化钠溶液（100 mL 4 mol/L）混合搅拌，然后再次过滤。最后用一定量的无水乙醇洗涤去除杂质、加速结晶，真空干燥。

（2）SiW_9Mo_3 的制备[10]

将前期制备好的杂多酸前驱体取 2.449 g，然后称取 0.725 g 的 Na_2MoO_4（1 mmol），将二者混合溶解于 10 mL 水中，充分搅拌后逐滴加入盐酸溶液（3 mol/L）至固体完全溶解并调节 pH＝1。在 80℃的条件下水浴加热 15 min 后，冷却至室温（25℃），并过滤干燥，最终得到黄绿色固体。

（3）MCM-41 的制备[11]

将 1.10 g 十六烷基三甲基溴化铵（CTAB）溶解于 25 mL 的去离子水中，然后加入 12.0 mL 的氨水（25%），混合搅拌。之后再缓慢加入 5.0 mL 的正硅酸四乙酯（TEOS）。在室温条件下缓慢搅拌 3h 之后，装到反应釜中，在 100℃条件下晶化 24 h。然后取出离心过滤，洗涤，干燥，得到介孔分子筛原粉。最后在 550℃的空气条件下焙烧，除去模板剂。

（4）复合材料 SiW_9Mo_3/MCM-41 的制备

取一定量的 SiW_9Mo_3 溶解于 10 mL 水中，加入纯的 MCM-41 分子筛，充分搅拌混合。30 min 后，逐滴加入 0.1 mol/L 四丁基溴化铵水溶液 10 mL，持续反应 24 h。反应结束后，离心分离样品，用去离子水和乙醇分别洗涤，分离出固体并放入烘箱中烘干，得到 SiW_9Mo_3/MCM-41 复合材料，杂多酸占比分别为 20%、30%、40%、50%、70%。

4.2.2 SiW_9Mo_3/MCM-41复合材料的表征

（1）红外光谱表征

① α-SiW_9的表征

在前驱体SiW_9红外光谱图中（图4-14），杂多酸的红外特征吸收峰主要出现在981 cm^{-1}、930 cm^{-1}、864 cm^{-1}和807 cm^{-1}。其中981 cm^{-1}是W═O_d键的特征吸收峰，930 cm^{-1}是Si—O_a键的特征吸收峰，864 cm^{-1}和807 cm^{-1}是W—O—W键的特征吸收峰。通过与文献进行对比，基本可以确定此为多酸前驱体SiW_9[12,13]。

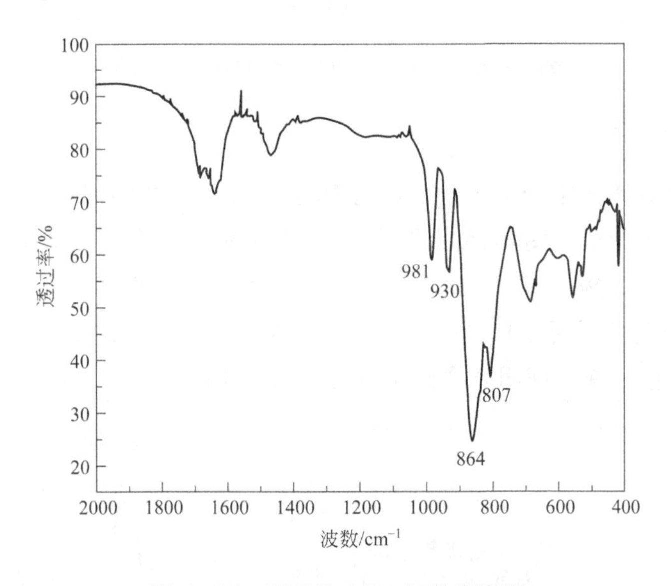

图4-14 前驱体SiW_9红外光谱图

② SiW_9Mo_3的表征

杂多酸SiW_9Mo_3的FT-IR光谱如图4-15所示，其主要的特征吸收峰分别为978 cm^{-1}、922 cm^{-1}、879 cm^{-1}和777 cm^{-1}，分别对应着W═O_d键的特征吸收峰，Si—O_a键的特征吸收峰，W—O_b—W键和W—O_c—W键的伸缩振动吸收峰，与文献对比基本一致，说明杂多酸保持着完整的饱和Keggin结构。

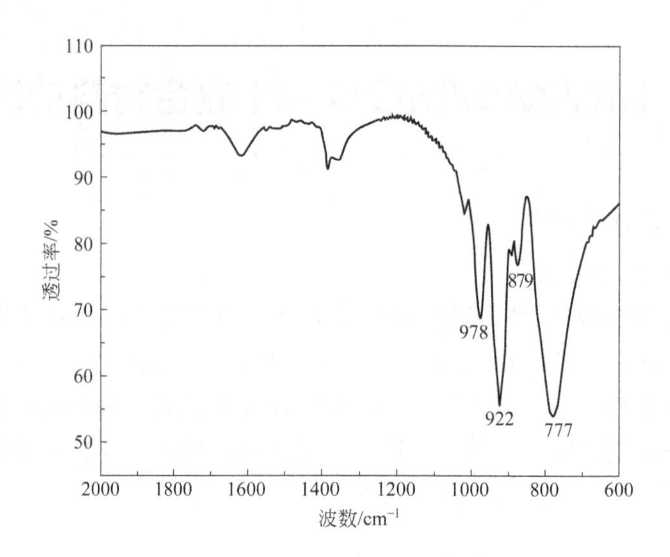

图 4-15　杂多酸 SiW_9Mo_3 的红外光谱图

（2）XPS 表征

由于红外谱图中无法确定 Mo 元素的存在，因此我们通过 XPS 测试分析杂多酸的元素组成（图 4-16）。图中（a）为 X 射线光电子能谱全谱图，可以看出，Si 元素、W 元素、Mo 元素皆可以找到其相应的信号峰。将 Mo 元素进行分峰处理得到图 4-16（b），在 233.5 eV（$3d_{5/2}$）和 236.7 eV（$3d_{3/2}$）存在 Mo 元素信号峰，证明杂多酸中有 Mo 元素存在。

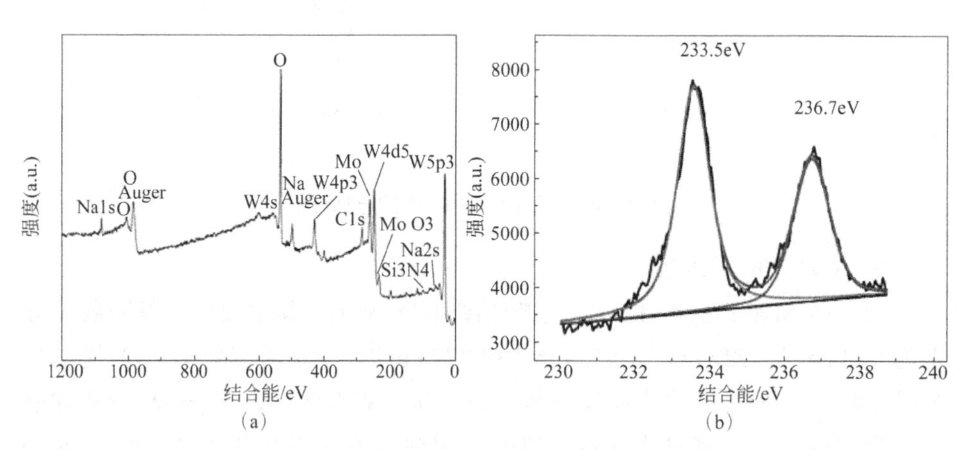

图 4-16　杂多酸的 X 射线光电子能谱图

（3）分子筛 MCM-41 的表征

由分子筛 MCM-41 的红外光谱图（图 4-17）可见，3425 cm^{-1} 和 1634 cm^{-1} 处为分子筛骨架中 H—O—H 键的红外特征峰，1079 cm^{-1} 为硅氧四面体的反对称伸缩振动特征峰，807 cm^{-1} 为硅氧四面体对称振动特征峰[14]。

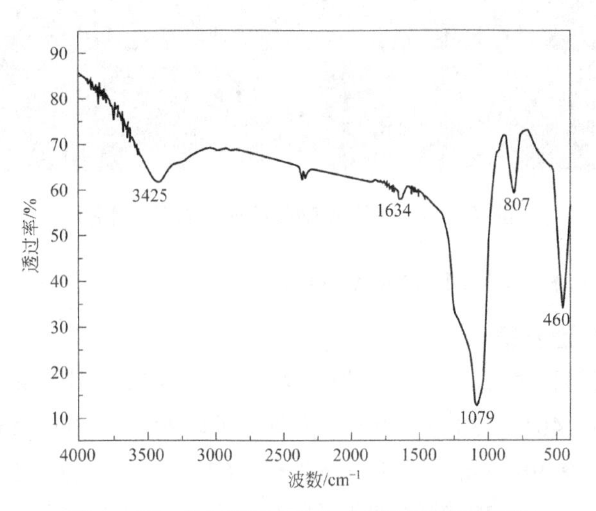

图 4-17　分子筛 MCM-41 的红外光谱图

纯分子筛的 XRD 谱图（图 4-18）的出峰位置在 2°～8°，分别对应［1 0 0］、［1 1 0］、［2 0 0］晶面，是典型六方晶系特征，表明分子筛成功合成[15]。通过 SEM 图可以看到，MCM-41 分子筛整体呈现絮状形貌（图 4-19）。

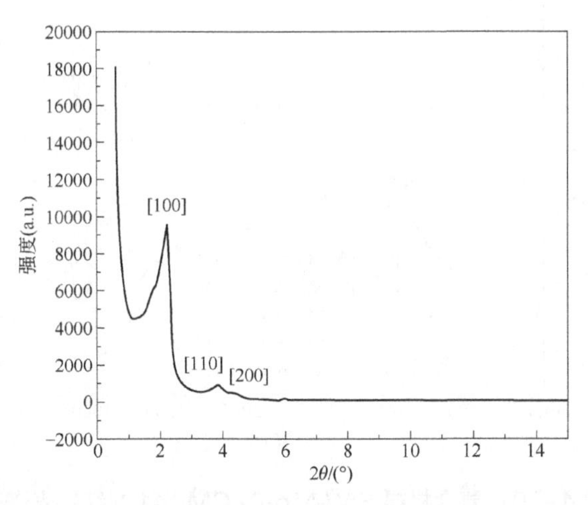

图 4-18　分子筛 MCM-41 的 X 射线粉末衍射图

图 4-19 分子筛 MCM-41 的 SEM 图

（4）复合材料 $SiW_9Mo_3/MCM-41$ 的表征

① 红外光谱表征

在不同配料比的复合材料红外光谱图见图 4-20，其中杂多酸占比分别为 20%、30%、40%、50%、70%。从图中可以看出，1000 cm^{-1} 以下出现杂多酸特征吸收峰 963 cm^{-1}、910 cm^{-1} 和 867 cm^{-1}，分别对应 $W{=}O_d$ 键、$Si—O_a$ 键和 $W—O_b—W$ 键的特征吸收峰，与纯的杂多酸红外光谱图相比整体发生蓝移，分析是负载之后受分子筛的影响造成的。同时在 1000 cm^{-1} 以上也出现了分子筛的特征峰 3426 cm^{-1}、1634 cm^{-1} 和 1079 cm^{-1}，分别对应分

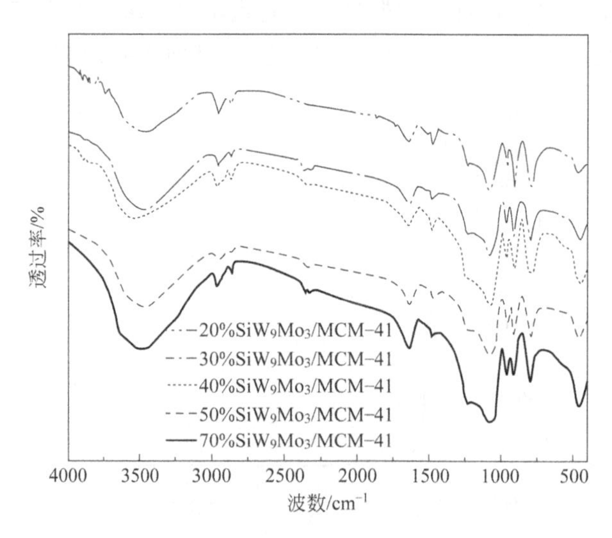

图 4-20 复合材料 $SiW_9Mo_3/MCM-41$ 的红外光谱图

子筛骨架中的 H—O—H 键和 Si—O—Si 键的特征吸收峰。说明杂多酸与分子筛复合后仍保持着完整的 Keggin 结构，且分子筛也稳定存在。

② XRD 表征

在复合材料的 XRD 图中（图 4-21），最上面的曲线为经负载后的复合材料，与最下面的曲线即纯的杂多酸曲线相对比，峰整体出现轻微的红移，其中杂多酸在 30.06°的衍射峰对应复合材料在 31.68°处的衍射峰，19.33°处的衍射峰对应复合材料 20.54°的衍射峰。中间曲线为纯的分子筛 MCM-41，由于它不是严格意义上的晶体，仅出现了非晶相氧化硅的弥散峰，在 2θ 为 22.6°对应复合材料 23.7°的衍射峰，由此可见较多部分杂多酸进入分子筛内部，较少部分存在于其外部。

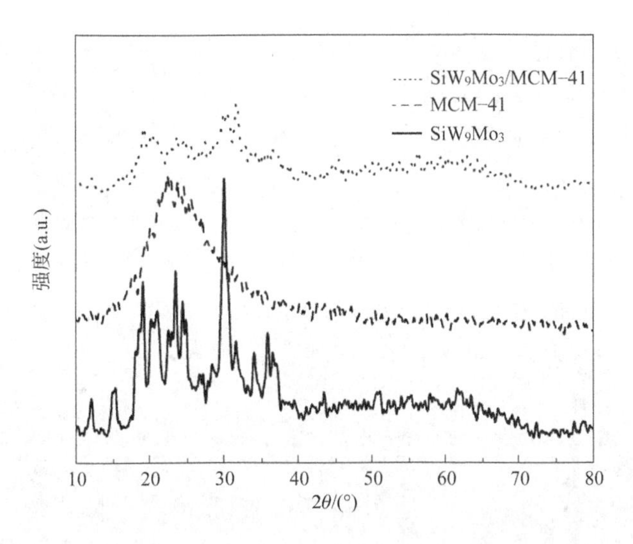

图 4-21　分子筛 MCM-41、杂多酸 SiW_9Mo_3 及复合材料 SiW_9Mo_3/MCM-41 的 XRD 谱图

③ SEM 表征

在复合材料的 SEM 图及 EDS 能谱图（图 4-22）中，（a）为纯杂多酸的 SEM 图，可以清晰地看出，杂多酸呈现管状形貌。（b）和（c）为复合材料 SiW_9Mo_3/MCM-41 的 SEM 照片，其中（b）是当杂多酸添加量为 20%的复合材料，可以明显看出负载之后整体呈现絮状，通过与文献对比可以基本确定，大部分多酸成功进入到分子筛内部，少部分在外表面；（c）是当杂多酸添加

量为 70%的复合材料的 SEM 图，由图可知，当杂多酸添加量逐渐增大，分子筛添加量逐渐减少。复合材料整体形貌受表面活性剂（四丁基溴化铵）的影响出现块状结构。这是由于表面活性剂可以对晶体的生长过程实现动力学调控，影响其生长速度和晶面生长方向，所以导致复合材料的形貌发生变化，进而影响其催化性能（具体研究结果详见 4.2.4 节）。将复合材料 SEM 图与 XRD 图结合红外光谱图综合对比，可证明已成功制备 SiW_9Mo_3/MCM-41 复合材料。

图 4-22 中（d）、（e）、（f）分别为硅元素、钼元素和钨元素的 EDS（能谱色谱）图，可见三种元素在复合材料中呈现均匀分布的状态，同时也间接证明了杂多酸成功地与分子筛负载。

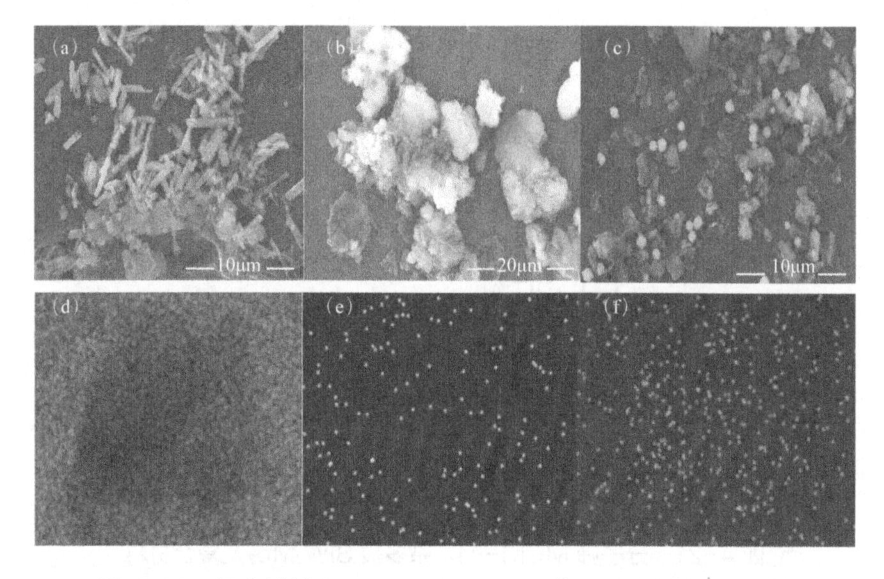

图 4-22　复合材料 SiW_9Mo_3/MCM-41 的 SEM 图和 EDS 图

④ 紫外-可见吸收光谱表征

从复合材料的紫外-可见吸收光谱图（图 4-23），可以看到在 300 nm 左右形成的峰，主要归属于 $O_{b,c}\rightarrow W$ 的 pπ-dπ 核移跃迁产生的峰。整体光的吸收集中在 400 nm 以内的紫外光区，少部分在 400 nm 以上的可见光区。而纯的 SiW_{12} 的光吸收全部集中在紫外区，因此与饱和结构相比，复合材料的光吸收范围更广。

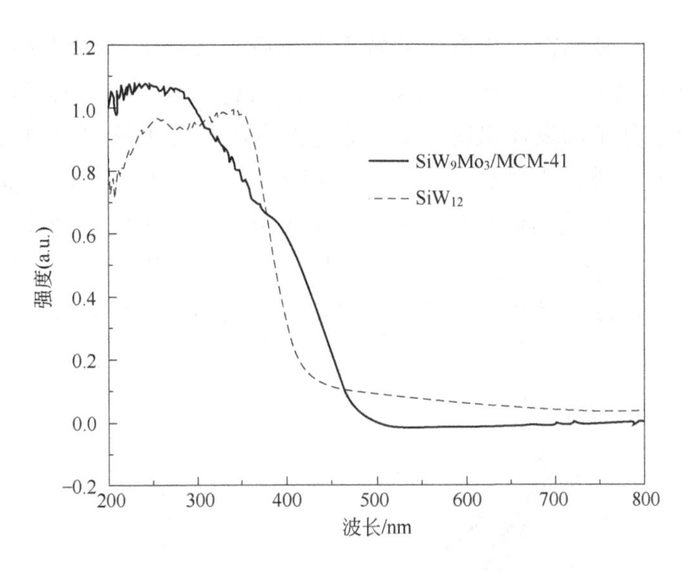

图 4-23　复合材料 SiW_9Mo_3/MCM-41 的紫外-可见吸收光谱图

4.2.3　SiW_9Mo_3/MCM-41 复合材料的光催化性能

对于复合材料 SiW_9Mo_3/MCM-41 的光催化反应实验，重点要考察催化剂的配料比，溶液的初始浓度，溶液的 pH 值等影响因素对其光催化性能的影响。并在光催化反应机理的实验中，通过分别加入甲醇（光生空穴掩蔽剂）、异丙醇（$^{\bullet}OH$ 掩蔽剂）、苯醌（$O_2^{-\bullet}$掩蔽剂）进行光催化，考察光催化性能主要受哪种机理影响。具体实验结果如下。

（1）不同配料比对光催化的影响

为了探讨不同配料比，即复合材料中杂多酸含量的不同对亚甲基蓝染料分解的光催化性能的影响，分别选取了杂多酸含量为 20%、30%、40%、50%、70%的复合材料进行光催化实验（图 4-24）。可以看出，在控制 pH 值为 7，亚甲基蓝浓度为 30 mg/L，所投入的复合材料量为 0.1 g 等相同条件的情况下，在暗光吸附 30 min 后含量为 30%的复合材料对亚甲基蓝的吸附效果最好；当达到吸附平衡时其对染料的吸附值为 59.3%。而配比量为 20%、40%、

50%和 70%时其吸附能力均有不同程度的下降。在分子筛吸附对照实验中，纯分子筛在相同条件下的吸附强度为 55%，分析原因，可能是因为杂多酸的负载，改变了分子筛表面电荷分布，通过杂多酸和分子筛的协调吸附作用使复合材料的吸附性能整体提升。在光催化阶段可以看出杂多酸含量为 70%的复合材料对亚甲基蓝的催化效果最好，由于分子筛几乎没有光催化性能，因此随着杂多酸含量的增大，其对亚甲基蓝的催化效果越好，杂多酸含量为 70%的复合材料最终对亚甲基蓝的处理量达 97.6%，其中吸附了 45.5%，光解了 52.1%。

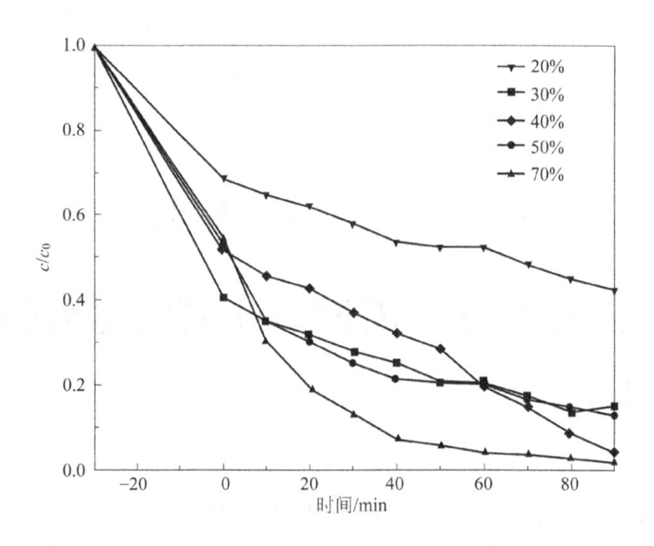

图 4-24　复合材料 SiW_9Mo_3/MCM-41 在不同配料比条件下的光催化数据图

（2）不同 pH 值对光催化的影响

通过对不同配料比对光催化性能影响的实验结果的分析，选取杂多酸含量为 70%的复合材料进行光催化实验，研究不同 pH 值对复合材料的光催化性能的影响（图 4-25）。在暗光吸附 30 min 后，pH 为 1～6 时复合材料对亚甲基蓝溶液的吸附程度没有太明显的变化，较为接近，而 pH 为 7 时吸附明显降低为 45.5%。在光催化阶段可以看到，在 pH 等于 4 时光催化最弱，约为 22.3%，在 pH 等于 7 时光催化能力最强，约为 52.1%，可以推断在酸性条件下，复合材料的光催化性能会受到抑制，氢离子的存在对复合材料的光催化活性造成影响。因此可以断定在 pH 值为 7 的条件下，复合材料的光催化性能最好，其中吸附为 45.5%，光解 52.1%，最终处理量可达 97.6%。

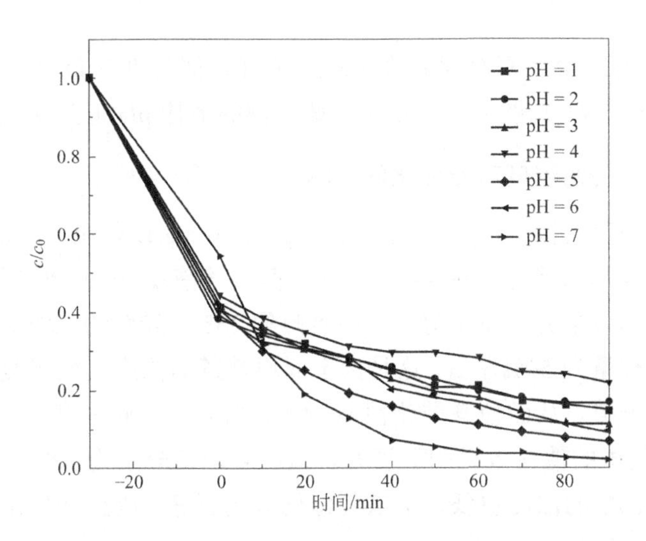

图 4-25 复合材料 SiW_9Mo_3/MCM-41 在不同 pH 条件下的光催化数据图

图 4-26 为在 pH 为 7 的条件下复合材料光催化分解亚甲基蓝溶液的紫外-可见吸收光谱图，即选取的具有最佳催化效果的实验组进行表征。从图中可以清晰地看出，随着时间的推移，在该光催化条件下亚甲基蓝持续被分解，浓度持续降低。且整个分解过程较为稳定，呈现梯度式变化。在光催化完成后，有 97%左右的亚甲基蓝被全部分解，与分光光度计测定的结果基本相同。

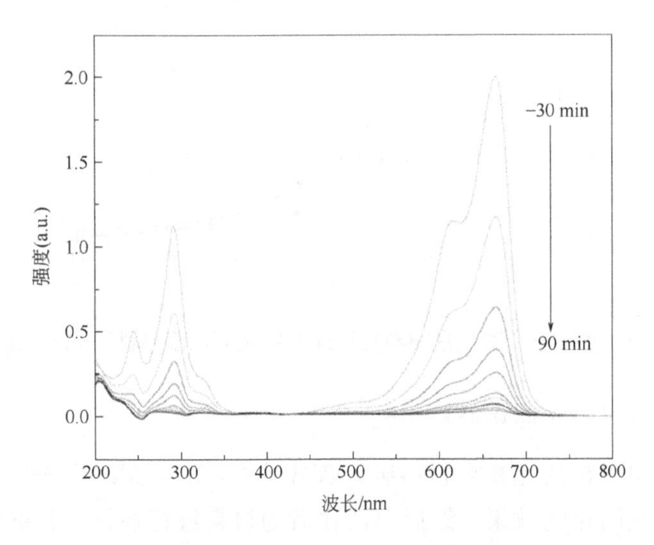

图 4-26 pH 为 7 时复合材料 SiW_9Mo_3/MCM-41 光催化分解亚甲基蓝紫外-可见吸收光谱图

因此可以得出结论，复合材料在 pH 为 7 时光催化性能最优，即复合材料 SiW_9Mo_3/MCM-41 光催化分解亚甲基蓝溶液的最佳 pH 值为 7。

（3）不同初始浓度对光催化的影响

在亚甲基蓝溶液的浓度分别为 20 mg/L、30 mg/L 和 40 mg/L 时，光催化分解的数据呈现的趋势（图 4-27）。亚甲基蓝溶液在 40 mg/L 时暗光吸附和光催化的整体效果并不是很好，其中吸附约 38%，光解约 12%，亚甲基蓝溶液的最终处理量为 50%左右。这是由于亚甲基蓝的浓度达到了复合材料光催化的最大浓度值，从而使其催化性能降低。当亚甲基蓝浓度降至 20 mg/L 和 30 mg/L 时整体的催化效果明显提升，最终处理量分别为 98%和 97%左右。且由于 20 mg/L 的浓度更低，所以其催化效果更好。因此初始浓度低就更有利于光催化的进行。

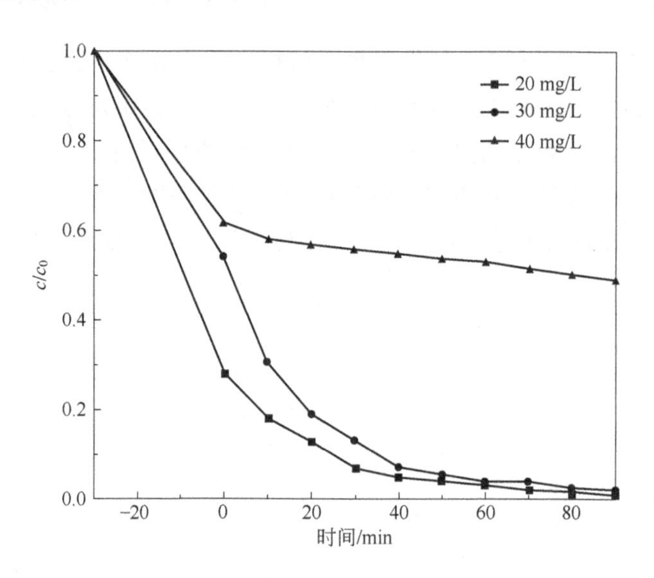

图 4-27　pH 为 7 时复合材料在不同亚甲基蓝浓度条件下光催化数据图

（4）复合材料光催化循环实验

我们使用将待活化复合材料装入管式炉中，在 450℃下焙烧 3 h，以达到将催化剂彻底活化的效果。然后对活化后的材料进行表征，并进行光催化循环实验。分别经一次循环和二次循环后，得到复合材料对有机染料的降解率分别为 95.7%和 93.1% [图 4-28（a）]，可见复合材料仍保持着较好的光催化活性。且由图 4-28（b）可以看出，循环实验后复合材料催化剂仍能保持较为完整的 Keggin 结构。说明复合材料的催化活性较为稳定。

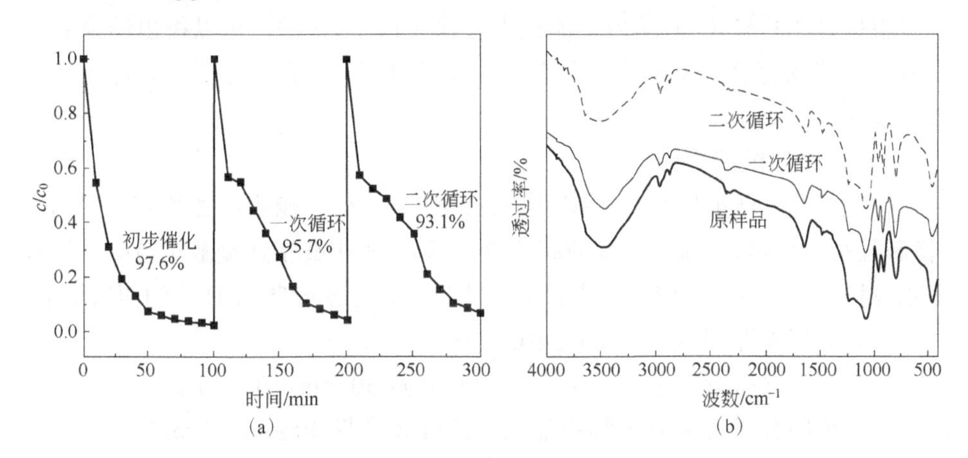

图 4-28　复合材料循环实验中 c/c_0 随时间变化图（a）和复合材料循环实验样品红外对比图（b）

（5）动力学及光催化机理测试

① 动力学测试

经过一系列实验，我们得知 SiW_9Mo_3/MCM-41 的最佳光催化条件为：杂多酸占比为 70%，溶液 pH = 7，染料浓度 20 mg/L。图 4-29 为在 pH 值等

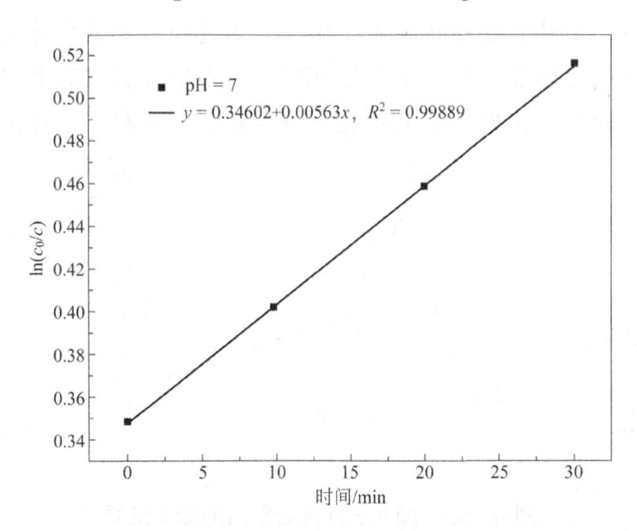

图 4-29　复合材料 SiW_9Mo_3/MCM-41 的动力学测试数据图

于 7 时进行光催化动力学测定的数据图，可以看出，经过拟合之后的数据点与拟合线基本重合，拟合方差为 0.998，在误差范围内。

根据 3.3.3 节（5）动力学测试中公式（1）～（6），可以得出结论复合材料的光催化符合一级动力学的模型，且反应在匀速条件下进行，催化性能较为稳定。

② 光催化机理实验

在光催化机理实验中，分别运用三乙醇胺或甲醇（掩蔽光生空穴）、异丙醇（掩蔽羟基自由基）、苯醌（掩蔽超氧自由基）。其中在空穴掩蔽实验中，加入三乙醇胺后复合材料的吸附能力显著提升，对不同溶液的 COD 值的测试如下：

（a）亚甲基蓝原液，43.64 mg/L。

（b）正常光催化过程中加入三乙醇胺吸附 30 min，0 mg/L。

（c）单纯分子筛吸附过程中加入三乙醇胺吸附 30 min，0 mg/L。

由于分子筛为硅铝酸盐内部含 Al 部分为 L 酸性位点，硅羟基部分为 B 酸性位点，使分子筛具有吸附能力。当加入三乙醇胺，N 与 Al 发生配位，从而占据分子筛 L 酸的活性位点，而另一端带有羟基的为 B 酸，它与分子筛原来的硅羟基共同作用，从而使分子筛整体吸附性能得到提升。由于三乙醇胺的加入可以改变分子筛的活性位点，以下用甲醇作为空穴掩蔽剂进行光催化机理实验。

图 4-30（a）～（c）分别是甲醇、异丙醇和苯醌光催化性能的掩蔽实验的测试结果。其中，在甲醇掩蔽光生空穴条件下，光催化分解率几乎保持不变，最终催化处理亚甲基蓝溶液达 97%，与不加掩蔽剂时的光催化结果无明显差异，证明光生空穴不是光催化的主要机理。同样的，在加入苯醌掩蔽

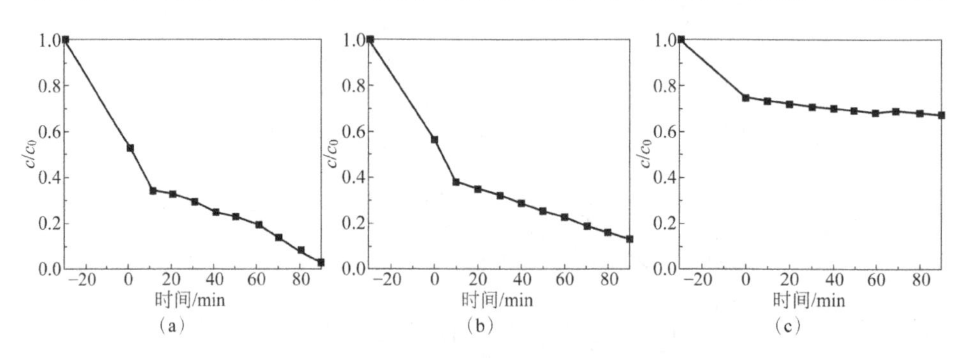

图 4-30 加入三种掩蔽剂后的测试结果

（a）空穴掩蔽剂甲醇；（b）超氧自由基掩蔽剂苯醌；（c）羟基自由基掩蔽剂异丙醇

剂来掩蔽超氧自由基的条件下，复合材料 SiW_9Mo_3/MCM-41 的光催化最终处理结果约为 85%。相比不加掩蔽剂的结果稍有下降，证明超氧自由基是光催化分解亚甲基蓝的限制因素，但不是主要因素。在加入异丙醇掩蔽剂，掩蔽羟基自由基的条件下，光催化性能明显降低，最终的处理结果只有 30%左右，由此可见羟基自由基对复合材料光催化影响较大。综上所述，对复合材料光催化性能产生影响的机理为超氧自由基和羟基自由基，其中影响最大的是羟基自由基。

通过循环伏安法测量的第一还原电位两侧曲线的切线交点位置垂线与 X 轴的交点为该材料导带位置［图 4-31（a）］，图中复合材料的导带为 0.37 eV，再通过 Kubelka-Munk 方程计算得到复合材料的带隙宽度为 2.61 eV［图 4-31（b）］，继而计算出价带的位置。根据导带、价带和带隙宽度绘制出复合材料光催化机理图（图 4-32）。可以看到，电子空穴跃迁到杂多酸分子表面发生

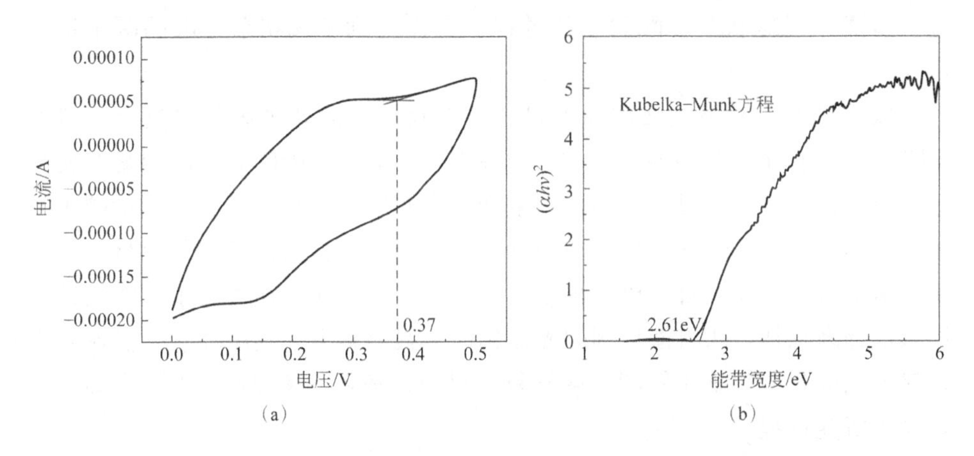

图 4-31　复合材料带隙能量测试及循环伏安测试图

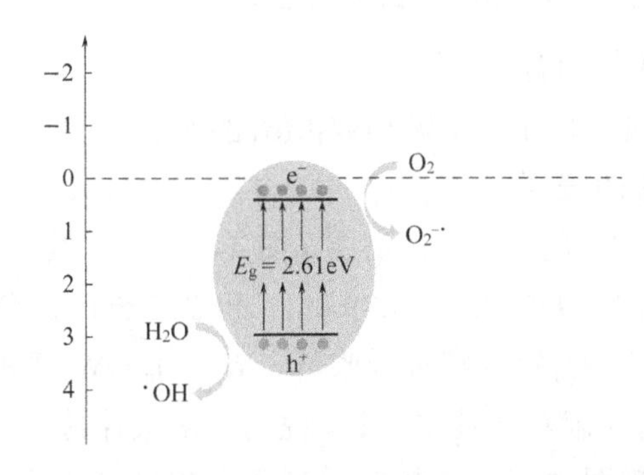

图 4-32　复合材料 SiW_9Mo_3/MCM-41 光催化机理图

反应。光生电子吸收杂多酸分子表面的电子受体 O_2，并将其还原生成 $O_2^{-\cdot}$，同时光生空穴吸收杂多酸分子表面的电子给体 H_2O 反应生成$^{\cdot}OH$。反应生成的 $O_2^{-\cdot}$和$^{\cdot}OH$ 两种自由基氧化能力强，从而促进光催化反应的进行。加之复合材料中分子筛的吸附作用，进而提升了有机染料的降解率。

4.2.4 不同形貌杂多酸的制备及其性能研究

本节通过对无机盐（氯化铵）的引入，成功制备了球状杂多酸，并通过 FT-IR、SEM、UV-Vis 等测试方法对其结构和形貌进行了系统的表征。结果表明，所合成的杂多酸不仅具有规则的圆球状形貌，而且保持了完整的 Keggin 结构。然后通过改变氯化铵的加入方式等因素，设计了两种方案，进一步探讨了球状杂多酸的生长过程，进而得到了球状杂多酸的两条生长路径。

探讨了四丁基溴化铵的加入量和复合反应时间两个因素对复合材料的光吸收范围和光催化性能的影响。结果表明，复合反应时间会影响复合材料的光吸收，而四丁基溴化铵的加入量会提高光能的利用率，且引入量越大光催化能力越强。基于这两点影响因素，深入探讨了管状杂多酸复合材料和球状杂多酸复合材料光催化性能的优劣，得出结论如下：随着四丁基溴化铵的加入量逐渐增加，两组催化剂的光催化能力显著提升，其中球状杂多酸复合材料的光催化能力优于管状杂多酸复合材料，其降解率更高。下面详细介绍具体的研究过程。

（1）管状杂多酸 SiW_9Mo_3 的制备与表征

① 管状杂多酸的制备

具体步骤详见 4.2.1 节杂多酸 SiW_9Mo_3 的制备。

② 管状杂多酸的表征

在杂多酸 SiW_9Mo_3 的 FT-IR 光谱图（图 4-33）中，其主要的杂多酸特征吸收峰分别为 978 cm^{-1}、922 cm^{-1}、879 cm^{-1} 和 777 cm^{-1}，分别对应着 $W{=}O_d$ 键的特征吸收峰，$Si—O_a$ 键的特征吸收峰，$W—O_b—W$ 键和 $W—O_c—W$ 键的伸缩振动吸收峰，与文献对比基本一致，说明杂多酸保持着完整的饱和 Keggin 结构。从杂多酸电镜图中可以清楚地看到杂多酸呈空心管状结构（图 4-34）。

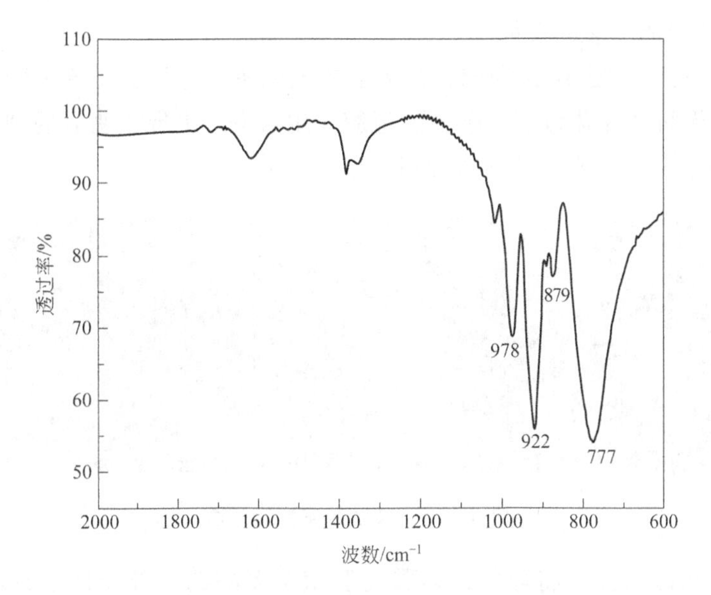

图 4-33 杂多酸 SiW_9Mo_3 的红外光谱图

图 4-34 管状杂多酸 SEM 图

（2）球状杂多酸 SiW_9Mo_3 的制备与表征

① 球状杂多酸的制备

取 2.449 g 前期制备好的杂多酸前驱体 SiW_9，然后称取 0.725 g 的 Na_2MoO_4（1 mmol），将二者混合溶解于 10 mL 水中，充分搅拌后逐滴加入盐酸溶液（3 mol/L）至固体完全溶解并调节 pH = 1。再向溶液中加入足量的 NH_4Cl，充分搅拌，溶液逐渐有絮状沉淀产生。继续搅拌，待沉淀完全，将其离心、过滤并干燥，最终得到浅黄绿色固体。

② 球状杂多酸的表征

SEM 表征：图 4-35 为球状杂多酸的电镜图，可见当在杂多酸的制备过程中引入无机盐氯化铵后，杂多酸形貌发生改变，出现了明显的圆球状。所形成的圆球为空心球，且形状规则，表面光滑。

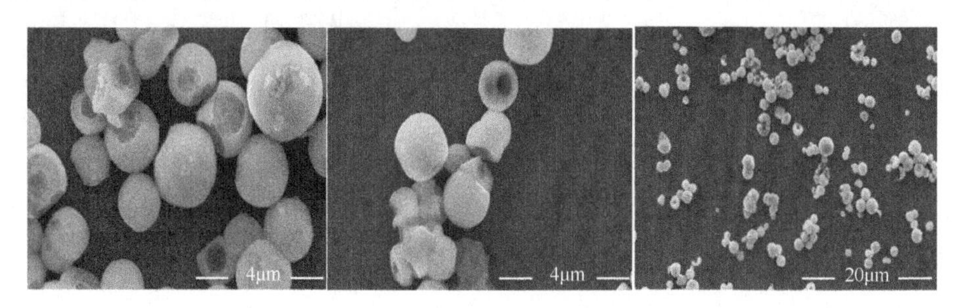

图 4-35　球状杂多酸电镜图

红外光谱表征：将球状杂多酸与管状杂多酸的红外光谱进行对比（图 4-36），其主要的特征吸收峰都存在，分别为 978 cm^{-1}、922 cm^{-1}、879 cm^{-1} 和 777 cm^{-1}，分别对应 W═O_d 键的特征吸收峰，Si—O_a 键的特征吸收峰，W—O_b—W 键和 W—O_c—W 键的伸缩振动吸收峰。说明球状杂多酸保持着完整的饱和 Keggin 结构。唯一不同的是在球状杂多酸的红外光谱图中的 1400 cm^{-1} 处出现了一个水峰，但这并不对杂多酸 Keggin 结构产生影响。

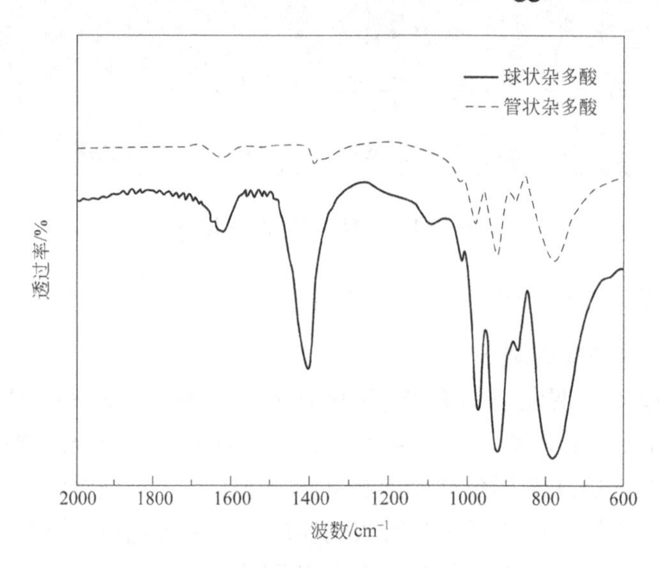

图 4-36　球状杂多酸和管状杂多酸的红外光谱对比图

紫外-可见吸收光谱表征：将球状杂多酸与管状杂多酸的紫外-可见吸收光谱图进行对比（图 4-37），可以看到，两者在 300 nm 左右均有峰产生，主要归属于 $O_{b,c}\rightarrow W$ 的 pπ-dπ 核移跃迁产生的峰。而且两则整体光的吸收都集中在 400 nm 以内的紫外光区，少部分在 400 nm 以上的可见光区。由于形貌的不同，球状杂多酸的光吸收范围比管状杂多酸略宽一些，但并不是很大。

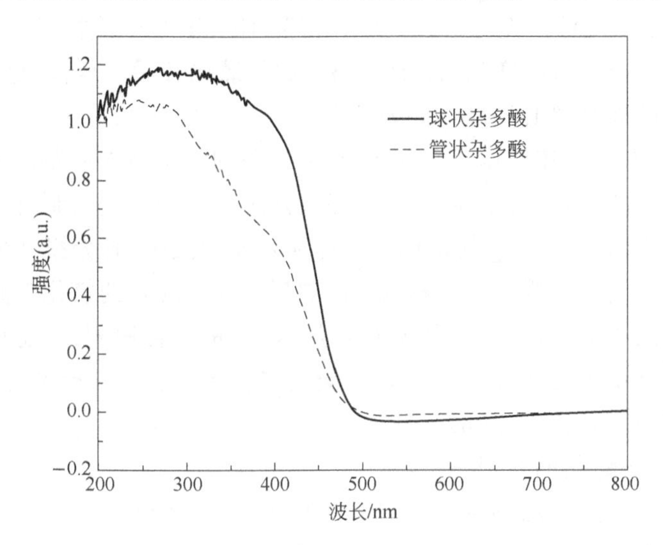

图 4-37　球状杂多酸和管状杂多酸的紫外-可见吸收光谱图对比

综上所述，氯化铵的引入改变了杂多酸晶体的生长环境，进而导致其形貌发生变化，形成圆球状形貌。一般来说，生长环境对无机晶体形貌的主要影响因素为：溶液浓度、溶液 pH 值、温度、杂质、表面活性剂等。而经前期一系列的实验发现，pH 值和温度对杂多酸的形貌影响不是很大。因此基于管状杂多酸的制备方法，在球状杂多酸的制备实验中，控制 pH 值和温度始终保持不变。当加入氯化铵固体后，相当于引入了杂质离子，从而影响溶液的溶解度等性质，改变晶体的结晶习性。通过相关报道可知，在低单体浓度下或足够长的生长时间内，纳米晶会向着势能低的方向生长，形成点状或球状形貌。而在高单体浓度下则更容易形成棒状或其他细长型晶体形貌[16]。

（3）球状杂多酸生长过程研究

为了探究球状杂多酸的生长过程，我们分别从氯化铵的加入量、加入方式以及反应时间等方面对杂多酸的形貌进行研究。整个实验方案的确立，是在管状杂多酸制备方法的基础上引入无机盐，即加入氯化铵固体。控制不同的反应条件，进而通过实验得出杂多酸从空心短管形状逐渐演变生长为空心圆球状的整个生长过程。因此，我们在保证氯化铵添加总量不变的情况下，分别设计了两种实验方案进行深入讨论。

【方案一】根据（2）中球状杂多酸的制备方法，在杂多酸的制备过程中，直接加入 3 g 氯化铵，充分搅拌反应，每隔 10 min 取一次样品，共取 3 次。分别标记为，样品 1、样品 2、样品 3。加入氯化铵后，全程反应 30 min。而后将取出的样品离心干燥，并表征。

【方案二】同样在根据（2）中球状杂多酸的制备方法的基础上，改变氯化铵的加入方式，将 3 g 的氯化铵分三次分别加入杂多酸的制备过程中。具体操作步骤为：首先取 1 g 的氯化铵固体加入反应液中，充分搅拌反应 10 min 后取出样品，离心干燥，记为样品 4；然后再加入 1 g 的氯化铵固体，反应 10 min 取出离心干燥，记为样品 5；最后加入 1 g 的氯化铵固体，待反应 10 min 后，按照上述的方法取出离心干燥，记为样品 6。整个实验过程共加入 3 g 氯化铵，反应总时长 30 min。

① 方案一样品的表征

通过方案一的方法制备得到的杂多酸样品，我们对其进行了详细表征，具体表征如下。

SEM 表征：图 4-38 为管状杂多酸和球状杂多酸电镜图。其中，分图（a）是没有加入氯化铵的杂多酸的电镜图，可以清楚地看到，杂多酸大部分呈短管状。(b)为样品 1 的电镜图，也就是在加入氯化铵后，搅拌反应第 1 个 10 min 所得到产物的 SEM 图，图中短管状杂多酸逐渐消失，整体看上去，大部分杂多酸呈现不规则的块状。（c）是反应第 2 个 10 min 后所得到的样品电镜图，图中可以看到少部分杂多酸的圆球状已经形成，但大部分杂多酸都呈半圆球状分布，杂多酸整体呈现一个生长过渡的状态，即从半球状到圆球状的一个过渡期。（d）是搅拌反应了 30 min 后所得到的样品 3 的电镜图，图中大部分杂多酸的圆球状已经形成，半球逐渐消失，所形成的圆球形状规则、表面光滑，为标准的空心圆球形状。

红外光谱表征：在球状杂多酸样品 1～3 的红外光谱图（图 4-39）中，将其与管状杂多酸的红外光谱图的出峰位置进行对比，主要的特征吸收峰 978 cm^{-1}、922 cm^{-1}、879 cm^{-1} 和 777 cm^{-1} 都存在，且分别对应 $W{=}O_d$ 键的特征吸收峰，$Si{-}O_a$ 键的特征吸收峰，$W{-}O_b{-}W$ 键和 $W{-}O_c{-}W$ 键的伸

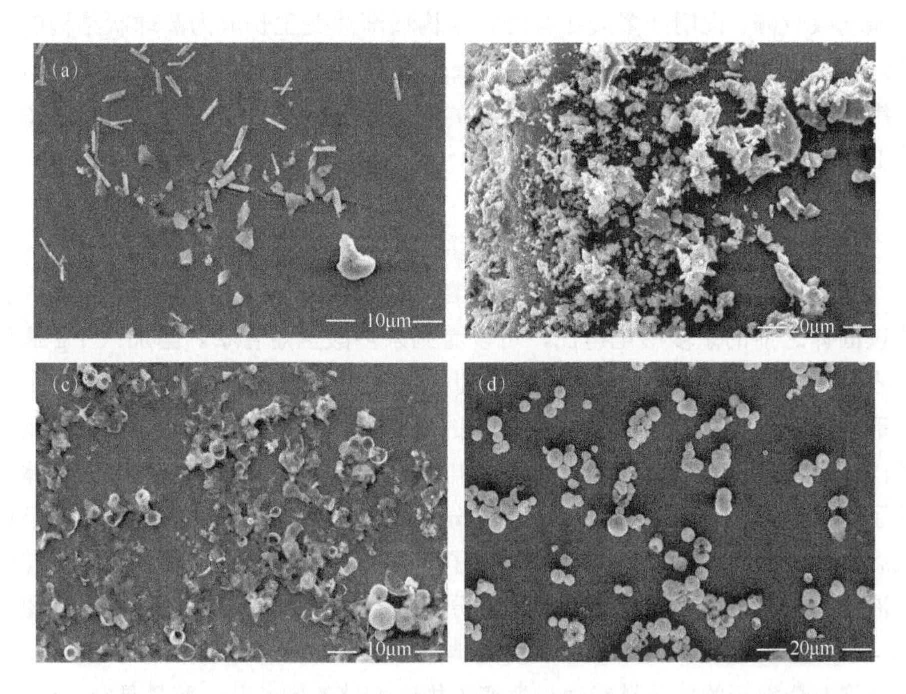

图 4-38　管状杂多酸（a）和球状杂多酸样品 1～3（b～d）的电镜图

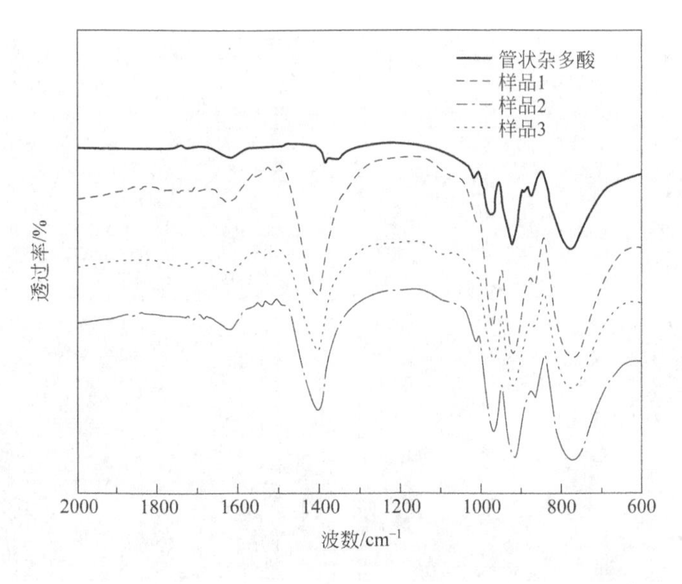

图 4-39　管状杂多酸和球状杂多酸样品 1～3 的红外光谱图

缩振动吸收峰。说明杂多酸在有管状结构逐渐演变生长成为圆球状结构的整个过程中，始终保持着完整的饱和 Keggin 结构。而且加入氯化铵固体后的三组样品的红外光谱图中，都在 1400 cm^{-1} 处出现了一个水峰，这对杂多酸的 Keggin 结构不会造成影响。

② 方案二样品的表征

按照方案二方法制备所得到的杂多酸的具体表征如下。

SEM 表征：在样品 4～6 的电镜图（图 4-40）中，分图（a）为加入氯化铵固体之前的杂多酸电镜图，可以看到杂多酸呈短管状。当加入 1 g 氯化铵固体，搅拌反应 10 min 后，所得到样品 4 的电镜图［图 4-40（b）］中短管形貌逐渐消失，杂多酸变为不规则的块状固体形状。当再次加入 1 g 氯化铵固体反应 10 min 后得到样品 5，其电镜图［图 4-40（c）］中杂多酸整体出现了一簇一簇的球团形状，球团中部分已经生长为完整圆球状，部分为半球状态，大部分为不规则球体，显示出了一种向圆球状态的生长趋势。当向反应液中再次投入 1 g 的氯化铵固体充分反应后，所得到的样品 6 的电镜图如图 4-40（d）所示，从图中可以清楚地看到，原来一簇一簇的杂多酸球团逐渐分裂，分裂后的球体继续生长演变为规则完整的圆球状，而且是空心圆球。经一系列的生长变化，杂多酸的由空心短管状逐渐演变为空心圆球状。

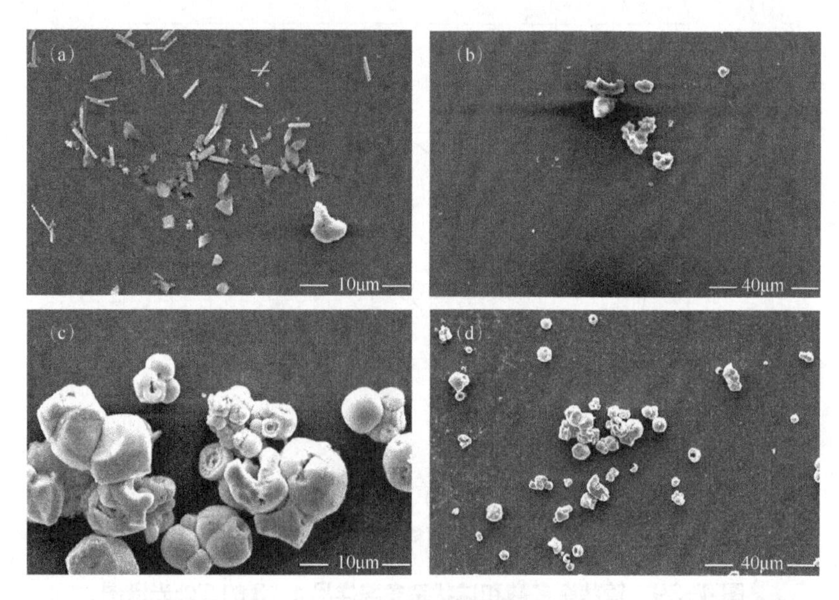

图 4-40　管状杂多酸（a）和球状杂多酸样品 4～6（b～d）的电镜图

红外光谱表征：在球状杂多酸样品4～6的红外光谱图（图4-41）中，将三者的红外光谱图与管状杂多酸的红外光谱图的出峰位置进行详细对比，主要的特征吸收峰978 cm^{-1}、922 cm^{-1}、879 cm^{-1}和777 cm^{-1}都存在，且分别对应 $W{=}O_d$ 键的特征吸收峰，$Si—O_a$ 键的特征吸收峰，$W—O_b—W$ 键和 $W—O_c—W$ 键的伸缩振动吸收峰。表明当氯化铵固体的加入方式发生变化时，杂多酸在由管状结构逐渐演变生长成为圆球状结构的整个过程中，其饱和Keggin结构一直存在而且比较稳定没有变化。同样的，加入氯化铵固体后，杂多酸的红外光谱图中会出现了一个水峰，大约在1400 cm^{-1}处，这对杂多酸的Keggin结构不会造成影响，Keggin结构仍稳定存在。

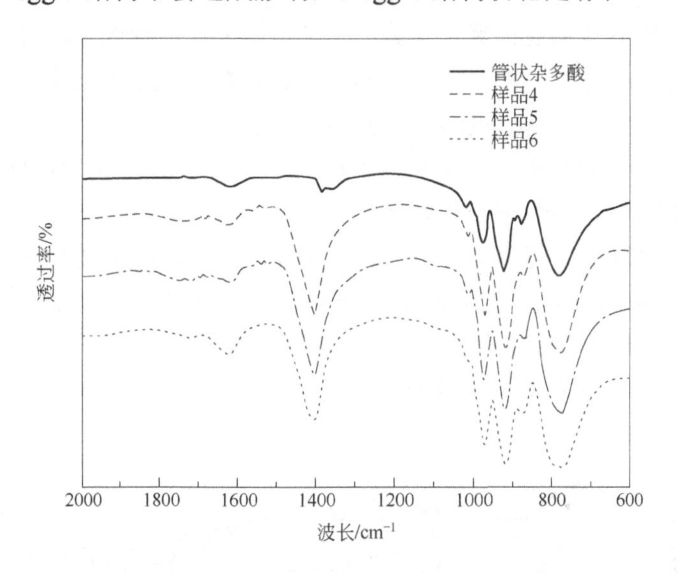

图4-41　管状杂多酸和球状杂多酸样品4～6的红外光谱图

通过两个实验方案的对比，纵观球状杂多酸整个生长过程可以看出，当氯化铵固体的加入总量不变，整体的反应时间也没有变化的条件下，改变氯化铵的加入方式，杂多酸圆球状的形成过程有明显的不同。一种是直接生长为独立的圆球状，另一种是由球团分裂出来的单个圆球状杂多酸。但无论哪种过程，杂多酸的Keggin结构仍稳定存在。

（4）不同形貌杂多酸复合材料的合成及光催化性能影响因素的研究

① 球状杂多酸复合材料的合成

根据前期的实验结果，我们选取杂多酸与分子筛的最佳配比，分别将杂多酸与纯的 MCM-41 分子筛共同加入 10 mL 水中（其中杂多酸质量分数为70%，分子筛质量分数为 30%）。使二者充分搅拌混合，30 min 后，逐滴加入 0.1 mol/L 四丁基溴化铵水溶液 10 mL，持续反应 24 h。反应结束后，离心分离样品，分别用去离子水和乙醇进行洗涤，分离出固体并放入烘箱中烘干，得到球状杂多酸复合材料。

② 球状杂多酸复合材料光吸收影响因素的研究

通过前期实验我们了解到，表面活性剂的引入同样会对杂多酸形貌造成影响，因此为了更好地研究球状杂多酸复合材料性能的优劣，以及其他因素对复合材料整体性能的影响。我们分别设计了两组实验，一是控制四丁基溴化铵加入量的不同来进行复合实验；二是控制复合过程的反应时间。通过收集实验结果对比讨论，进一步探究影响复合材料催化性能的重要因素。

③ 不同四丁基溴化铵加入量的复合实验

分别进行 4 组复合实验，其中四丁基溴化铵的加入量分别为 0.06 g、0.08 g、0.10 g、0.20 g。具体表征结果如下。

红外光谱表征：图 4-42 中的 4 条曲线分别对应四丁基溴化铵添加量为 0.06 g、0.08 g、0.10 g、0.20 g 的复合材料的红外光谱。从图中可以看出，在 1000 cm^{-1} 以上也出现了分子筛的特征吸收峰，分别为 3426 cm^{-1}、1634 cm^{-1} 和 1082 cm^{-1}，分别对应分子筛骨架中的 H—O—H 键和 Si—O—Si 键的特征

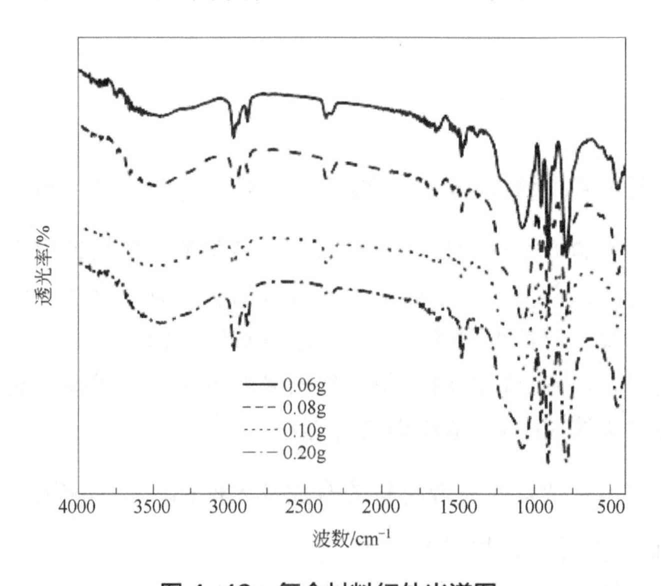

图 4-42　复合材料红外光谱图

峰。在 1000 cm^{-1} 以下出现杂多酸特征吸收峰为 965 cm^{-1}、917 cm^{-1} 和 867 cm^{-1}，分别对应 $W=O_d$ 键的特征吸收峰，$Si—O_a$ 的特征吸收峰和 $W—O_b—W$ 键的特征峰，与纯的杂多酸红外光谱图相比整体蓝移，这是由于负载之后受分子筛的影响造成的。通过对比可知，杂多酸与分子筛复合后仍保持着完整的 Keggin 结构，且分子筛也稳定存在。杂多酸与分子筛成功复合。

紫外-可见吸收光谱表征：在球状杂多酸复合材料的紫外-可见吸收光谱图（图 4-43）中，四丁基溴化铵的添加的多少对紫外光谱图中曲线的出峰位置的影响并不大。300 nm 左右产生了由 $O_{b,c}\rightarrow W$ 的 pπ-dπ 核移跃迁产生的特征峰。整体光的吸收都集中在 400 nm 以内的紫外光区，少部分在 400 nm 以上的可见光区。

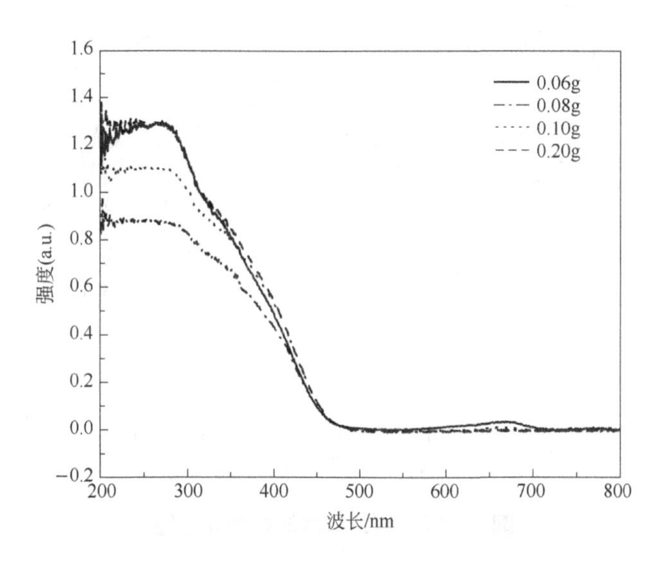

图 4-43　复合材料紫外-可见吸收光谱图

通过实验结果对比可以看出，四丁基溴化铵的加入量对复合材料整体的光吸收没有大的影响。唯一有影响的是复合材料的产量。实验中杂多酸加入量为 0.35 g，分子筛的加入量为 0.15 g。随着复合过程中四丁基溴化铵的加入量逐渐减少，所得复合材料的产量依次为 0.5219 g、0.5208 g、0.3712 g、0.2594 g。从复合材料产量可以看出四丁基溴化铵的加入量越少，复合越不完全，对原料的损失较大。

④ 不同反应时间的复合实验

通过前期实验我们了解到，四丁基溴化铵的加入量过少会影响复合材料的产量，造成反应物的浪费。因此对于下面将要开展的时间因素的探索实验，我们选取0.10 g的四丁基溴化铵进行复合实验。其中反应的复合时间分别为：1 h、3 h、6 h、12 h、18 h 和 24 h。具体表征结果如下。

红外光谱表征：红外光谱图（图 4-44）中的 6 条曲线依次为反应复合时间为 1 h、3 h、6 h、12 h、18 h 和 24 h 的红外光谱图。可以看到，在 1000 cm^{-1} 以下出现杂多酸 W═O_d 键的特征吸收峰，Si—O_a 的特征吸收峰和 W—O_b—W 键的特征峰，以及 1000 cm^{-1} 以上分子筛骨架中的 H—O—H 键和 Si—O—Si 键的特征峰。杂多酸与分子筛复合后，杂多酸保持着稳定的 Keggin 结构。

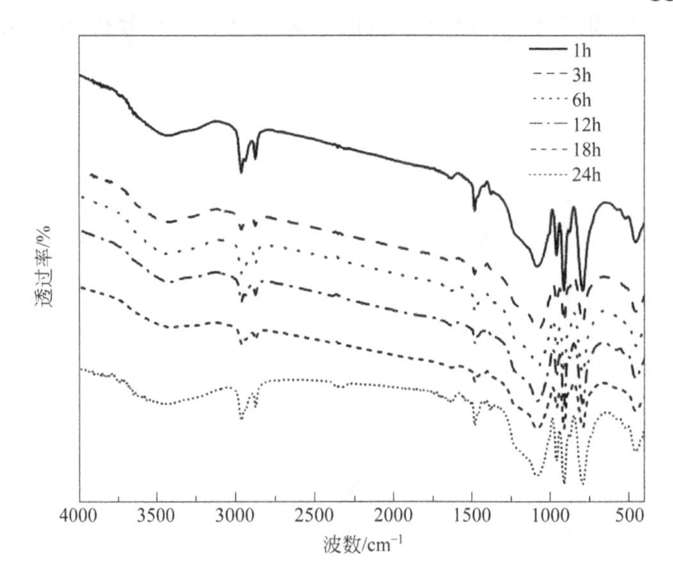

图 4-44　复合材料的红外光谱图

紫外-可见吸收光谱表征：从紫外-可见吸收光谱图（图 4-45）可以了解到，复合反应时间不同，对复合材料整体的光吸收影响不是很大，但也存在差异。光吸收大部分集中在 400 nm 以内的紫外区，少部分在 400 nm 以外的可见光区。通过对图 4-45 中 6 条曲线的比较，可以发现当复合反应 6 h 时对光的吸收范围较大。

⑤ 球状杂多酸复合材料光催化性能影响因素的研究

根据之前章节的实验结果，我们知道复合反应的时间会影响复合材料的光吸收，而且四丁基溴化加入量过少还会导致反应原料损失，复合不完全。为了更好地探究复合反应时间和四丁基溴化铵加入量这两个因素对复合材

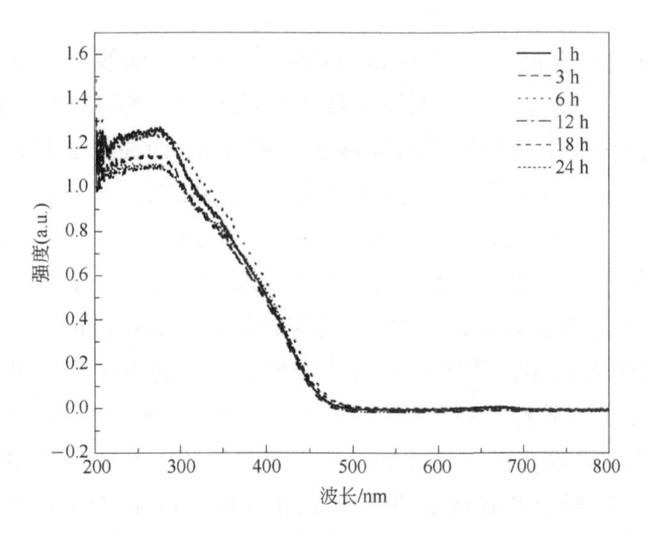

图 4-45　复合材料的紫外-可见吸收光谱图

料光催化的影响。制备两组四丁基溴化铵加入量不同（0.20 g 和 0.10 g）的复合材料，并在制备过程中控制复合反应的时间（分别为 3 h、6 h 和 12 h），进一步对比不同复合反应时间条件下，两组复合材料光催化性能的优劣。

（a）复合反应 3 h 的复合材料光催化性能测试

图 4-46 中的曲线 1 和 2 分别为四丁基溴化铵的加入量为 0.20 g 和 0.10 g，复合反应 3 h，所得到的复合材料对亚甲基蓝溶液的降解曲线。其中亚甲基

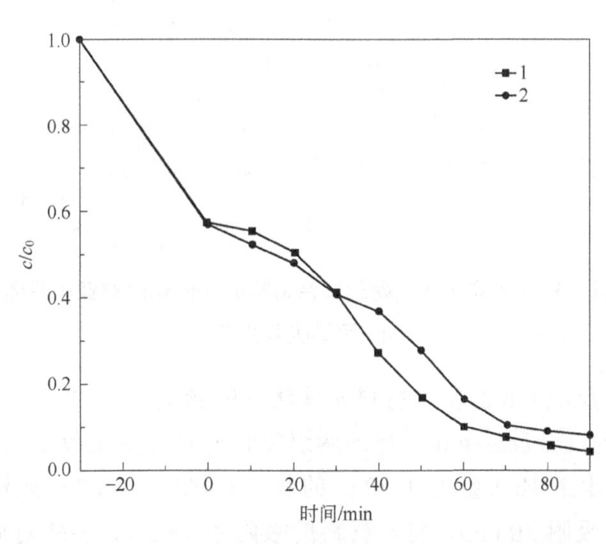

图 4-46　复合反应 3 h 的两组复合材料光催化数据图

蓝溶液的浓度为 30 mg/L，溶液 pH 值为 7。从图中曲线 1 可以看到，当暗光吸附 30 min 后复合材料对亚甲基蓝溶液的吸附率为 43.2%，光解 90 min 后催化剂整体对亚甲基蓝溶液的降解率为 95.9%。而曲线 2 复合材料的吸附率为 43.6%，对亚甲基蓝溶液的最终降解率为 91.8%。经对比可知复合材料 1 的光催化能力优于复合材料 2。也就是说，当复合反应时间为 3 h 时，四丁基溴化铵的加入量为 0.20 g 的复合材料的光催化效果更好，可达 95.9%。

图 4-47 为复合反应 3 h 后所得两组复合材料光催化降解亚甲基蓝溶液的紫外-可见吸收光谱图。从图中可以清晰地看出，随着时间的推移，在该光催化条件下亚甲基蓝持续被分解，浓度持续降低；且整个分解过程较为稳定，呈现梯度式变化。在光催化完成后，四丁基溴化铵加入量为 0.20 g 的复合材料，约有 96%的亚甲基蓝被全部分解［图 4-47（a）］；四丁基溴化铵的加入量为 0.10 g 的复合材料，其对亚甲基蓝溶液的降解率为 92%左右［图 4-47（b）］。与分光光度计测定的结果基本相同。同时也验证了图 4-46 所得出的结论，四丁基溴化加入量为 0.20 g 所得复合材料的光催化效果较好。

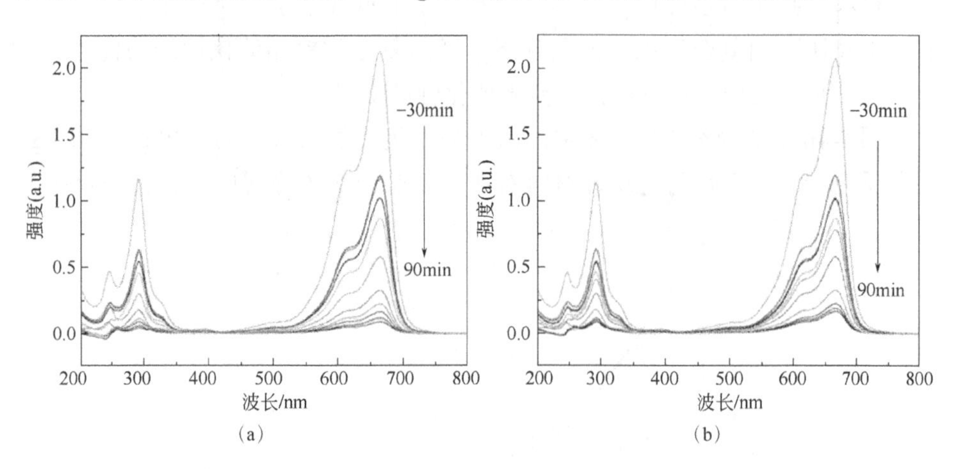

图 4-47　复合反应 3 h 后两组复合材料的光催化降解亚甲基蓝溶液的紫外-可见吸收光谱图

（b）复合反应 6 h 的复合材料光催化性能测试

图 4-48 为复合反应 6 h 所得的两组复合材料光催化数据图，同样的曲线 1 是四丁基溴化铵加入量为 0.20 g 的复合材料降解亚甲基蓝溶液的降解曲线，其中暗光吸附 30 min，复合材料的吸附率 45.2%，整体对亚甲基蓝溶液的降解率为 96.8%。曲线 2 是四丁基溴化铵的加入量为 0.10 g 的复合材料，

其吸附率为 42.8%，对亚甲基蓝溶液的最终降解率为 93.1%。可见，四丁基溴化铵加入量为 0.20 g 时所得复合材料的光催化效果更好。

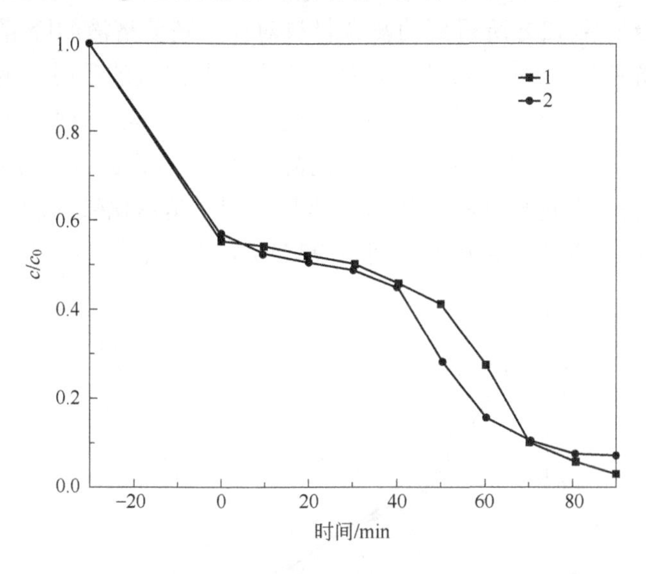

图 4-48　复合反应 6 h 的两组复合材料光催化数据图

将上述结果与紫外-可见吸收光谱图（图 4-49）进行对比。可以看出，当复合反应时间为 6 h，四丁基溴化铵投入量为 0.20 g 和 0.10 g 时，复合材料对亚甲基蓝溶液的降解率分别为 96%和 93%左右，与图 4-48 中所显示的结果基本一致。两组复合材料整体的催化性能较为稳定。

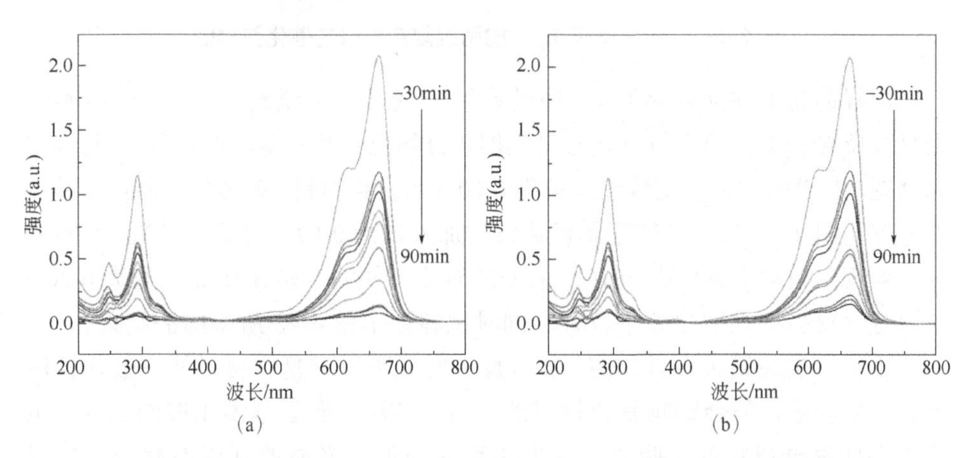

图 4-49　复合反应 6 h 的两组复合材料光催化紫外-可见吸收光谱图

（c）复合反应 12 h 的复合材料光催化性能测试

在图 4-50 中，曲线 1 和 2 分别为四丁基溴化铵的加入量为 0.20 g 和 0.10 g，复合反应 12 h 所得到的复合材料对亚甲基蓝溶液的降解曲线。曲线 1 中，当暗光吸附 30 min 后复合材料对亚甲基蓝溶液的吸附率为 44.7%，光解 90 min 后催化剂对亚甲基蓝溶液的降解率为 97.2%。曲线 2 中，复合材料的吸附率为 42.8%，对亚甲基蓝溶液的降解率为 93.8%。对比两组复合材料的降解率可得，当复合反应时间为 12 h 时，四丁基溴化铵的加入量为 0.20 g 的复合材料的光催化效果更好，可达 97.2%。

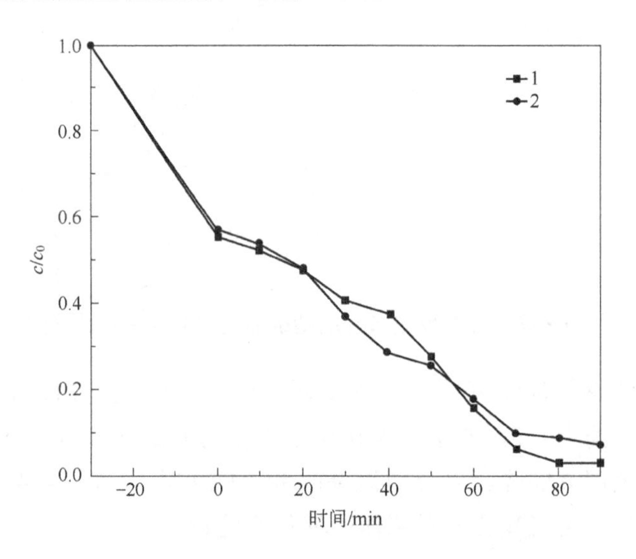

图 4−50　复合反应 12 h 的两组复合材料光催化数据图

同样的将上述光催化结果，通过紫外-可见吸收光谱进一步验证。图 4-51 为复合反应 12 h 所得两组复合材料光催化分解亚甲基蓝溶液的紫外-可见吸收光谱图。其中四丁基溴化铵加入量为 0.20 g 的复合材料，97%左右的亚甲基蓝被分解［图 4-51（a)］；四丁基溴化铵的加入量为 0.10 g 的复合材料，92%左右的亚甲基蓝被分解[图 4-51(b)]。通过对比可知四丁基溴化加入量为 0.20 g 所得复合材料的光催化效果较好。同时也验证了图 4-48 所得出的结果。

由上述实验结果可以知道，复合反应时间不同对复合材料的光催化性能不会产生影响，但会影响复合材料的光吸收范围。四丁基溴化铵的加入，虽然不会使复合材料的光吸收范围发生变化，但对光能的利用率有一定的提高。而且四丁基溴化铵的引入量越大，光催化能力就越强。这是由于当四丁

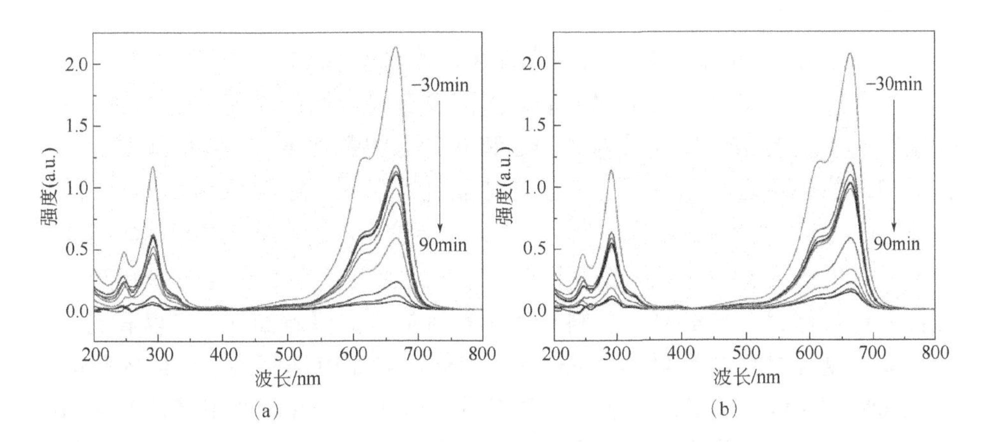

图 4-51　复合反应 12 h 后两组复合材料光催化降解亚甲基蓝溶液的紫外-可见吸收光谱图

−30～0 min 为暗光吸附实验阶段，0～90 min 为光催化降解实验阶段

基溴化铵作为表面活性剂引入时，可以间接地改变复合材料晶体的形貌。它利用有机分子在不同晶面的不同吸附状态，可以实现其对无机纳米晶体生长过程的动力学调控，从而调节各个晶面的生长速度，使其向着某一方向生长。在复合材料引入四丁基溴化铵的电镜图（图 4-52）中，可以看到复合材料大部分呈现出了块状结构，形貌发生变化，对光的响应和利用率也发生相应的变化。复合材料光催化的活性位点增多，光催化能力增强。

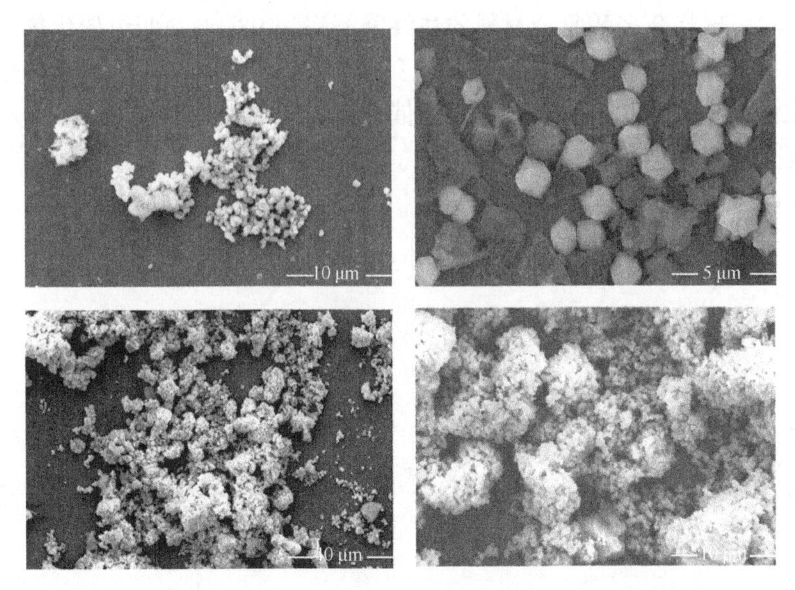

图 4-52　复合材料的 SEM 图（四张图表示不同比例放大图）

⑥ 不同形貌杂多酸复合材料光催化性能对比

为了进一步研究对比不同形貌杂多酸复合材料光催化能力的优劣，我们分别在四丁基溴化铵加入量为 0.20 g 和 0.10 g 的条件下，对管状杂多酸复合材料和球状杂多酸复合材料的光催化性能进行测试。同样选取 30 mg/L 的亚甲基蓝溶液进行降解实验，pH 值为 7。两组复合材料的光催化数据图如图 4-53 所示，其中图 4-53（a）为当四丁基溴化铵的加入量为 0.10 g 时管状杂多酸复合材料与球状杂多酸复合材料对亚甲基蓝溶液的降解曲线。可以看到，管状杂多酸复合材料的吸附率为 43.1%，催化剂对亚甲基蓝溶液最终的降解率为 92.4%。将其与球状杂多酸复合材料进行对比，后者对亚甲基蓝溶液的吸附作用为 42.2%，最终降解率为 93.6%。可见二者吸附作用相差不大，基本维持在 40%左右。但由于其形貌的变化，对亚甲基蓝溶液的降解作用有明显的区别。相较于管状杂多酸复合材料，球状杂多酸复合材料的光催化性能更加优异。圆球状结构相较于短管状结构在形貌上更具优势，因此对光的响应和利用率更高，在光催化实验中与有机染料的接触面积更大，从而降解反应更充分，光催化性能更强。

图 4-53（b）是四丁基溴化铵加入量为 0.20 g 的管状杂多酸复合材料与球状杂多酸复合材料对亚甲基蓝溶液的降解曲线，可以看出，两组催化剂对亚甲基蓝溶液的降解率都有所提高。其中管状杂多酸复合材料的最终降解率为 97.6%，球状杂多酸复合材料的最终降解率为 98.1%。两组催化剂的光催化能力相差不大，后者稍强一些。四丁基溴化铵的引入量增大，大部分催化剂形成面积更大的块状结构，增大了催化剂与有机染料的接触面积，从而提升了复合材料的催化性能。

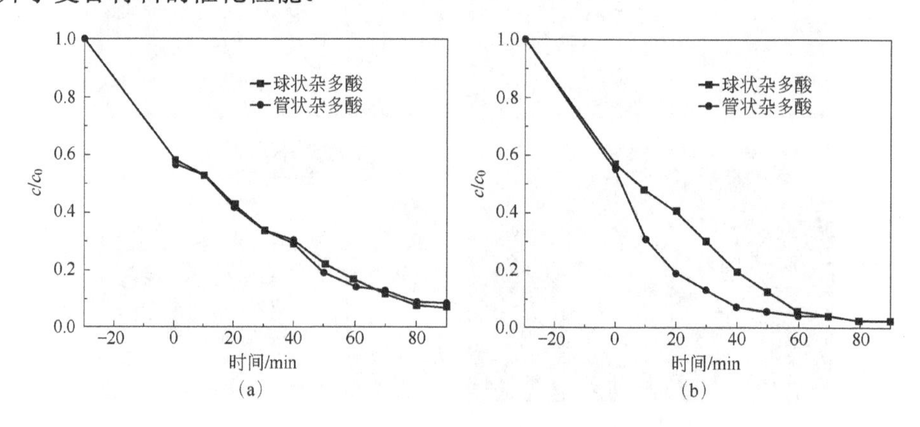

图 4-53　不同形貌杂多酸复合材料光催化数据图

⑦ 杂多酸形貌变化过程及生长机理分析

纵观整个反应过程，杂多酸的形貌从短管状结构到球状结构再到块状结构的整个变化过程如图4-54所示。在杂多酸由短管状向球状生长的过程中，由于向杂多酸的反应液中引入了氯化铵，并通过改变氯化铵的加入方式，进而得到两种不同生长路线。氯化铵的引入，改变了反应溶液的溶解度，从而改变了杂多酸晶体的生长环境，使得杂多酸晶体的形貌由短管状向球状转变。

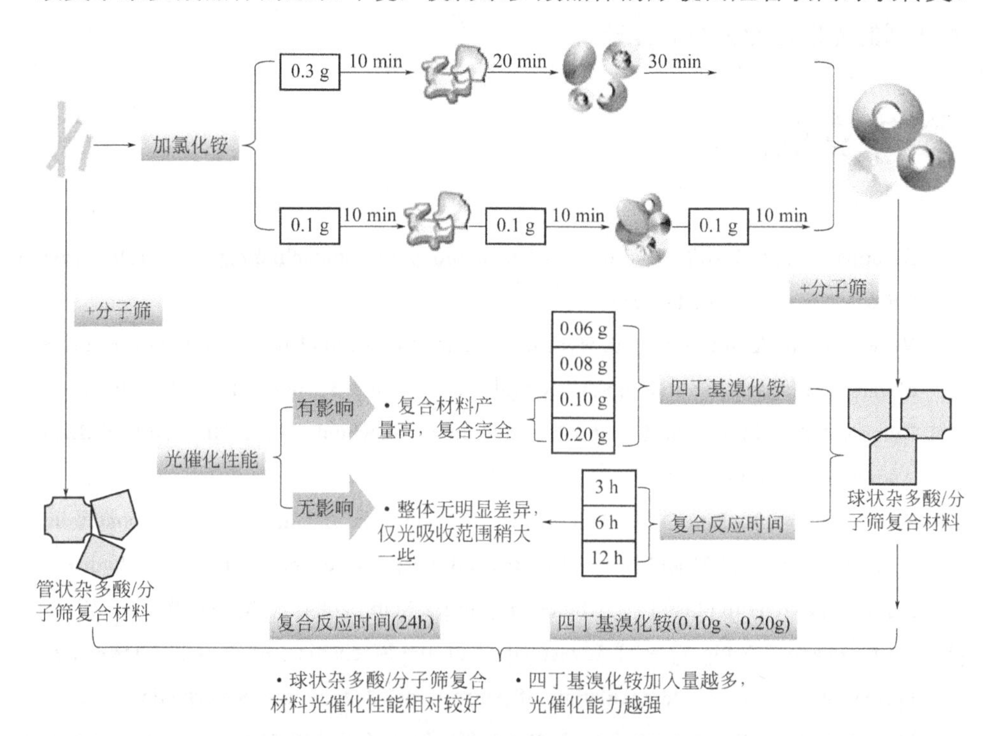

图4-54 杂多酸生长机理研究路线图

将得到的球状杂多酸与分子筛进行负载，得到块状杂多酸/分子筛复合材料。在整个复合反应过程中，复合反应时间与四丁基溴化铵的加入量是影响复合材料性能的重要因素。通过实验结果可知，反应时间会影响复合材料在紫外-可见吸收光谱测试中的光吸收范围，而四丁基溴化铵的加入量则是影响复合材料形貌再一次变化的主要因素。四丁基溴化铵作为一种表面活性剂，可以间接地改变晶体的形貌。

从动力学角度对复合材料晶体的形貌改变进行理论分析：晶体在生长过程中，通过加入有机或无机添加剂，可以改变晶体各晶面间表面能的高低。

添加剂在某些特定晶面的吸附性要强于其他晶面，从而使晶体表面的吸附具有各向异性。被吸附晶面的表面能降低，晶面的生长方向和生长速度发生变化，最终使晶体的形貌得到改变[17]。

晶体的形貌发生变化，从而会导致催化剂整体光催化性能受到影响。这是由于当催化剂的形貌由短管状生长为球状和块状时，在进行光催化反应过程中，可以增大催化剂与亚甲基蓝溶液的接触面积，使降解反应更加充分，催化剂的光催化能力显著提升。

参考文献

[1] Byrappa K, Adschiri T. Hydrothermal technology fornanotechnology [J]. Prog. Cryst. Growth. Ch, 2007(53): 117-166.

[2] Yury V, Kirill A, Anton I, et al. Hydrothermal synthesisand characterization of nanorods of various titanates andtitanium dioxide [J]. J Phys Chem B, 2006 (110) : 4030-4038.

[3] Byrappa K, Yoshimura M. Handbook of hydrothermaltechnology [M].New York: William Andrew Publishing, 2013.

[4] Zhang J, Tang Y, Luo Q, et al. Study on the synthesis of heteropoly acids containing different amount of V and Mo and their catalytic performance for the direct hydroxylation of benzene to phenol [J]. Chinese J. Inorg. Chem., 2004, 20(8): 935-940.

[5] Hu B, Zhang J, Yang Y, et al. Investigation on the Mechanism of Radical Intermediate Formation and Moderate Oxidation of Spiro-OMeTAD by the Synergistic Effect of Multisubstituted Polyoxometalates in Perovskite Solar Cells[J]. *ACS.* Appl. Mater. Inter., 2022, 14(15): 17610-17620.

[6] Benlounes O, Mansouri S, Rabia C, et al. Direct oxidation of methane to oxygenates over heteropolyanions[J]. J. Nat. Gas. Chem., 2008, 17(3): 309-312.

[7] Hu H, Jia X, Wang J, et al. Confinement of PMo12 in hollow SiO_2-PMo_{12}@ rGO nanospheres for high-performance lithium storage[J]. Inorg. Chem. Front., 2021, 8(2): 352-360.

[8] Dong G, Xia D, Yang Y, et al. Keggin-type $PMo_{11}V$ as a P-type dopant for enhancing the efficiency and reproducibility of perovskite solar cells[J]. ACS Appl. Mater. Inter., 2017, 9(3): 2378-2386.

[9] Teze A, Herve G. α-, β-, and γ-Dodecatungstosilicic acids: Isomers and related Lacunary compounds[J]. Inorg. Synth., 1990, 27: 87-88.

[10] Sanchez C, Livage J, Launay J P, et al. Electron delocalization in mixed-valence molybdenum polyanions[J]. J. Am. Chem. Soc., 1982, 104(11): 3194-3202.

[11] 张花，杨华明. 碱性水热环境下制备MCM-41介孔材料的分形表征[J]. 硅酸盐通报, 2014, 33(11): 2952-2957.

[12] Jacqueline C, Andre T, Rene T,et al. Disubstituted tungstosilicates. 1. Synthesis, stability, and structure of the lacunary precursor polyanion of a tungstosilicate. γ-$[SiW_{10}O_{36}]^{8-}$[J]. Inorg. Chem., 1986, 25(13): 2114-2119.

[13] Tézé A, Hervé G. Formation et isomerisation des undeca et dodeca tungstosilicates et germanates isomeres[J]. J. Inorg. Nucl. Chem., 1977, 39(6): 999-1002.

[14] Barakov R Y, Scherban N D, Yaremov P S, et al. Effect of Dual Template Synthesis Conditions on Structural/Sorption Properties and Acidity of Microporous/Mesoporous ZSM-5/MCM-41 Aluminosilicates[J]. Theor. Exp. Chem., 2013, 49(4): 261-269.

[15] Cai Q, Zou W Y, Luo Z S, et al. Rectifying and photovoltaic effects observed in mesoporous MCM-41 silica film on silicon[J]. Mater. Lett., 2004, 58(1-2): 0-4.

[16] Peng X. Mechanisms for the Shape-Control and Shape-Evolution of Colloidal Semiconductor Nanocrystals[J]. Advanced Materials, 2003, 15(5): 459-463.

[17] Blin J L, Alexandre Léonard, Yuan Z Y, et al. Hierarchically Mesoporous/Macroporous Metal Oxides Templated from Polyethylene Oxide Surfactant Assemblies[J]. Angew. Chem. Int. Ed., 2003, 42(25): 2872-2875.

